长期膜下滴灌棉田盐分演变规律研究

王振华　郑旭荣　杨培岭　著

中国农业科学技术出版社

图书在版编目(CIP)数据

长期膜下滴灌棉田盐分演变规律研究 / 王振华，郑旭荣，杨培岭著 .—北京：中国农业科学技术出版社，2015.3

ISBN 978-7-5116-1984-6

Ⅰ.①长… Ⅱ.①王… ②郑… ③杨… Ⅲ.①棉花 - 地膜栽培 - 滴灌 - 土壤盐渍度 - 研究 Ⅳ.① S562.071

中国版本图书馆 CIP 数据核字（2015）第 014332 号

责任编辑 李冠桥
责任校对 贾晓红

出 版 者 中国农业科学技术出版社
北京市中关村南大街 12 号 邮编：100081
电　　话 （010）82109705（编辑室）（010）82109702（发行部）
（010）82109703（读者服务部）
传　　真 （010）82106625
网　　址 http：//www.castp.cn
经 销 者 各地新华书店
印 刷 者 北京富泰印刷有限责任公司
开　　本 710mm × 1 000mm 1 /16
印　　张 16.25
字　　数 241 千字
版　　次 2015 年 3 月第 1 版 2015 年 3 月第 1 次印刷
定　　价 50.00 元

内容提要

本书围绕典型绿洲区长期膜下滴灌棉田土壤盐分演变规律进行论述，主要研究分析了长期膜下滴灌棉田土壤水盐分布及变化特征和长期膜下滴灌棉田土壤盐分演变规律，提出了长期膜下滴灌棉田适宜灌溉定额及灌溉调控对策，全书共分为六章。

本书可作为农业水土工程、土壤物理等专业的研究生和高年级本科生的参考教材，也可供相关专业科研、教学和工程技术人员参考。

前 言

土壤盐渍化始终是世界性土地资源与生态环境领域亟待解决的重要问题之一，特别是在干旱和半干旱地区，仍然是制约人类生活的重要障碍。

干旱区绿洲是干旱区最敏感的部分。维持绿洲水土平衡、水盐平衡并保持适宜的绿洲规模对维护绿洲生态系统的稳定具有关键作用。西北干旱地区农业现代化及快速发展不仅关系到西部地区的发展和经济繁荣，也直接影响国家的生态安全，必须以干旱区生态大系统的可持续性和安全性为前提。党的“十八大”报告指出，建设生态文明，是关系人民福祉，关系民族未来的长远大计。把生态文明建设放在突出地位。

新疆维吾尔自治区（全书简称新疆）地处欧亚大陆腹地，是典型的大陆性干旱地区，干旱缺水是制约区域农业生产、经济社会可持续发展的重要因素。1996 年，新疆兵团引进滴灌技术并与大面积推广的薄膜覆盖技术相结合形成膜下滴灌技术，试验示范获得成功。从此，翻开了新疆节水农业革命性的一页。膜下滴灌面积从最初的 $1.67hm^2$ 扩大到 2001 年 $500\times10^4hm^2$，2002 年 $1.20\times10^5hm^2$，到 2014 年膜下滴灌总面积 $2.5\times10^6hm^2$ 以上。新疆已成为我国节水农业的重要示范基地。

新疆的膜下滴灌从开始试验示范到规模化推广均主要应用在棉花作物上。截至 2014 年，新疆连续 22 年实现棉花面积、单产、总产和调出量达到全国第一。新疆棉区面积占全国的比例超过 30%，年均产量超过全国 40%，2011 年新疆棉花产量实际收购达到 3.38×10^6t，占全国总产的 51.2%，突破国家棉花总产的一半，2006—2010 年全国棉花产量年均增长 0.7%，而新疆增长 16.9%，因此，新疆膜下滴灌棉花产业对国家棉花战略安全及全球棉花产业均举足轻重。

由于降水稀少、蒸发强烈、气候干旱，新疆有着丰富的天然盐源，在全疆许多地区都分布着含有大量盐类的白垩纪和第三纪地层，这些都为易溶性盐分在土壤中大量聚集创造了极为有利的条件。据统计，新疆盐碱荒地和盐碱农田面积达 $2.18\times10^{7}hm^{2}$，在 $4.08\times10^{6}hm^{2}$ 耕地面积中，受不同程度盐化危害的面积为 $1.23\times10^{6}hm^{2}$，占耕地的30.12%，占低产田面积的63.20%，盐碱危害严重制约了新疆农业经济的可持续发展。

随着新疆规模化膜下滴灌技术的推广应用，特别是在众多盐碱地上的应用，由于很多排碱沟渠被填平，虽然短时间内膜下滴灌技术显现了其强大生命力和影响力，既节水增产，还便于管理，特别是能开发盐碱地垦荒种植，扩大耕地面积，提高了经济效益，但随着膜下滴灌应用年限的增长，土壤是否继续向盐碱化或改良化方向发展值得探索。

膜下滴灌在我国西北干旱区特别是新疆盐碱地上得到广泛应用，由于膜下滴灌理论上仅调节土壤盐分在作物根系层的分布状况，盐分并未排出土体，因此，长期膜下滴灌条件下作物根区土壤盐分是否累积是决定这一灌溉方式在干旱区能否可持续应用的重要问题。

自1996年推广应用膜下滴灌技术已经18年了，虽然不断有专家学者针对膜下滴灌条件下的作物灌溉制度、水盐调控等进行研究，研究成果对于指导农田水盐调控和改良也起到了积极作用。但是，这些成果尚不能回答长期膜下滴灌盐分时空迁移演变的问题，难以反映长期膜下滴灌田间盐分真实的变化趋势，长期滴灌盐分迁移规律及灌溉作用机理不明，不能给决策者提供科学合理的解释和参考依据。

因此，本书结合有关国家科研项目于2009—2013年连续5年在北疆典型绿洲区新疆石河子121团，针对长期膜下滴灌农田土壤盐分迁移规律及灌溉影响机理进行了系统研究，并探讨了长期膜下滴灌农田土壤盐分灌溉调控对策。

本书具体定点监测了5块膜下滴灌应用2~16年的农田盐分变化，研究区荒地0~40 cm土层平均含盐量25~70g/kg，地下水埋深2~4m，土壤以不同程度盐化砂壤土为主，棉田平均灌溉定额816.15mm，灌溉水矿化度0.4g/L左右。基于以上条件研究揭示了长期膜下滴灌农田土壤盐分演变规律，提出了相应灌溉调控对策，本书成果可为干旱区膜下滴灌可持续应用提供重要理论依据。

本书的主要研究结论如下。

1. 长期膜下滴灌棉田土壤水盐分布及变化特征

膜下滴灌灌水显著影响并改变了农田土壤自然状态下的水盐分布格局。现行灌溉制度条件下，在观测深度范围（0~140cm）内，长期膜下滴灌农田土壤水分整体偏高，灌水后农田近似整体湿润分布，膜内、膜间及棉花不同生育阶段土壤水分含量均较高且无显著差异，且年际间差异不大。灌水、作物耗水及蒸发综合影响膜下滴灌棉田土壤水盐分布及变化，垂直影响深度可达300cm，即可以达地下水位置。土壤盐分含量及分布随膜下滴灌应用年限发生较大的时空变异，总体上，水平方向膜间盐分含量较高且变异较大，膜内盐分含量较低，特别是在0~100cm深度范围总体较低，比较适宜棉花生长；垂直方向表层盐分变异较大，越往深层盐分变异程度越小，不同水平位置之间盐分差异也越来越小，整体不断降低；土壤盐分在年内棉花生长期整体呈降低趋势，特别是在4月苗期灌水后，降低趋势最为显著；随膜下滴灌应用年限增加，年际间盐分变异系数及差异性亦逐渐降低。

2. 长期膜下滴灌棉田土壤盐分演变规律

现行灌溉制度下膜下滴灌应用年限对农田0~300cm深度范围土壤盐分均具有显著影响，单次灌水后膜下滴灌棉田土壤盐分在水平及垂直方向均发生显著迁移，灌溉是棉田盐分迁移的主要因素，盐分运动对流作用显著；多次灌水后棉田盐分呈整体向下迁移变化，近似一维垂直运动。总体上盐分均值随滴灌年限呈幂函数前快后慢的降低趋势，滴灌应用前3年农田盐分相对周边荒地土壤盐分迅速降低，属于快速脱盐阶段；滴灌应用3~8年脱盐率呈线性增加，属于稳速脱盐阶段，其中，滴灌7年以后盐分降至5g/kg以下；滴灌应用8~16年，脱盐率稳定在80%~90%，盐分随滴灌应用年限降低缓慢，滴灌应用16年时，盐分均值在3g/kg以下。根据现行灌溉制度下不同深度土壤盐分与滴灌应用年限的相关关系，要使农田盐分均值降至5g/kg以下，0~60cm、0~100cm、0~140cm不同剖面需要的滴灌应用年限分别为5.69年、6.08年、6.53年。膜下滴灌应用年限越长，田间盐分相对越低，盐分降幅也越来越小，并将处于一种动态平衡状态。

3. 长期膜下滴灌棉田适宜灌溉定额及灌溉调控对策

膜下滴灌棉田根区土壤盐分含量显著影响棉花生长及产量，现行膜下滴灌灌溉制度对于盐分淋洗具有重要意义。随着根区（0~60cm深度）盐分降低，应调整苗期灌水定额及灌溉定额。滴灌6年以内，根区盐分含量较高，均值在5~24g/kg，应强化冲洗进行压盐，苗期冲洗定额宜在104.5~350mm，苗期灌水量宜在161.7~400mm，灌溉定额宜在855.0~1 660mm；滴灌6~9年，根区盐分均值3~5g/kg，基本满足耕种条件，棉花产量在5 250kg/hm^2以上，应适当减少灌水量，弱化冲洗保持控盐，苗期冲洗定额宜在66.1~104.5mm，苗期灌水量宜在123.3~161.7mm，灌溉定额宜在733.9~855.0mm；滴灌9~16年盐分根区均值低于3g/kg，且Cl^-含量低于0.12g/kg，棉花产量在6 000kg/hm^2以上，苗期冲洗定额宜在34.5~66.1mm以保持控盐，苗期灌水量亦在91.7~123.3mm，灌溉定额宜在637.0~733.9mm，并宜适当提高灌水次数，以发挥膜下滴灌技术少量多次的灌水优点。

本书研究成果先后得到国家973前期研究专项“新疆长期膜下滴灌农田土壤盐分演变及调控研究”（2009CB125901）、国家自然科学基金项目“长期膜下滴灌农田土壤盐分演变机理研究（50969008）”、国家自然科学基金项目“典型绿洲区长期膜下滴灌棉田盐碱土壤离子时空迁移机理研究（51369027）、国家科技支撑计划“大型灌区节水技术集成与示范”专题3“内陆河流域大型灌区节水技术集成与示范（2015BAD20B03-3）”和石河子大学杰出青年科技人才培育计划项目“长期滴灌棉田盐分时空迁移机理研究（2013ZRKXJQ02）”的资助。

本书由王振华、郑旭荣、杨培岭统稿，具体参加本书试验及写作的还有张金珠、李朝阳、李文昊等人，本书还参考了其他单位和个人的研究成果，均在参考文献中标注，在此谨向所有参考文献的作者表示衷心的感谢！

在本书成稿之际，向所有为本书出版提供支持和帮助的同仁表示衷心感谢。由于试验条件、研究时间及经费所限，所取得的研究成果仅仅涵盖一个特定研究区长期膜下滴灌土壤盐分演变的田间尺度内容，而且相关研究仍需深入开展，对有些问题的认识还有待进一步深入。同时，由于学识视野和水平所限，在撰写中难免有疏漏和不妥之处，恳请同行专家批评指正。

作　者

2014年12月8日

目 录

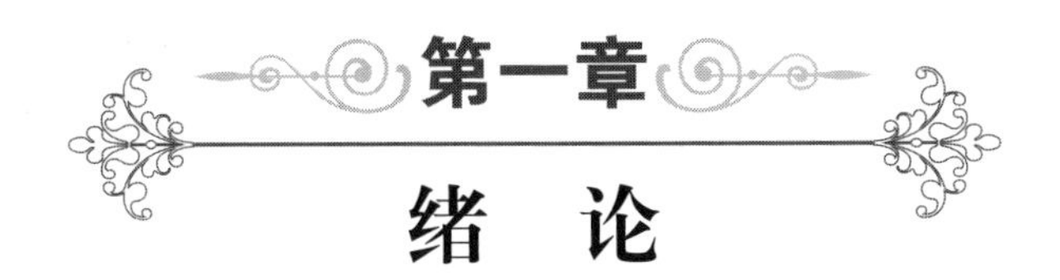

第一章 绪 论

第一节 研究意义

一、西北干旱区绿洲生态脆弱

土壤盐碱化是干旱半干旱区仅次于沙漠化的环境问题，干旱区土壤的盐化和碱化已十分普遍，全球约有 1/10 的土地受到盐碱化的影响，土壤盐碱化已成为一个全球性的问题[1~3]。伴随着人口增加和后备耕地减少的压力，中国西北地区广大的盐碱荒地不断被开垦，据统计，中国原有各类盐碱土地 $2.67 \times 10^7 hm^2$，其中，已有 $6.7 \times 10^6 hm^2$ 被开垦为耕地[4~5]，这些原生盐碱荒地开垦后的土壤盐碱问题成为制约当地农业生产、影响绿洲生态稳定和可持续发展的重要因素[6~7]。

干旱区绿洲是干旱区最敏感的部分。维持绿洲水土平衡、水盐平衡并保持适宜的绿洲规模对维护绿洲生态系统的稳定具有关键作用。西北干旱地区农业现代化及快速发展不仅关系到西部地区的发展和经济繁荣，也直接影响国家的生态安全，必须以干旱区生态大系统的可持续性和安全性为前提。党的“十八大”报告指出，建设生态文明，是关系人民福祉，关系民族未来的长远大计。把生态文明建设放在突出地位。

二、新疆膜下滴灌棉花举足轻重

新疆维吾尔自治区（全文称新疆）地处欧亚大陆腹地，是典型的大陆性干旱地区，干旱缺水是制约区域农业生产、经济社会可持续发展的重要因素。1996年新疆生产建设兵团开始将塑料薄膜覆盖技术与滴灌技术结合形成的膜下滴灌技术在中国西北干旱区新疆北部盐碱地上进行应用试验。由于膜下滴灌特有的界面特征，显现出在水盐运行环境、运移变化特点、脱盐程度等方面与传统的灌溉方式有着明显不同的特点，试验获得成功，盐碱地上应用膜下滴灌技术普遍较传统灌溉技术棉花产量提高20%~35%，节水50%以上[8]，这一点在干旱区至关重要。

膜下滴灌既具备滴灌的防止深层渗漏、减少棵间蒸发、节水、节肥的特点，还同时具备地膜栽培技术的增温、保墒作用[9]，在中国西北干旱地区特别是新疆盐碱土地上得到了广泛应用[10~11]。滴灌在根区可以形成淡化的脱盐区[12~13]，覆膜抑制了膜内的土壤蒸发作用，并使得膜内盐分发生侧向运移[10, 14]，同时深层渗漏的减少，也降低了次生盐渍化发生的可能性，于是膜下滴灌被用于防治土壤次生盐碱化[10, 13]。但是，膜下滴灌只是调节土壤盐分在作物根系层的分布状况，盐分并未排出土体，在灌溉用水含有一定盐分时，盐分会逐步在根底积累，有可能产生土壤积盐爆发[10, 13, 15]，因此，长期膜下滴灌条件下作物根区土壤盐分积累特征是决定这一灌溉方式在干旱区能否可持续应用的重要问题。

新疆作为中国西北干旱区应用膜下滴灌最典型的区域，地处欧亚大陆腹地，降水稀少、蒸发强烈、气候干旱，是典型的荒漠绿洲、灌溉农业区。年降水量除高山外，天山以北为100~200mm，天山以南为5~100mm；而年蒸发量，天山以北为1 000~2 000mm，天山以南为2 000~4 000mm[16]，这样的气候条件，加之新疆丰富的天然盐源，在全疆许多地区都分布着含有大量盐类的白垩纪和第三纪地层，使得新疆盐碱土分布面积广，盐碱化强度高，据统计，新疆盐碱荒地和盐碱农田面积达$2.18 \times 10^7 hm^2$[17]，30cm以上土层含盐量，天山以北一般为0.5%~4%，最高10%，天山以南一般为4%~10%，最高达50%~80%，盐碱危害严重制约了新疆农业经济的可持续发展，由于该区域约95%的播种面积均依靠灌溉[16]，在盐碱地上进行灌溉时，根区土壤压盐、洗盐问题是决定作物正常生长的关键。

膜下滴灌技术在众多盐碱地上的应用显现了强大生命力和影响力，既节水增产又便于管理，还提高了经济效益。1996—2002年，短短6年时间，棉花膜下滴灌面积从最初的1.67hm^2扩大到1.20×10^5hm^2[8]，目前，新疆膜下滴灌面积已突破2.00×10^6hm^2，成为世界上大田应用膜下滴灌面积最大的地区。新疆也已成为我国节水农业的重要示范基地。

新疆的膜下滴灌从开始试验示范到规模化推广均主要应用在棉花作物上。截至2012年，新疆连续20年实现棉花面积、单产、总产和调出量达到全国第一。新疆棉区面积占全国的比例超过30%，年均产量超过全国40%，2011年新疆棉花产量实际收购达到3.38×10^6t，占全国总产的51.2%，突破国家棉花总产的一半，2006—2010年全国棉花产量年均增长0.7%，而新疆增长16.9%，因此，新疆膜下滴灌棉花产业对国家棉花战略安全及全球棉花产业举足轻重。

三、长期应用膜下滴灌出现的问题

盐碱危害严重制约了新疆农业经济的可持续发展。在干旱荒漠绿洲区盐碱地上规模化推广应用膜下滴灌技术，将引起盐分不断向滴灌湿润区外围边界扩散，并在湿润锋处累积，因此，在盐碱地膜下滴灌应用时，应在种植后的头水将盐分压到作物主根系以下[18]，以利于作物正常出苗，但在根系吸水及蒸发作用下盐分必然还会上移，第二年的耕作又会使得盐分的分布发生再分布，随着新疆规模化膜下滴灌技术的推广应用，特别是在众多盐碱地上的应用，由于很多排碱沟渠被填平，虽然短时间内膜下滴灌技术显现了其强大生命力和影响力，既节水增产还便于管理，特别是能开发盐碱地垦荒种植，扩大耕地面积，提高了经济效益，但随着膜下滴灌应用年限的增长，一些土地盐碱化问题开始显现，出现了节水灌溉型土壤盐渍化问题（图1-1至图1-3）。

事实上，新疆很多膜下滴灌工程没有设计排碱渠系统，虽然覆膜滴灌条件下通过水盐调控对土壤盐碱分布具有改善作用，但是田间大量的盐分

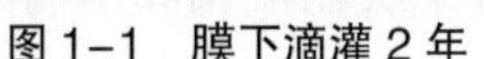

图 1-1　膜下滴灌 2 年

图 1-2　膜下滴灌 6 年

图 1-3　膜下滴灌 16 年

累积依然存在，没有了排碱沟渠系统，膜下滴灌农田土壤中的盐分就没有减少的途径，只是在土壤内部重新分布，盐分总量没有减少，可能还会增加。由于盐碱地膜下滴灌技术只是小定额的连续供水，易将盐分从作物根系驱赶向旁侧和较深的土壤层次，且滴灌不产生深层渗透，难以利用灌溉水淋洗盐分到地下水中去，盐分只能存在于土层里而无法消除，其积盐趋势没有改变，由于强烈的蒸发和作物的蒸腾作用，盐分表聚的趋势仍然强烈；排碱渠失去作用，客观上有助于地下水位上升，这对防止土壤次生盐渍化十分不利。因而在滴灌条件下只能解决驱盐问题，使耕层形成盐类淡化层，短时期内保证作物能正常生长发育。而土壤脱盐和积盐这对矛盾始终存在着，长期膜下滴灌会造成次生土壤盐渍化。另外，膜下滴灌“湿润锋”边缘盐分积累也开始对棉花的生长构成危害，由于滴灌的驱盐作用，土壤盐分积聚在湿润区（湿润锋）边缘，在北疆地区如遇小雨，这些盐分可能被带进作物根区引起盐害，出现棉花生长受抑制，甚至死亡的现象，即所谓“小雨死苗”问题。新疆由于降水量极少，土壤盐分的积聚会给第二年作物的播种出苗造成危害。

四、研究意义和重要性

长此以往，采用膜下滴灌的农田土壤盐分会如何变化？人工绿洲农业能否可持续发展？这些问题已经成为专家学者和有关政府决策者关注的一个重点问题。

膜下滴灌棉田根区土壤盐分状况是作物生长环境的重要部分，自 1996 年推广应用膜下滴灌技术已经 16 年了，虽然不断有专家学者针对膜下滴灌条件下的作物灌溉制度、水盐调控等进行研究，研究成果对于指导农田水盐调控和改良也起到了积极作用。一部分学者研究认为膜下滴灌棉花生育期内盐分在膜间0~40cm强烈聚集，在棉花生育期结束后，田间0~60cm以内土层随膜下滴灌应用年限增加处于积盐态势[10, 11, 19~22]，也有一些学者认为采用覆膜滴灌技术明显降低了作物根区盐分，膜下滴灌根区土壤盐分含量随滴灌应用年限逐年下降[23~29]。

这些研究成果对于解释或指导不同地区膜下滴灌农田水盐调控和盐碱地改良起到了积极作用。但是，由于滴灌土壤水盐运动为局部扩散模式，其土壤水盐分布表现出很强的时空分异与变异性，并受到土壤质地、潜水位、根系等的影响[30]，以上研究大多缺少长时间定点连续的监测数据，研究周期相对较短，或研究地块单一，监测数量较少，甚至同一个地方研究的一些结论相互矛盾，难以反映膜下滴灌根区盐分真实的变化趋势。

此外，以往土壤盐渍化过程是以土壤表层积盐为特征，盐渍化程度划分也是以表层土壤盐分总量为依据，忽视了土壤内部及深层积盐对于作物根系的危害性，尤其是在具有强烈蒸发能力的干旱区，土壤耕作层以下的盐渍化过程及其危害未给予充分关注；以往对盐渍化危害性评价比较重视土壤盐分总量，而对于土壤盐分离子不平衡与分异所产生的危害研究相对薄弱；以往膜下滴灌土壤水盐复合溶液体系中重视阶段灌溉水分移动对盐分总量迁移的影响，而对于长期滴灌盐分时空演变研究较为贫乏，长期滴灌盐分迁移规律及灌溉作用机理不明，不能给决策者提供科学合理的解释和参考依据。

因此，本书针对北疆典型绿洲区长期膜下滴灌农田土壤的盐分时空迁移规律及灌溉影响机理进行研究，探讨长期膜下滴灌农田土壤盐分灌溉调控对策。

预期研究成果将为膜下滴灌技术的可持续应用提供理论依据，同时将是指导和制定膜下滴灌作物灌溉制度的重要理论依据，特别是在水资源缺乏的干旱半干旱地区，它将直接影响着节水型农业和节水型社会的建设，对干旱区农业节水灌溉产生重大的生态效益和社会效益，促进区域生态环境良性发展、绿洲农业可持续发展、造福新疆各族人民、稳定边疆等方面将具有重大的战略意义和现实意义。

第二节 国内外研究现状分析

滴灌技术作为当今世界上最先进的节水灌溉技术之一，它的初始发展阶段是地下滴灌，1860 年 Wiesben 在德国第一次进行了地下滴灌试验[31]，将滴灌技术与管道排水相结合，使作物产量增加较多；美国在 1913 年成功建立了第一个滴灌工程，德国在 1920 年实现了水出流方面的一次突破，使水从孔眼中流入到土壤[32, 33]；荷兰、英国第一个应用这种灌溉方法灌溉温室中的花卉和蔬菜[34]；20 世纪 50 年代末期，以色列成功地研制长流道滴头，从而使滴灌系统在技术上有了重大进展；20 世纪 60 年代澳大利亚首先成功完成滴灌试验[35]，并使其发展成为一种新型的灌溉方法，当时被迅速地应用到现代的农业；进入 70 年代以后，滴灌技术的发展更为迅猛，在美国、澳大利亚、英国、法国等国家和地区逐步得到推广和应用。

我国的滴灌发展始于 20 世纪 70 年代，在 1974 年我国从墨西哥引进滴灌技术和设备[36]，并从此开始了滴灌技术的研究与应用；新疆棉花滴灌试验在 1996 年取得成功后，在近几年来发展速度十分迅猛，已经成为我国滴灌技术的最大应用领域；1998 年以前我国滴灌技术应用的主要作物是果树和大棚温室蔬菜等，发展的主要地区为华北、东北、山东等地；近年来，江苏、浙江、广东等省也开始大力发展滴灌技术；到目前为止，我国在滴灌技术方面的研究和应用已取得了很大的成就[37, 38]。

目前，新疆已成为世界大田微灌技术应用最成功的区域之一。在地面灌溉条件下，耕地土壤中的盐分可随同灌水淋洗进入排水系统；采用膜下滴灌节水技术后，由灌水携带的盐分、土壤中固有的盐分和地下水中的盐分在蒸发过程中聚集于地表和耕层中，形成节水灌溉型土壤盐渍化问题。由于膜下滴灌特有的界面特征，显现出在水盐运行环境、运移变化特点、脱盐程度等方面与传统和单一的灌溉方式有着明显不同的特点。另外，膜下滴灌中地膜覆盖对水分、温度和盐分的影响显著，突出表现在覆膜后对土壤的增温、保水和抑盐作用上。地膜覆盖后将田间水分循环改变为膜下水分小循环，水分不断在膜面凝结成水滴后滴入土壤，膜下的空气虽不饱和，但始终保持相当高的湿度，使蒸发受到抑制，增加了土壤水分并减少了土壤盐分的上升，其运动机制较为复杂。国内外许多专家学者和科研机构针对此问题进行了大量的研究。

一、膜下滴灌土壤水盐运动规律

棉花膜下滴灌技术是将滴灌技术与覆膜植棉技术相结合起来的一种新型节水技术，它是通过可控管道系统来供水，将加压的水流通过过滤设施滤“清”后，和水溶性肥料充分融合形成水肥溶液，进入输水干管（常埋设在地下）—支管—毛管（铺设在地膜下方的滴灌带），再由毛管上的灌水器一滴一滴地浸入棉花根系附近的土壤，供应棉花根系吸水，滴灌最大的优点是灌水比较均匀，并且可以定时、定量地浸入作物根系发育区域，使作物主要根系区域的土壤始终保持松散状态和最佳持水状态，加之地膜的覆盖，可以大大降低地面的蒸发，水分利效率可以达到较高的水平。

国内外学者关于滴灌条件下土壤水盐运移进行了大量的研究，结果表明，滴灌条件下，土壤水分围绕着滴头分布，伴随着土壤水分的运移，盐分随水分向土壤湿润锋边缘移动，并随土壤水分在三维空间内发生运移，而土壤盐分的运移会受到滴头流量、灌水量、灌水时间、土壤质地和土壤初始含水量等因素的影响[39~40]。

国外从很早就开始了土壤水盐运移方面的试验和研究[41]，Yaron[42]通过试验发现滴灌条件下滴头附近土壤含盐量较少，对作物生长有利，土壤盐分主要聚集在湿润锋边缘；Ben Asher J 等[43]假定土壤质地均匀且各向同性，土壤初始含水量和含盐量均匀，不考虑扩散、重力和吸附作用的影响，湿润体的形状为半球体形，提出了点源滴灌入渗条件下的溶质等效半球模型，该模型考虑了蒸发和根系吸水作用的影响，与大田实践较接近；Akbar Ali Khan[44]对点源入渗过程中的水分和溶质运移进行了较为系统的试验研究，运用重量分析法对水分和溶质分布进行了田间测定，并对影响水分和溶质分布的变量进行了分析，得到了一些有用的结果。

在国内，王全九等[18]对滴灌淋洗条件下土壤水盐运移特征进行了试验研究，将滴灌条件下土壤盐分分布划分为3个区域：达标脱盐区、未达标脱盐区和积盐区，这为以后土壤水盐运移的研究提供了理论依据；吕殿青[45, 46]、王全九[47]等通过室内试验研究了膜下滴灌的影响因素，结果表明，滴头流量的增加不利于作物正常生长的达标脱盐区的形成，灌水量的增加有利于作物正常生长的达标脱盐区的形成；土壤初始含盐量的增加使得达标脱盐系数降低。

二、膜下滴灌土壤水盐运移影响因素

了解影响膜下滴灌土壤水盐运移的主要因素，对合理利用膜下滴灌技术和进行滴灌系统设计以及田间灌水管理至关重要。

1. 灌水量及灌水周期

张琼，李光永[14]在轻盐碱地上（含盐量分别为0.08%和0.8%）研究了膜下滴灌花铃期灌水周期（2天和6天）对土壤水盐分布和棉花生长发育的影响。在总灌水量相同的情况下，高含盐量土壤花铃期高频灌溉与低频灌溉相比，可以有效降低湿润体体内土壤盐分含量，并且得到了棉花增产28%的结果，而对于低盐土，灌溉频率对棉花生长和产量没有显著的影响。孟杰[48]对棉花膜下滴灌田间试验中，灌水定额对产量的影响最显著，其次是灌水周期。张金珠，虎胆·吐马尔白[49]通过2年小区试验，研究了北疆膜下滴灌棉花土壤水盐运动特征。余美，杨劲松[50]研究了灌水频率对花膜下滴灌棉田土壤水盐运移和分布规律的影响。

以上研究虽然在各自研究区及当年取得了较好的研究效果，但研究周期相对较短，特别是有些灌溉定额和灌水周期的处理特殊性。

2. 土壤、气象及其他因素

孙海燕[51]采取室内试验与模型模拟相结合的方法，研究了膜下滴灌土壤水盐运移特征规律，膜下滴灌化学改良措施对盐碱土水盐运移特征影响。胡宏昌[52]选用新疆膜下滴灌试验田的563个土壤样品，利用激光衍射粒径分析仪分析土壤粒径分布，探讨新疆膜下滴灌土壤粒径分布及与水盐含量的关系。膜下滴灌对表层土壤盐分空间分布有较大影响，随着深度增加影响减弱；土壤质地与稳定状态下土壤水盐含量关系密切，特别是对土壤表层盐分聚集和深层土壤水分分布有显著影响。王春霞[53]研究了蒸发过程中不同覆膜开孔率下土体湿润锋及水盐运移情况的动态分布特征。 李邦[54]研究滴灌棉田冻融期及其前后水热盐分布规律。土壤水分与盐分时间变异特征表现为：冻融期土壤表层变异性大于底层，0~80cm水分变异程度大于盐分，80~200 cm水盐变异系数差异不大，变异性低。 焦艳平，康跃虎[55]通过田间试验研究垄作覆膜滴灌条件下土壤基质势对土壤盐分分布的影响。结果表明，Na^+和Cl^-易被灌溉水淋洗。盐渍化土壤中总盐分的淋洗主要受到作物播种时第一次大水量灌溉和苗期阶段较高土壤基质势控制的灌溉影响，作物生育中后期不同土壤基质势处理对土壤总盐分的淋洗影响较小。王振华[56]研究了膜下滴灌条件下温度对盐分离子运移的影响，认为4种灌水温度对SO_4^{2-}、Na^+、Cl^-和Ca^{2+}的运移试验，分析了温度对盐分离子运移的影响。郑德明[57]研究了新疆南疆荒漠绿洲盐碱土地区膜下滴灌磁化水对棉田土壤的脱抑盐效果，在膜下用磁化水滴灌棉花，使棉花盛蕾期、盛花期和成熟吐絮后棉田0~60cm土壤盐分含量分别降低24.8%~34.5%、17.3%~32.3%和21.5%~37.7%。张江辉[58]对新疆塔里木盆地六县地下水埋深和矿化度对土壤含盐量的影响进行了分析，结果显示，耕地土壤含盐量与地下水矿化度呈正比，与地下水埋深呈指数关系。

3. 微咸水灌溉影响

马东豪，王全九[59]研究在田间条件下，微咸水点源入渗水盐运移的影响。灌水量是微咸水灌溉条件下控制盐分累积的一个重要因素，灌水矿化度的升高会显著增加土壤表层的含盐量。阮明艳[60]探讨了膜下咸水滴灌土壤中盐分的分布及积累特征；膜下滴灌棉田持续利用咸水进行灌溉，土壤中盐分逐年增加，积盐程度随灌溉水盐度的增加而加重。王艳娜[61]研究了咸水滴灌对棉花生长和离子吸收的影响，认为新疆干旱区膜下滴灌条件下，咸水灌溉后土壤中盐分的分布及积累特征，结果表明，膜下滴灌棉田持续利用咸水进行灌溉，土壤中盐分逐年增加，积盐程度随灌溉水盐度的增加而加重。地表滴灌土壤盐分的表聚明显，0~100cm 土壤平均盐度均逐年增加，且积累程度随灌溉水盐度增加而加重。王国栋[62]研究了膜下滴灌条件下莫索湾垦区多年微咸地下水灌溉的土壤剖面内不同深度处盐分积累显著，土壤盐分只在表层出现轻微表聚并随土壤深度增加而积累显著，于土壤 60~80cm 处到达最高，土壤盐分离子组成发生变化。李莎[63]通过测坑试验探讨了微咸水膜下滴灌灌水量以及利用方式对棉花根层土壤盐分及产量的影响，采用微咸水灌溉时最好采用咸淡交替轮灌方式，它可以避免土壤发生积盐现象。

三、新疆膜下滴灌土壤水盐运移规律研究

1. 生育期田间土壤盐分分布及积盐特征

李明思[64]研究认为，在盐化土壤上进行膜下滴灌时，土壤盐分呈环状分布，膜外或膜下深层土壤含盐率高，而膜内上层土壤含盐率低。刘新永[10]在南疆研究了膜下滴灌盐分动态变化及平衡，棉花苗期时，土壤盐分开始分区，盐分在膜间 0~40cm 强烈聚集，膜下盐分变化不大，加剧了膜间的盐分累积；棉花生育期结束后，在膜间 0~20cm 盐分强烈累积。周宏飞[19]在极端干旱的塔里木盆地绿洲棉田对常规地面沟灌和膜下滴灌棉田在不同灌溉定额下水盐动态进行了研究，苏里坦[65]认为，灌溉结束时，土壤盐分呈现从深层到地表和从膜下到膜间的双向迁移趋势。对于 0~100cm 的土层仍有积盐作用。李晓明、杨劲松[66]在南疆膜下滴灌棉花花铃期土壤盐分分布研究时，发现膜下滴灌的土壤盐分分布规律会因不同的滴灌模式等差异而与一般性规律有所不同。

高龙[67]在新疆库尔勒市西尼尔镇开展了膜下滴灌棉田土壤水盐分布特征及灌溉制度的试验研究。王海江[20]研究棉田不同土层盐分变化及其

对棉花生长的影响。张金珠[68]研究了膜下滴灌棉花土壤水盐运动特征，认为滴灌水分影响深度窄行 60cm 以内土壤盐分含量降低，土壤盐分主要向宽行和窄行的深层运移和累积，80cm 土层盐分含量到中后期处于积盐状态。刘洪亮[69]北疆棉区长期膜下滴灌棉田土壤盐分时空变化与次生盐渍化趋势分析结果表明，0~40cm 耕层土壤存在碱化倾向。杨鹏年[21]认为，干旱区膜下滴灌棉花在生长期内，位于 90cm 深土层内土体的平均含盐量在上升。李玉义[23]认为，目前大力推广的膜下滴灌由于其良好的节水和压盐效果，土壤中盐分含量逐年下降，随着滴灌年限的增加，土壤平均脱盐率逐渐提高。

2. 不同滴灌年限土壤盐分变化

张伟[11]研究认为莫索湾垦区棉田膜下滴灌垂直方向盐分的积累在 0~60cm 土层逐渐增加，60~100cm 土层盐分积累受膜下滴灌影响较小。王新英[70]认为，土壤含盐量随着膜下滴灌利用年限的增加而呈现出先增加再降低的规律；并随着利用年限的增加，盐分大量聚集的层次向地表移动；膜下滴灌使用年限对土壤盐分组成类型没有影响。谭军利[24]认为，覆膜滴灌条件下，当滴头下方 20cm 处土壤基质势为 -10kPa 时，0~40cm 土层土壤盐分含量、各种盐分离子含量、土壤 pH 值、Cl^-/SO_4^{2-} 和钠吸附比（SAR）随滴灌种植年限增加而降低。窦超银[71]研究了地下水浅埋区重度盐碱地不同滴灌种植年限（0~3 年）对土壤盐分及不同盐分离子分布的影响。闫映宇[72]研究表明，随滴灌年限增加，0~60cm 土壤含盐量逐年增加。殷波[26]认为，不同滴灌年限中随着滴灌年限越长，棉田中地表盐分积累越少，而在 40~60cm 的盐分积累则越多。牟洪臣[22]认为，不同滴灌年限棉田随滴灌年限的延长各层土壤含盐率相应增加并且在 60~100cm 增加的趋势显著；在棉花生育期内，0~60cm 土壤呈脱盐态，60~100cm 土壤呈积盐状态。王振华[27,73]研究表明，膜下滴灌棉花生育期末 0~40cm 土壤盐分随滴灌年限增加而降低；60~100cm 以滴灌 4 年积盐最高。在现行灌溉制度条件下，新疆干旱区绿洲膜下滴灌棉田 0~60 cm 膜内根区盐分随滴灌年限呈降低趋势，在滴灌 1~4 年根区总盐变化幅度及降低幅度均较大，滴灌 5~7 年盐分继续小幅降低，根区平均含盐量均低于 5g/kg，棉花根系生境合适，基本满足耕种条件，棉苗存活率在 60% 以上，产量在 5 250 kg/hm^2 以上；滴灌 8~15 年盐分趋于稳定，根区平均含盐量均低于 3 g/kg，且 Cl^- 含量低于 0.12 g/kg 时，棉花成活率及产量较高且稳定，棉苗存活率在 90% 以上，产量在 6 000 kg/hm^2 以上，根区土壤盐分中 Na^+ 与 Cl^- 随滴灌年限降低趋势明显。当地的灌溉制度是造成根区盐分降低的主要原因，坚持现行的灌水制度有利于膜下滴灌长期可持续应用，但应适当减少花铃后期及吐絮期的灌水定额以节约水资源。

以上研究主要有两种观点，随滴灌年限增长一定深度土壤盐分呈积累趋势，长期膜下滴灌可能使盐分积聚，另一种观点认为，长期滴灌可降低盐分，不会对土壤环境和作物生境产生较大影响。这些研究成果主要涉及总盐变化，离子研究相对较少。

3. 膜下滴灌土壤溶质及离子运移模型

20 世纪 60 年代初，Nielson[74~76] 和 Biggar[77~78] 从实验和理论上进一步说明了土壤溶质运移过程中质流、扩散和化学反应的耦合性质，并应用数学模型来说明和解释溶质运移过程，确立了土壤溶质运移的对流 – 弥散方程，作为土壤溶质运移研究的经典和基本方程的主导地位。

国内从 20 世纪 80 年代才开始土壤溶质运移的研究。张蔚榛 [79] 提出了土壤水盐运移模型的初步研究结果。李韵珠 [80] 研究了非稳定蒸发条件下夹黏土层的水盐运动。左强 [81] 等分别对饱和 – 非饱和条件、排水条件及多离子的水盐运动规律进行了研究。石元春 [82~83] 等建立了黄淮海平原区域水盐运动监测预报模型。段建南和李保国 [84] 等建立了以土壤 $CaCO_3$ 化学热力学平衡体系和 $CaCO_3$ 变化量模型为主的土壤 $CaCO_3$ 淋溶淀积过程模型。

史海滨 [85] 采用特征 – 有限元法对蒸发与入渗实验条件下溶质运移进行了数值模拟。杨金忠 [86] 研究了吸附性溶质在非饱和、非均匀土体中运动时平均浓度所遵循的基本方程，任理 [87] 研究了非均质饱和土壤盐分优先运移的随机模拟。李保国 [88] 对土壤水盐运动研究进行了系统总结。李明思[28]探讨了长期膜下滴灌对农田土壤盐分演变的影响，认为土壤湿润锋处的盐分积累现象不会造成整个土层的盐分含量增高。

由于土壤性质的空间变异以及土壤本身结构的复杂性，土壤溶质运移模型将向随机模型的研究和应用发展。目前，随机模型还不能很好地应用到一些反应性溶质（特别是N素和P素）运移过程的模拟，也不能应用于多组分离子或具有链反应性溶质运移的模拟，对于土壤水力学参数空间变异性的研究较多，但对其时间变异性的研究相对较少。

国内外这些专家学者在自身领域内均取得了突出的成绩和效果，系统研究长期膜下滴灌盐分离子时空迁移规律的相对薄弱，但以上已有研究工作为本项目奠定了一定基础。

四、国外研究现状

滴灌技术并不能治理盐碱地，但是合理的滴头流量、滴水量和灌水制度组合可以使滴灌技术在作物根区形成一个低盐区，有利于作物生长。因此，盐碱地上进行滴灌时，灌水参数的设计不同于低盐土壤情况的设计，需要考虑盐分随土壤水分的运动规律，国内外学者针对这些问题进行了许多研究。国外在利用废水和含盐水滴灌时研究了盐分、养分随湿润锋的变化而发生的浓度变化过程[89~96]。研究表明，水中的盐分在湿润锋边缘处有较高的聚集，而在滴头下方的土壤中盐分浓度小；滴灌下养分的分布较理想。Omary[97]建立了一个滴灌农药的三维水－药运移模型并采用有限元法求解。Bresler[98]建立了含盐水滴灌的二维运移模型，采用有限差分法求解。Zhang[99]模拟了滴灌条件下肥料的运动状况。试验和模拟结果表明，盐分的运移与土壤含水率关系很大，在滴头附近，土壤含水率大，盐分浓度小；湿润锋内侧盐分浓度高，而在湿润锋以外土壤盐分浓度不变。

关于盐碱土滴灌的盐分运移过程也有许多学者进行了研究。West[100]研究指出，在盐化土壤上进行大水量滴灌才能降低根区土壤盐分浓度。Alemi[101]在实验中观察到：用同样的水量进行小流量连续滴灌把盐分推移的距离与用大流量一次性灌入所推移的距离相同，但滴头流量越大，推移速度越快。Nightingale[102]研究了杏树根系吸水情况下滴灌对土壤盐分的作用，发现当滴水量为 50% 的蒸腾量时，大量的盐分聚集在滴灌毛管下，而当滴水量为 100% 和 150% 的蒸腾量时，盐分聚集区则远离滴灌毛管。Russo[103]研究了盐碱地上滴灌胡椒的产量与土壤水分的关系，并建立了统计学模型。Mmolawa[104]对滴灌条件下作物根区盐分动态变化的研究成果作了概述，同时对这一过程进行了模拟和实验验证，认为土壤溶质主要随土壤水以对流的形式运移，盐分聚集在土壤湿润锋附近，而且电导率的变化与土壤含水率的变化一致。Mmolawa[105]在另一篇文章中对有作物种植和无作物种植情况下的滴灌土壤盐分运移作了比较，发现有作物种植时，土壤盐分浓度高于无作物种植时的情况，表明作物根系吸水对土壤盐分运移的影响较明显。

国内外这些专家学者在自身领域内均取得了突出的成绩和效果，研究长期膜下滴灌盐分分布、运移外在特征和现象的多，研究短期和生育期内的多，研究长期和年际间的少，系统研究长期滴灌考虑养分盐分溶质迁移规律的更少。

因此，本书拟利用已有研究成果和自身工作基础，结合生产实际，研究长期膜下滴灌农田土壤盐分演变机理，为膜下滴灌技术可持续发展提供理论依据。

第三节　本书主要研究内容及研究目标

一、研究内容

本书选择具有典型代表性的长期膜下滴灌棉田绿洲区新疆玛纳斯河流域下野地灌区 121 团不同滴灌年限棉田为对象，采用资料分析、土壤盐分长期定点监测、田间调查、模型构建等方法，研究农田长期膜下滴灌土壤盐分影响因素、响应特征、演变机制，探讨长期膜下滴灌农田土壤盐分灌溉调控措施。具体研究内容如下。

1. 典型绿洲区棉田长期膜下滴灌土壤盐分空间分布特征

通过田间定位监测，研究不同年限膜下滴灌棉田（1~16 年）土壤盐分时空分布特征，年内与年际不同时期土壤盐分组分变化，分析不同滴灌年限农田土壤盐分与土壤初始含盐量、气象要素、灌水技术和地下水水位等因素的关系，探明土壤盐分剖面分布关键影响因素，提出长期膜下滴灌农田土壤盐分不同阶段空间分布特征。

2. 典型绿洲区棉田长期膜下滴灌土壤盐分时空演变规律

监测分析田间不同滴灌年限非饱和土壤水分、盐分空间变异特点，研究灌水、地下水等因素对土壤盐分迁移的影响机理，分析根区盐分离子变化特点，揭示长期膜下滴灌农田非饱和土壤盐分时空迁移规律。

3. 典型绿洲区棉田长期膜下滴灌土壤盐分灌溉调控对策

在总结新疆膜下滴灌技术发展中存在问题和经验的基础上，结合长期滴灌土壤盐分迁移数学模型对盐分迁移关键过程的时空模拟，提出干旱区长期膜下滴灌棉花土壤盐分灌溉调控对策。

二、研究目标

阐明典型绿洲区棉田长期膜下滴灌土壤盐分空间分布特征，揭示长期膜下滴灌盐分迁移规律，提出干旱区长期膜下滴灌棉花生境健康的土壤盐分灌溉调控对策，为干旱区膜下滴灌可持续应用及区域生态环境建设提供重要理论依据。

三、研究技术路线

由于棉花膜下滴灌技术 1996 年开始在北疆下野地灌区试验应用，本书选择具有典型代表性的长期膜下滴灌棉田绿洲区新疆玛纳斯河流域下野地灌区 121 团 5 个不同滴灌年限棉田（2~16 年）为对象，采用资料分析、土壤盐分长期定点监测、田间调查、控制试验、模型构建与数值模拟等方法，研究农田长期膜下滴灌土壤盐分影响因素、响应特征、演变机理与模型模拟，探讨长期膜下滴灌农田土壤盐分调控措施。

具体技术路线见图 1-4。

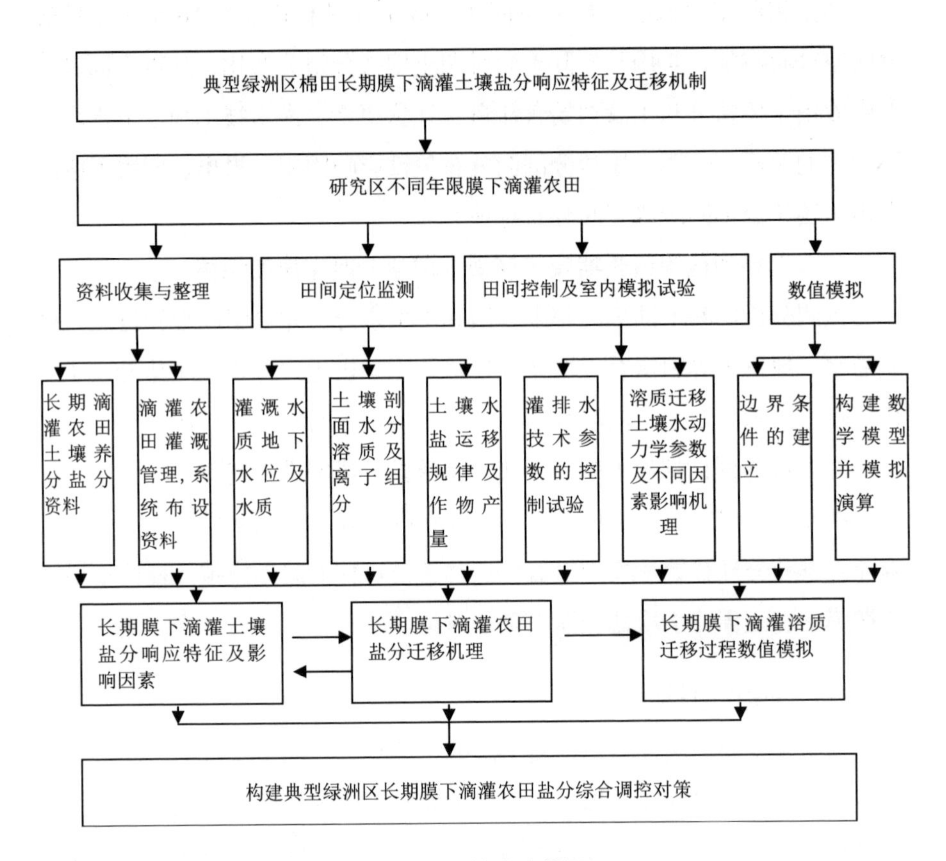

图 1-4 技术路线图

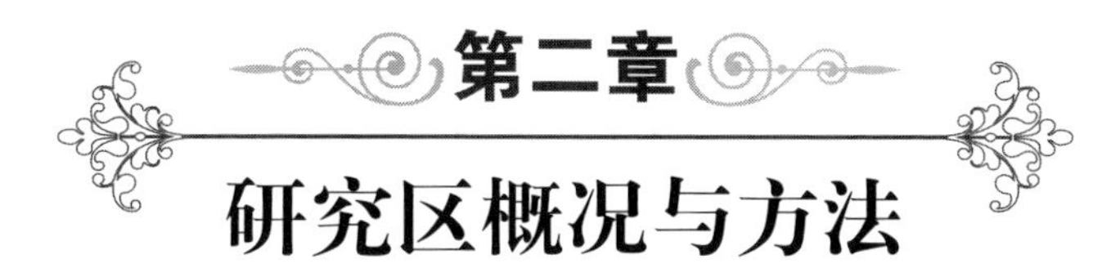

第二章 研究区概况与方法

第一节 研究区概况

一、总体概况

新疆生产建设兵团承担着国家赋予的屯垦戍边的职责，是在国家实行计划单列的特殊社会组织，按照“不与民争利”的原则，在天山南北的塔克拉玛干、古尔班通古特两大沙漠边缘和自然环境恶劣的边境沿线，兴建水利，开垦荒地，在茫茫戈壁荒漠上建成一个个田陌连片、渠系纵横、林带成网、道路畅通的绿洲生态经济网络，兵团团场典型写照见图 2-1。

图 2-1 兵团团场典型灌区

研究区位于典型绿洲灌区新疆生产建设兵团第八师石河子市 121 团，隶属于天山北坡经济开发区核心地带的新疆兵团第八师玛纳斯河流域灌区。兵团第八师玛纳斯河灌区地处天山北麓，准噶尔盆地南缘，东起玛纳斯河，西至巴音沟河，南靠依连哈比尔尕山，北接古尔班通古特沙漠，地理坐标为东经 85° 01′ ~86° 32′，北纬 43° 27′ ~45° 21′ ，流域内有石河子市、新疆兵团第八师和克拉玛依市的小拐乡。

新疆兵团第八师玛纳斯河灌区，下设石河子灌区、下野地灌区和莫索湾灌区 3 个分灌区。灌区土地总面积 $4.79 \times 10^5 hm^2$。其中，耕地面积 $1.76 \times 10^5 hm^2$，园林面积 $1.61 \times 10^4 hm^2$，居民及其他用地 $1.04 \times 10^4 hm^2$，水域 $2.03 \times 10^4 hm^2$，未利用土地 $2.56 \times 10^5 hm^2$。其中，下野地灌区，东连老沙湾灌区，南与安集海灌区连接，西到独克公路，与奎屯、车排子灌区相望，北临玛纳斯河。地理坐标为东经 85° 00′ ~86° 42′，北纬 44° 26′ ~45° 11′ 。灌区内有农八师的 121 团、122 团、132 团、133 团、134 团、135 团、136 团和克拉玛依市的小拐乡，研究区见图 2-2 和图 2-3。

图 2-2　玛纳斯河流域图

试验地点位于 121 团 18 连，该团总面积约为 $653 km^2$，平均海拔 337m。属于温带大陆性气候，干旱少雨，多年平均降水量 142mm，年

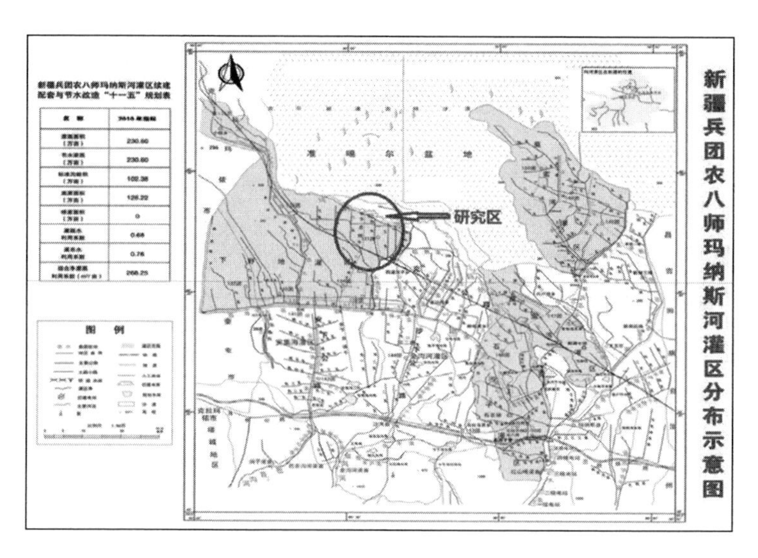

图 2-3 研究区地理位置示意图

均蒸发量 1 826mm，年均日照数 2 860h，无霜期平均 163d，年平均气温 6.2℃，7 月份平均气温最高为 27.7℃，极端最高气温达 43℃。

该地区属于玛纳斯河下游古老的冲积平原地带，沙丘间为原始盐碱荒地，土质以壤质为主，沙质、黏质土次之。地下水埋深年内变化范围在 2~3.5m，7 月地下水位较浅。主要种植作物棉花，作物种植全部依靠灌溉。121 团是新疆应用膜下滴灌技术最早的团场，目前，全团棉田种植均采用了膜下滴灌技术。

二、典型研究地块概况

1996 年新疆生产建设兵团将膜下滴灌技术在八师 121 团盐碱地上应用试验，成功后膜下滴灌技术在兵团得到迅速推广应用的同时 121 团也发展成为兵团最大的优质棉生产基地。随着膜下滴灌技术应用时间的延长，121 团农户已能够因地制宜熟练掌握膜下滴灌最先进的棉花种植、灌水和施肥方式。由于当地绿洲农田普遍盐碱含量较高，连续应用膜下滴灌技术，土壤盐分特别是根区盐分是否累积，随滴灌应用年限变化土壤盐分如何变化，同时对棉花生境及量影响如何等均备受关注，且缺乏长期数据结论，本书于 2009—2013 年，先后依托作者主持的国家 973 计划前期研究专项专题“长期膜下滴灌农田土壤盐分累积分布特征及影响因素（2009CB125901-1）”和国家自然科学基金项目“典型绿洲区长期膜下滴灌棉田盐碱土壤离子时空迁移机理研究（51369027）”，在作者的研究生协助下，在新疆兵团八师 121 团 18 连（新疆石河子市炮台镇）选定不同年份开始应用滴灌的棉田 5 块（2008 年、2006 年、2004 年、2002 年、1998 年），这 5 个地块相对集中在 2 km^2 范围之内，其分布位置见图 2-4，土壤质地和结构基本一致，在应用滴灌前均为荒地，各地块先后采用膜下滴灌技术开荒种植棉花，棉花品种相同，灌水和施肥制度基本一致。

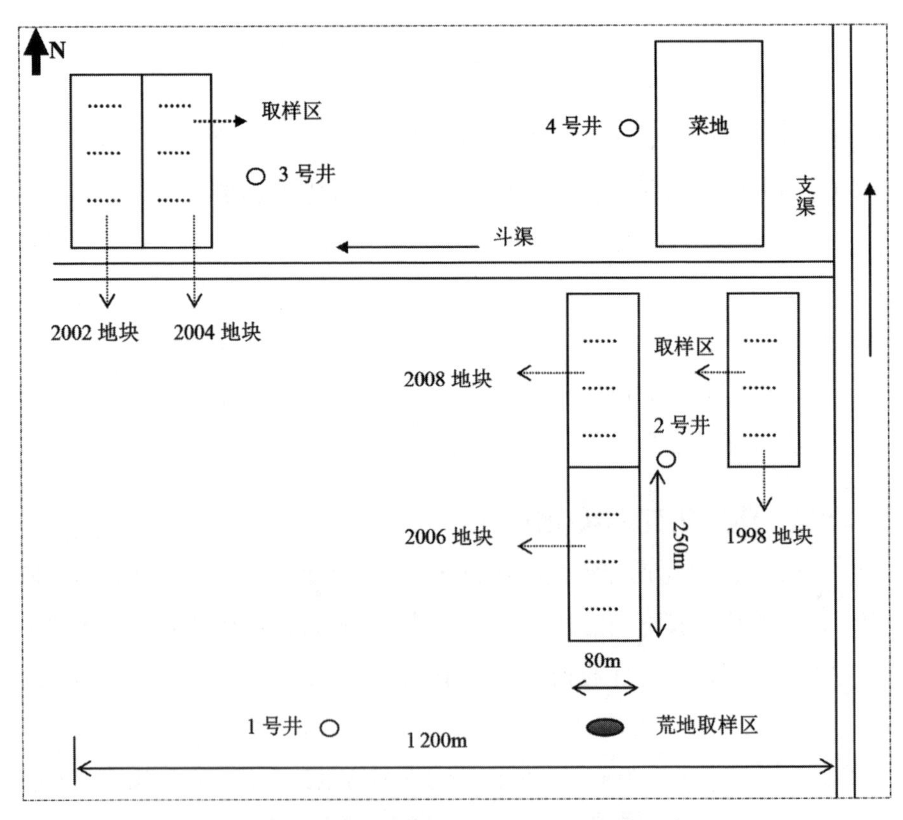

图 2-4　研究区典型地块位置及取样区分布示意图

2008 地块在 2009—2013 年观测期内，其滴灌应用年限为 2~6 年；

2006 地块在 2009—2013 年观测期内，其滴灌应用年限为 4~8 年；2004 地块在 2009—2013 年观测期内，其滴灌应用年限为 8~10 年；2002 地块在 2009—2013 年观测期内，其滴灌应用年限为 10~12 年；1998 地块在 2009—2013 年观测期内，其滴灌应用年限为 14~16 年；因此，这 5 个地块膜下滴灌应用年限可以扩展为 2~16 年。

伴随滴灌技术在新疆快速发展，越来越多的荒地甚至盐碱地被开发种植棉花，据新疆统计局和农业厅数据，膜下滴灌面积从 2002 年 1.20×10^5hm^2 扩大到 2012 年的 2.00×10^6hm^2 以上，新疆棉花种植面积从 2002 年 9.40×10^5hm^2 增加到 2012 年的 1.65×10^6hm^2，耕地面积从 2002 年 4.13×10^6hm^2 增加到 2012 年的 5.12×10^6hm^2，10 年间新疆耕地面积扩大 24%，棉花种植面积扩大 75.2%，膜下滴灌面积扩大 16 倍，而新疆水资源总量变化不大。膜下滴灌技术有力推动了新疆耕地面积的扩张和棉花种植，不断增加的耕地面积和膜下滴灌灌溉制度给新疆农业水资源管理和渠系水调度配置造成很大困难，理论上的膜下滴灌灌溉制度所设计的灌水定额、灌水次数不能完全适应已有水库和渠系系统的现状，也难以应用到大田生产中，农民则因地制宜的减少灌水次数，增加灌水定额，整个灌溉定额相对传统地面灌仍有较大幅度的减少。由于兵团的特殊管理体制，各团场的灌溉制度基本类似，研究区的灌水制度在新疆特别是北疆具有较强的代表性，是兵团绿洲灌溉农业的典范，近几年典型灌水制度见表 2-1，种植模式均采用机采棉模式（一膜 2 管 6 行棉花，棉花窄行距和宽行距分别为 11 cm 和 66 cm，膜间距为 60cm，即 11 cm+66 cm+11 cm + 66 cm +11 cm+60 cm），见图 2-5。

由于 121 团属于下野地灌区，土壤盐碱含量普遍较高，经过不同阶段取样分析，灌区内 5 个研究地块农田附近人工未干扰荒地表层土壤含盐量受降水和蒸发影响一般在 30~150 g/kg 变化，0~40 cm 土层平均含盐量在 25~70 g/kg，0~100 cm 土层平均含盐量在 18~42 g/kg。灌区地下水动态受灌溉和附近平原水库蓄水影响较大，生育期内可上升到 2 m 以内，生育期末可降至 4 m 以下，地下水矿化度较高，经测定在 10~50 g/L。

表 2-1 研究区典型灌溉制度

灌水时间	4月下旬	5月中旬	6月中旬	6月下旬	7月上旬	7月中旬	7月下旬	8月中旬	8月下旬	合计
灌水定额（mm）	135.69	51.74	103.68	92.86	88.70	87.38	101.88	81.62	72.61	816.15

注：表中数据为研究区 2009-2013 年各地块灌溉制度平均值

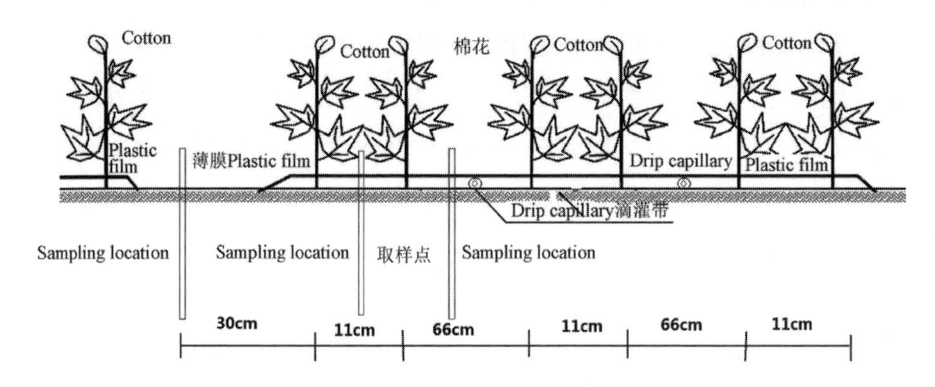

图 2-5 膜下滴灌棉花种植及取样位置示意图

根据新疆盐碱土分类标准，研究区土壤属于氯化物硫酸盐不同程度盐化土壤。土壤质地基本属于沙壤土，耕作层平均土壤容重 1.37g/cm^3，田间持水量 34.08%，饱和含水率 40%。灌溉水源为水库水，矿化度在 0.4 g/L 左右。

三、研究区气象条件

收集了 2009—2013 年石河子市气象局自动气象站监测 121 团的主要气象数据（降水量及气温），数据结果分别见图 2-6 和图 2-7。

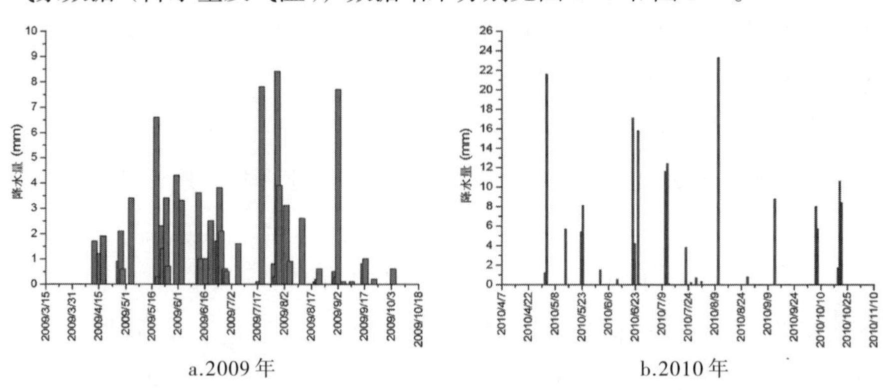

a.2009 年　　b.2010 年

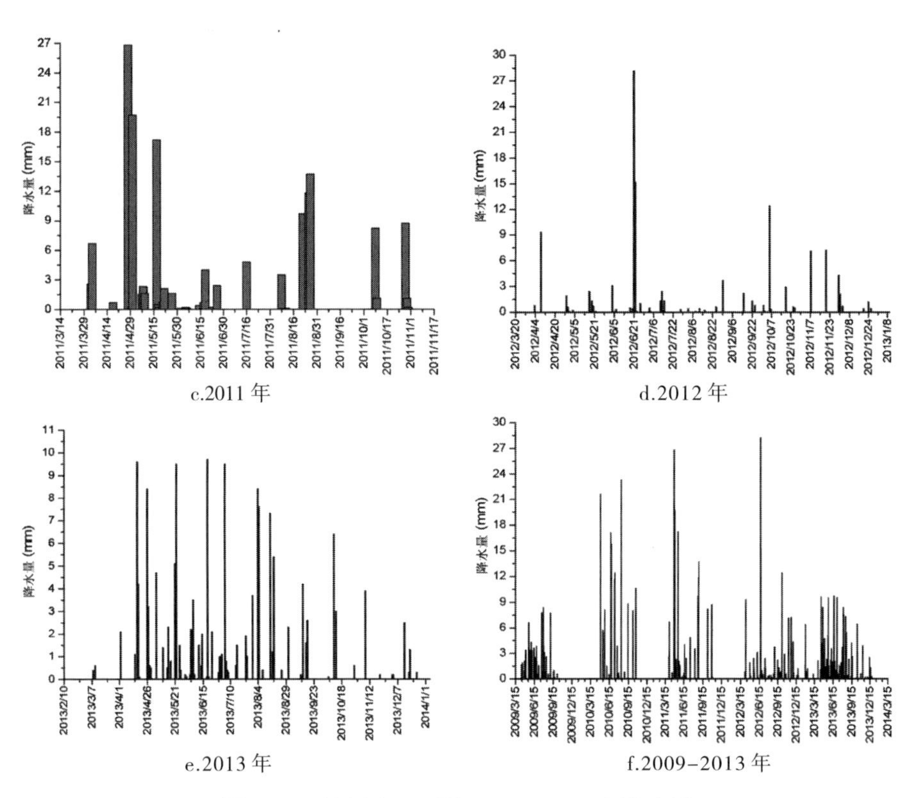

图 2-6 研究区 121 团 2009—2013 年降水量

由图 2-7 可以看出，研究区 2009 年 4 月至 10 月降水次数较多，但单次日降水量均较小，最高不超过 9mm，总降水量 92.6mm；2010 年、2011 年和 2012 年降水次数相对较少，但单次日降水量最高可在 27mm 左右，4~10 月降水量合计为，2010 年 156.9mm，2011 年 145.6mm，2012 年 98.8mm；2013 年降水分布和 2009 年类似，降水次数较多，4~10 月降水量为 150.4mm；总体而言，2009 年和 2012 年降水量相对较少，2010 年、2011 年和 2013 年相对较多，略高于该团年均降水量 142mm，研究区观测期间降水量属于正常范围，没有出现异常现象，由于研究区年均蒸发量高达 1 826mm，尽管降水会对农田土壤盐分产生一定的影响，但这个影响主要体现在降水后几天内，在强烈蒸发影响下，总体上可忽略降水对土壤盐分的淋洗影响。从图 2-8 可以看出，研究区

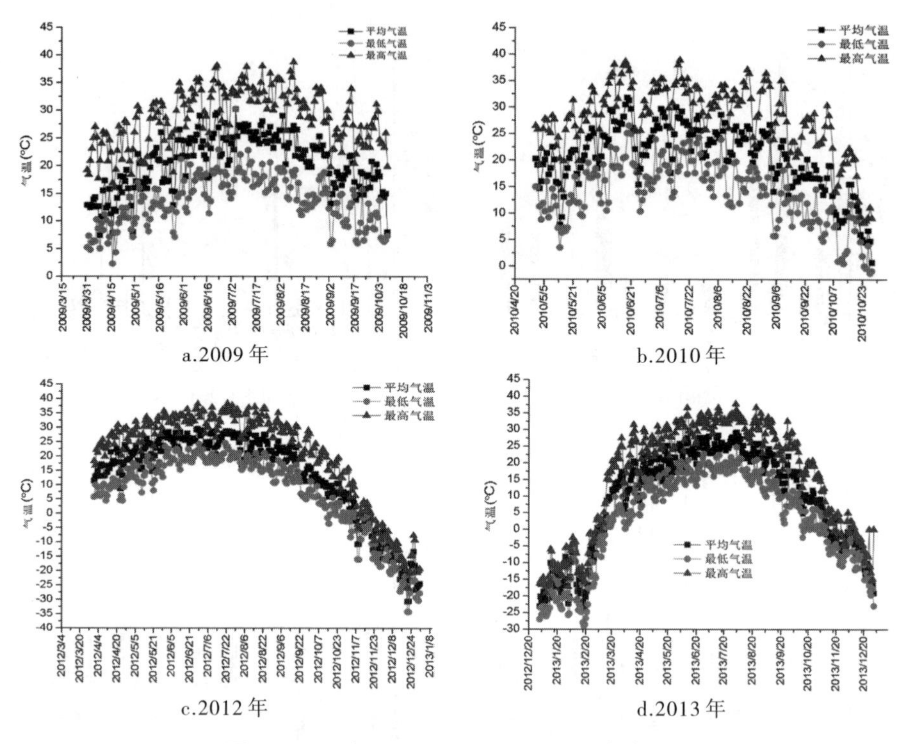

图 2-7 研究区 121 团 2009—2013 年气温特征值

2009—2013 年期间气温变化规律类似，6~8 月气温较高，作物蒸腾旺盛，也是需水和灌水高峰期。

四、研究区地下水动态

根据在研究区设定的 4 眼地下水观测井，2010—2013 年连续 4 年观

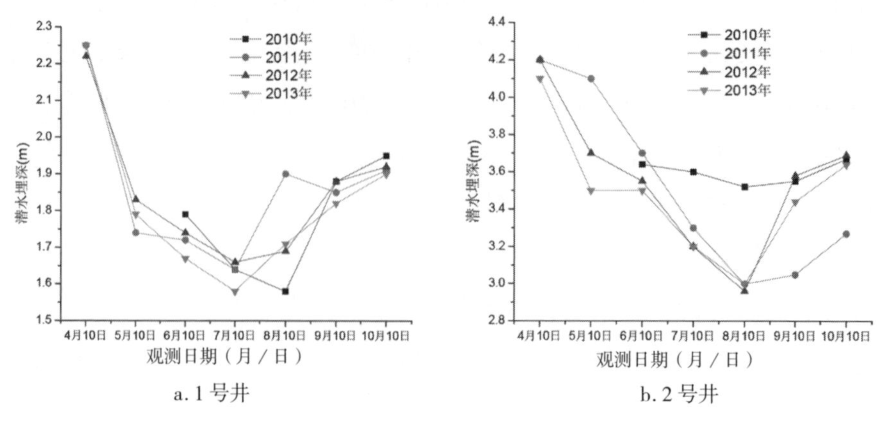

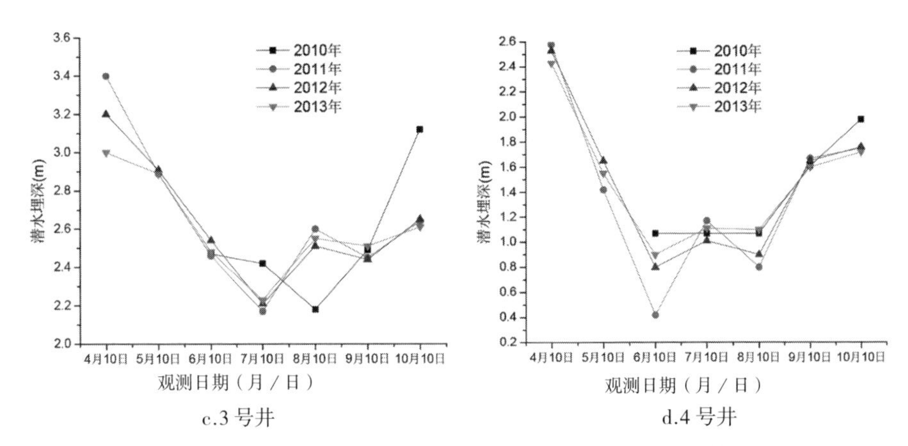

图 2-8 研究区 2010—2013 年 4 眼地下水观测井地下水埋深

测棉花生育期内各月地下水埋深的动态变化，结果见图 2-8。

由图 2-8 可以看出，研究区地下埋深相对较浅，一般在 3m 以内，并随棉田灌水发生波动变化，一般是 4~8 月受灌水影响，地下水埋深逐渐变浅，8 月以后地下水埋深逐渐变深。

第二节 研究方法

土壤溶质主要依靠土壤水分进行对流和水动力弥散运动，其中，对流运动是盐分在土壤中的主要迁移方式。饱和土壤中，土壤水流靠重力流动，土壤盐分将淋洗入地下水，随地下水排走，从而引起土壤盐分的宏观演变和外在响应。非饱和土壤中，土壤水分靠土水势梯度流动，所以，在对流作用下，土壤盐分也向水势低处集聚，引起土壤盐分微观演变。另外，地表蒸发、冻融循环、田间耕作及薄膜覆盖也导致土壤盐分分布的微观演变。

由于 5 个研究地块土壤质地、结构、灌水施肥制度、种植棉花品种及模式全部相同，主要差别在于滴灌应用的年限，因此，认为这 5 个地块的土壤盐分在应用滴灌前本底值总体上具有一致性，同时具有时间序列的连续性，2008 地块在研究期（2009—2013 年）的滴灌应用年限分别为 2~6 年，2006 地块在研究期（2009—2013 年）的滴灌应用年限分别为 4~8

年，2004 地块在研究期（2009—2013 年）的滴灌应用年限分别为 6~10 年，2002 地块在研究期（2009—2013 年）的滴灌应用年限分别为 8~12 年，1998 地块在研究期（2009—2013 年）的滴灌应用年限分别为 12~16 年。通过时空转换，将 5 个地块土壤盐分数据按照时间序列统一排序，则研究区的膜下滴灌年限范围可扩展至 2~16 年。

因此，选择北疆典型膜下滴灌区域农八师 121 团 2~16 年滴灌棉田为研究核心区，以田间试验为基础，定点观测播前、灌水前后和翻地后土壤水分和盐分分布，以试验数据为核心，研究分析长期膜下滴灌棉田土壤盐分分布及变化规律。

各块棉田均从 4 月开始至 10 月，每月中旬取样一次，每块地分别在该地块长度方向的三分点和中点位置附近共选 3 个取样区，每个取样区取 3 个点，分别为膜内毛管处，棉花窄行中点、膜外两膜中点（图 2-4）。为研究根区土壤盐分变化，每个点从地表向下每 20 cm 左右取一个土样，分别为 0cm、20cm、40cm、60 cm [0~3 cm、(20 ± 3) cm、(40 ± 3) cm、(60 ± 3) cm] 共计 4 个土样。每个滴灌年份棉田共取 36 个土样，每次取样合计 192 个样品，其中也包括：在相应取样点周边荒地上的 3 次取样；取土样的同时利用田边观测井取水观测研究区地下水变化。对所取土样采用烘干后测试其含水率，将相同取样位置烘干后的 3 个土样进行混合，通过 1 mm 土壤筛后按照土壤与蒸馏水 1 ∶ 5 质量比混合振荡、过滤，对其浸提液用 DDS-11A 数显电导率仪测定其电导率（EC)，与烘干法标定后换算为质量分数 g/kg（$y=0.008x+0.876$，y 含盐量，g/kg，x 电导率，μs/cm)，土壤离子组成中 Na^{+}、K^{+} 采用火焰光度计测定，CO_3^{2-}、HCO_3^{-} 用双指示剂滴定法，Cl^{-} 用 $AgNO_3$ 滴定法，SO_4^{2-} 用 EDTA 间接滴定法，Ca^{2+}、Mg^{2+} 用 EDTA 络合滴定法测定。每块棉田随机选取不连续三段 3 m 长整膜，统计所选范围内棉花株数，根据已知的株距 10 cm，每膜 6 行棉花，每段膜理论播种棉花 180 株，三段膜理论棉花株数为 540 株，用棉花吐絮时所存留株数除以理论株数，计算得出棉花出苗率或者叫存活率。棉田产量均采用所选地块农户最终实际产量。

第三章 长期膜下滴灌棉田土壤水盐空间分布特征

第一节 荒地水盐空间分布及变化特征

一、荒地水盐分布特征

1. 干旱区自然条件下水盐运移的主要影响因素

在干旱区，影响盐分运移的主要是气候和地貌因素。气候决定区域水资源总量的多少；地貌单元的差异则决定了水资源迁移的方向和强度。盆地内降水稀少、蒸发力大决定了由山区进入盆地的水分（地表径流）最终以蒸发输出的方式为主，水分收支以负均衡为主；同时，因盐分缺乏排泄出路，盆地始终处于盐分积累过程，尤其是在局部流动系统和区域流动系统的汇区，地表水、地下水、土壤水中的含盐量具有不断增高的趋势。准噶尔盆地是陆表松散岩土和可溶盐聚集的重要场所，也是地表水、地下水的汇区。在地势的控制下，大气降水和由周边山地冰雪融水转化而成的地表水、地下水，作为溶剂和载体，将山区岩石和土壤母质中的可溶盐带入盆地，使内陆封闭盆地盐分不断增加，且存在向地表和盆地中心集中的宏观趋势，并按一定的系统动力学模式运移、聚集[106]。

在全盆地盐分迁移、聚集过程中，河流起着溶滤和盐分携带者的重要作用；在天然状态下，土壤中来自上层的水分输入严重匮乏，在地下水埋深较小的地段，土壤盐分呈现明显的表聚特征；地下水的径流排泄形成盐分的迁移、聚集带，受植物蒸腾、土面蒸发作用的影响，地下水在从上游到下游迁移的过程中，其矿化度大幅度升高。受引水条件和土地条件的限制，开发年代久远的绿洲多处于河流的低阶地和河流的中、下游等一些地势平坦、引水方便的地段，随着自然环境的变迁和工程技术的进步，绿洲逐步向河流平原的上部和高阶地上发展；1949 年新中国成立后，新垦的耕地多分布在冲积扇的扇缘、下三角洲的下部及边缘、现代冲积平原和古老冲积平原及山前洪积平原上，除大河沿岸的淡化带和部分山前平原外，大部分土壤含盐量高，改良条件差。

影响盐分现代迁移的主要因子——水循环，如果说地学因子对盐分迁移的作用是全局的、长期的、渐近式的，则水资源的开发规模和方式则能快速改变盐分的迁移与聚集状态。随着近 50 年来人们对水资源调控能力的加强，水资源的分配逐渐由河流主导的线状分布转为各级渠道输水为主的面状分布，引水灌溉延长了地表水在地表的滞留时间，地下水的开采加快了局部水流系统中水的交替过程，总之，水资源转化日趋复杂。

对玛河灌区而言，玛纳斯河河水是其主要水源，同时开采部分地下水，地表水与地下水在盆地不同灌区转化复杂。灌溉引水主要在绿洲区进行转化和消耗，在地表水转化为土壤水后，大部分通过植被蒸发作用进入大气，一部分通过裸地蒸发进入大气，其余部分则通过深层渗漏补给地下水，土壤水处于水分转化的核心环节；由于灌溉水补给地下水，引起地下水位抬升，且绿洲区处于相对较高的地势，从而形成绿洲区地下水向荒漠区的迁移，迁移的强度主要取决于灌溉制度。由于地下水的水力坡度较小，地下水侧向径流量在总的水量平衡中很小，可忽略不计；同时，在控制灌溉条件下，基本不会产生地表径流。

2. 灌区内部非灌溉荒地水盐分布特征及来源

根据新疆气候特点，121 团棉花基本上在 4 月下旬播种，采用干播湿出方式，播种后滴灌一次，以保证出苗，由于当地农田普遍含有盐碱，因此，出苗水滴灌灌水定额一般在 1 350m^3/hm^2 左右，既为出苗提供充足水分，同时也进行压盐出苗，为棉苗生长提供一个低盐环境，苗期灌水对土壤盐分的分布影响较大，但随滴灌应用年限不同，这种影响和分布又有所不同。要分析滴灌对盐分的影响，先了解荒地自然状况下的盐分分布特征，以研究区 2008 滴灌地块附近的荒地 2009—2012 年连续 4 年的水盐监测数据进行分析，2013 年该部分荒地被开发为农田种植棉花。

图 3-1 表示荒地在 2009 年 4 月、7 月和 10 月即同期棉花播种后、花铃期和收获后 3 个典型阶段监测的水盐分布。图 3-2 表示荒地 2012 年从冰雪刚融化的 3 月下旬到 10 月中旬监测的水盐分布，并且在 10 月中旬监测深度由前 3 年的 0~140cm，扩展到 0~300cm，扩展后的水盐分布见图 3-4。

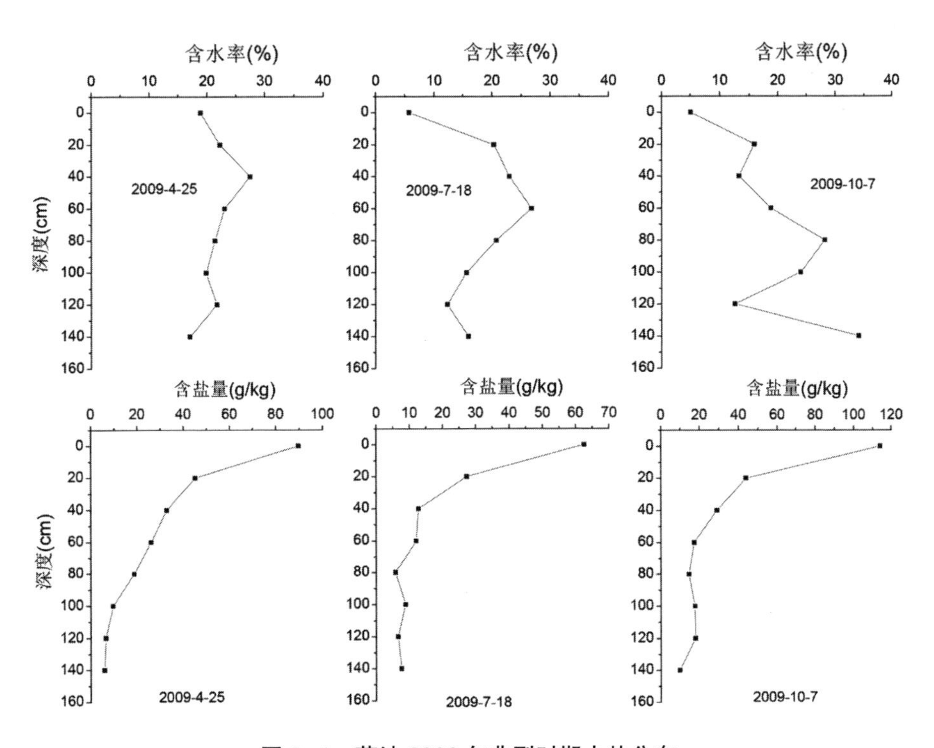

图 3-1 荒地 2009 年典型时期水盐分布

图 3-1 表明，在未灌溉及人为扰动的盐碱荒地土壤水分表现为地表含量最低，但在 4 月下旬地表含水率相对较高，为 18.8%，剖面水分含量变化不大，基本在 20% 左右，最高不过 27.5%；而在 7 月中旬则

表现为表层含水率低，向下先升高后降低最后再略升高的特点，其中，20~80cm 土层含水率较高，并在 60cm 处含水率达到最高 26.7%；到了 10 月上旬荒地土壤水分则呈现由地表向下逐渐升高的趋势，并在观测区的最深处 140cm 处含水率达到最高 34.1%，接近田间持水量。

而荒地的土壤盐分在 4 月下旬即同期棉花播种后表现为地表积盐，表层盐分含量在 90g/kg 以上，形成一层盐壳，剖面上由地表向深处递减，约在 80cm 以下含量降至 20g/kg 以下，到 140cm 深处降至 5g/kg 左右；在同期棉花生长最旺盛的花铃期的 7 月中旬及棉花收获后的 10 月上旬，荒地盐分分布特征基本一致，均为表层盐分含量最高，20cm 以下逐渐降低，属于典型的干旱区土壤盐碱分布特点。下面通过 2012 年更为详细的观测来进一步说明荒地水盐的分布特征。

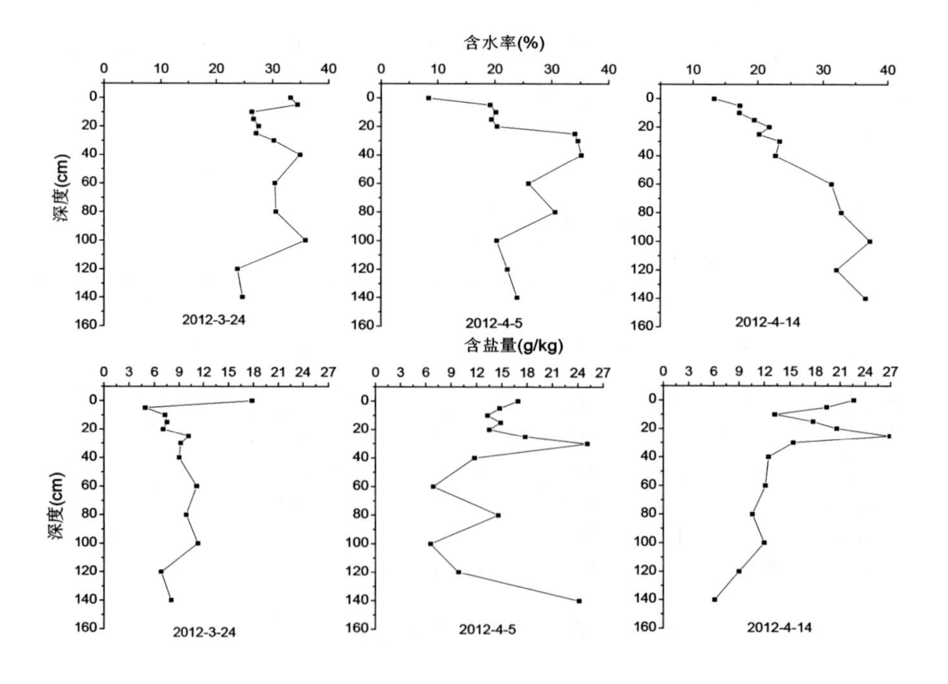

a.3~4 月土壤水盐分布

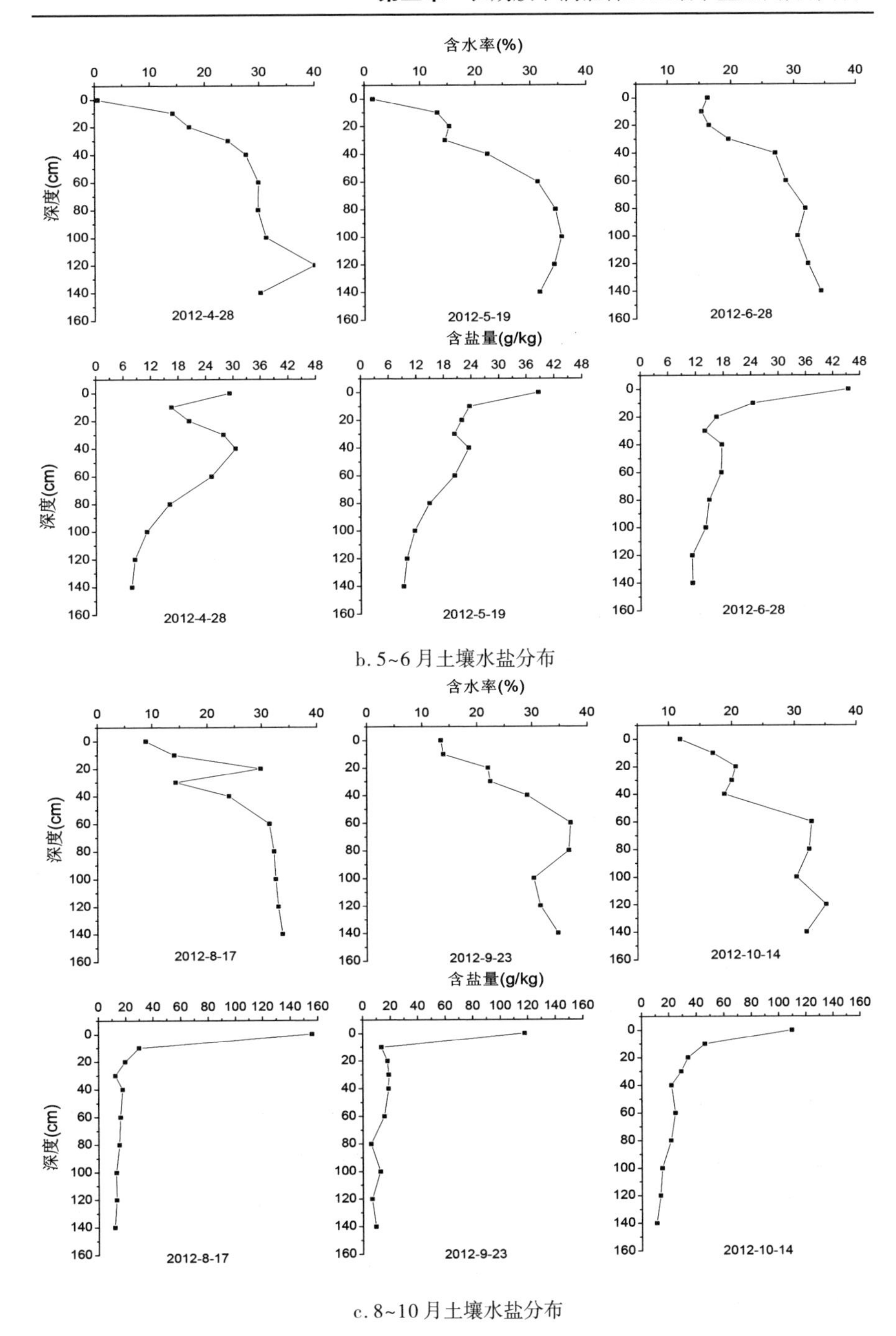

b. 5~6 月土壤水盐分布

c. 8~10 月土壤水盐分布

图 3-2 荒地 2012 年典型时期土壤水盐分布

由图 3-2a 看出，荒地土壤水分在 3 月下旬整体含量较高，剖面含水率在 30% 左右，表层含水率高达 34% 左右，基本达到田间持水量，由于此时气温较低，平均气温仅为 8℃左右，最低气温仅为 2℃左右，最高气温在 14℃左右，40cm 深度还未解冻；到了 4 月上旬，随着气温逐渐升高，表层蒸发逐渐加大，表层水分含量降低，但冰雪融化入渗使得 30~50cm 范围水分逐渐升高，到了 4 月 14 日，平均气温已升至 15.6℃，最低气温也在 8.3℃，最高气温已达 27℃，土壤完全解冻，表层土壤水分不断蒸发，同时中层土壤水分不断向下入渗，从而形成了从上到下土壤水分逐渐升高，剖面底层水分最高的分布特点。

土壤盐分的分布则是在 3 月 24 日仅在表层含量相对较高，仅为 17.8g/kg，从 5~140cm 盐分逐渐升高，其中，5~25cm 范围盐分含量相对最低，均不超过 7.5g/kg，30~140cm 盐分也仅在 10g/kg 左右，这是与此时气温低、土壤水分含量高、土层未完全解冻密切相关。到了 4 月 5 日，土壤盐分剖面分布出现动荡变化，整体略有升高，剖面盐分在 15g/kg 左右，到 4 月 14 日随着气温的升高，蒸发日益强烈，表层水分下降，深处水分升高的同时，土壤盐分呈现表层盐分最高，从上到下逐渐降低的特点，但此时表层盐分含量也不过为 22.6g/kg，140cm 深处土壤盐分最低仅为 6.1g/kg。

此后气温迅速升高，从 4 月下旬到 10 月中旬，土壤水分和盐分的分布特点与 4 月 14 日总体类似，土壤水分从表层到深层逐渐升高，土壤盐分总表层到深层逐渐降低，水盐含量大小相反的分布特征。但随着蒸发的日益强烈，到了 8 月 17 日表层盐分最高可达 155.8g/kg，即使气温逐渐降低的 10 月 14 日，表层盐分含量依然高达 110g/kg。土壤水分始终表现为深层含量高，表层含量低的特点。说明，由于强蒸发弱降水所致，自然状态下，上层土壤盐分受蒸发影响含量较高，遇到降水会略有变化，深层土壤盐分相对稳定，处于自然动态平衡状态。

对 2012 年 10 月 14 日荒地土壤水盐监测加深至 0~300cm 范围后（图 3-3），土壤水分由地表向下至 300cm 深度范围始终在不断升高，在

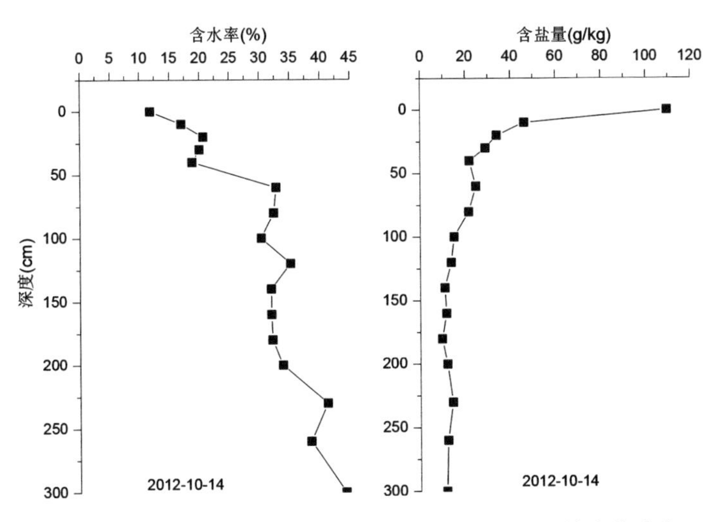

图 3-3 荒地 2012 年 10 月中旬 0~300cm 剖面土壤水盐分布

300cm 深处土壤水分含量高达 44.3%，接近饱和含水率，在 200cm 深处的土壤含水率已经达到 33.9%，达到了田间持水量，而此时研究区的地下水埋深在 1.76~3.69m（图 3-4），而地下水矿化度在 30g/L 左右。

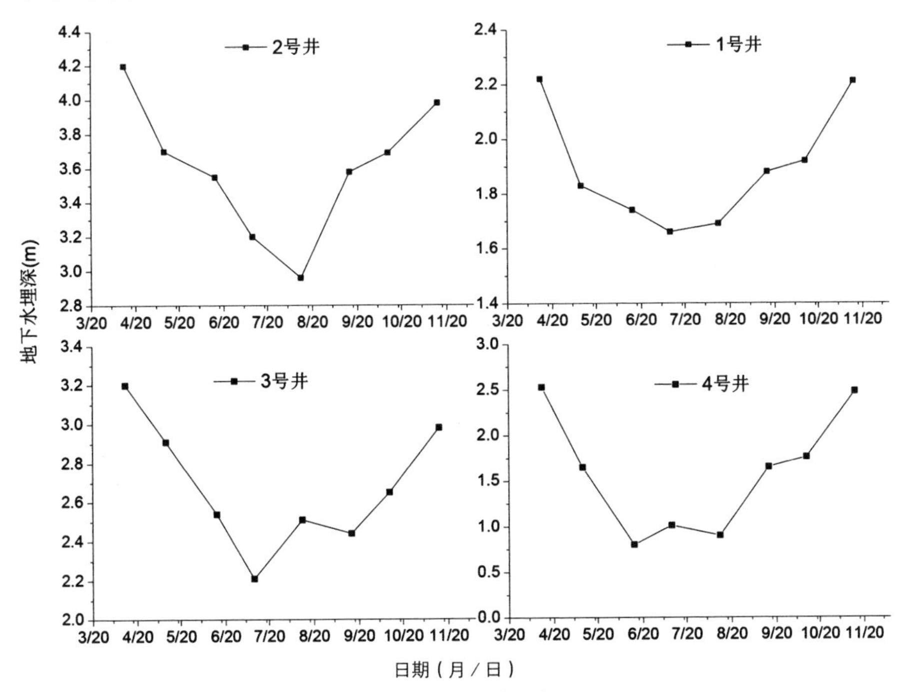

图 3-4 2012 年地下水埋深

充分说明，荒地土壤水分是从下向上不断运动的，同时水分上升必然带动可溶性盐分的向上迁移，从而形成土壤盐分从下向上不断升高，深层稳定，表层在水分不断散失的情况下盐分不断升高。即绿洲区荒地土壤盐分主要来源于地下水中的溶质，土壤盐分是由地下水不断上升迁移而形成的。当然，这种盐分的来源与变化也同样说明附近的绿洲农田始终受到地下水带来盐碱的威胁，农田土壤的盐分同样主要来源于地下水中的溶质，即使开荒耕作，采用膜下滴灌技术进行灌溉也改变不了自然状态下土壤盐分的由下向上的迁移和运动，农田的水盐变化将受到灌水入渗、薄膜覆盖、作物耗水蒸腾、土面蒸发和地下水动态的综合影响，水盐变化是多种变化的叠加效应。

二、荒地土壤水盐变化特征

1. 荒地土壤水盐连续 4 年变化特征

为分析荒地土壤水盐的变化特征，对荒地 2009—2012 年连续 4 年监测的土壤水盐数据进行整理，剖面 0~140cm 的土壤水盐数据按照以下方法分别分组为 0~20cm、20~60cm、60~100cm、100~140cm，0~20cm，0~60cm，0~100cm，0~140cm，不同分组方式下的水盐变化分别见图 3-5 至图 3-8，水盐统计特征值分别见表 3-1 和表 3-2。

由图 3-5 及表 3-1 看出，0~20cm 土壤水分在 2009—2012 年观测期内，呈现年内从 4~10 月逐渐降低，第二年 3~4 月再升高的逐年周期性变化特征，含水率变化范围较大，从 0.56% 到 34.5%，平均含量为 16.497%，变异系数为 0.459，在所有分组统计中属于最高的，说明表层土壤水分变化最强烈。20~60cm 土层含水率在 13.29%~36.98% 变化，平均值为 26.676%，最高值超过了田间持水量，说明地下水毛管强烈上升高度最高可到 20~60cm 土层，这几年含水率总体略呈升高趋势，这与降水在 2011 年和 2012 年略有增加有关。60~100cm 土层范围含水率波动变化相对较小，含水率范围为 14.98%~37.25%，平均含水率为 26.84%，变异系数为 0.230，略高于 100~140cm 土层的含水率变异系

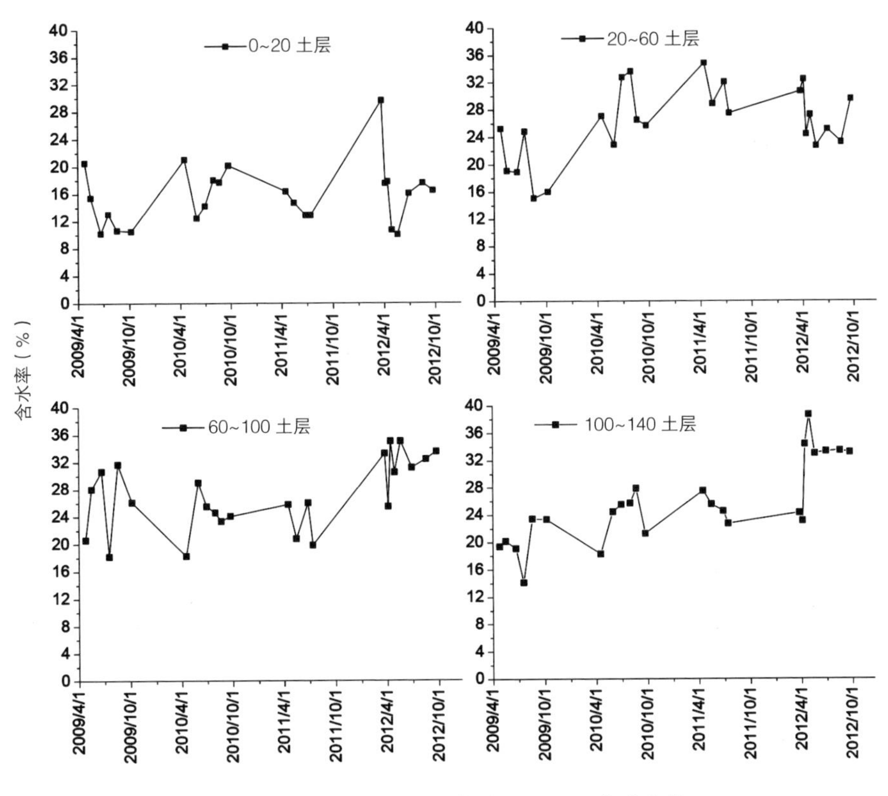

图 3-5　2009—2012 年荒地不同土层水分变化

数。100~140cm 土层范围土壤含水率相对最高，2009—2011 年连续 3 年略有升高趋势，但到了 2012 年含水率相对升高较多。这与 2012 年的地下水动态有关，在 2009—2012 年，地下水变化中，2012 年的地下水埋深相对较浅，使得荒地土壤水分特别是深层的土壤水分含量升高，并且保持在较高的范围，平均含水率为 26.222%，最高达 47.07%，达到了饱和含水量，含水率总体较高，变异系数为 0.261，相对其他统计土层变化最为稳定。

从表 3-1 还可看出，在 0~20cm、20~60cm、60~100cm、100~140cm 这 4 个土层中，含水率从上到下变异系数逐渐减小，说明土壤含水率从表层到深处变化越来越稳定，但均值则呈现先升高后略降低的趋势。从不同土层含水率分布特征分析，0~20cm 土层范围的水分偏度值和峰度值均最接近 0，说明 0~20cm 范围的土壤水分分布更接近正态分布，略有正偏，100~140cm 范围的土壤水分分布正偏差值最大，且分布相对正态分布曲线更加陡峭，60~100cm 土层范围的土壤水分分布相对正态分布曲线呈负偏分布，且曲线相对平缓。

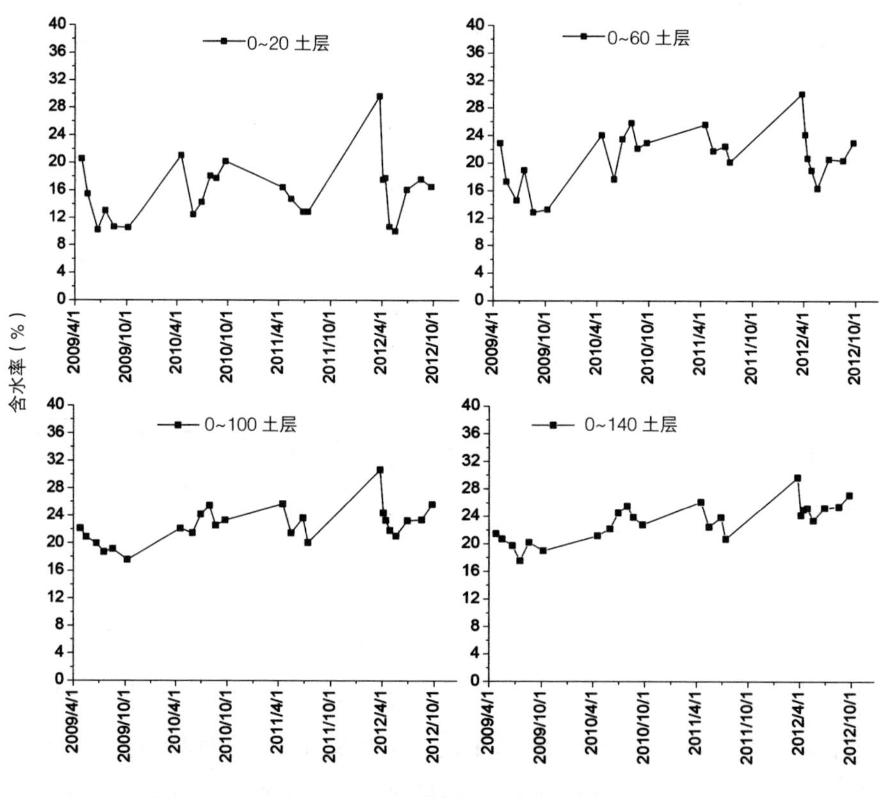

图 3-6　2009—2012 年荒地不同剖面范围土壤水分变化

从图 3-6 看出，0~20cm，0~60cm，0~100cm，0~140cm 不同深度范围内剖面土壤平均含水率的变化曲线相对比较平缓，并呈现统计范围越大，变化曲线越平缓的特点。由表 3-1 可以看出，随着统计土层范围的加大，含水率的均值也在逐渐升高，由 0~20cm 土层平均含水率的均值 16.497% 逐渐升高到 0~140cm 土层的 23.655%，含水率的极大值也逐渐升高，变异系数逐渐降低，说明统计土层范围越深，含水率数据变化越趋于稳定，含水率越来越高。从2009—2012年各年含水率的统计特征看出，4年的含水率变异系数除2010年相对较低外，其余3年的变异系数相差不大，说明各年之间含水率变化相对比较稳定。

表3-1 荒地土壤水分统计特征值

统计范围	土样数	均值（%）	标准差（%）	极小值（%）	极大值（%）	峰度	偏度	总和的百分比	变异系数CV
0~20cm	59	16.497	7.564	0.56	34.5	-0.052	0.155	20.3%	0.459
20~60cm	56	26.676	6.368	13.29	36.98	-0.661	-0.467	31.1%	0.239
60~100cm	44	26.840	6.174	14.98	37.25	-1.022	-0.225	24.6%	0.230
100~140cm	44	26.222	6.846	12.33	47.07	0.89	0.331	24.0%	0.261
0~60cm	115	21.454	8.648	0.56	36.98	-0.668	-0.224	51.4%	0.403
0~100cm	159	22.944	8.377	0.56	37.25	-0.501	-0.383	76.0%	0.365
0~140cm	203	23.655	8.167	0.56	47.07	-0.164	-0.351	100.0%	0.345
2009年	24	19.341	6.753	5.08	34.07	0.457	-0.205	9.7%	0.349
2010年	48	23.337	6.566	6.95	35.26	0.093	-0.401	23.3%	0.281
2011年	32	23.296	7.675	4.43	35.06	0.388	-0.814	15.5%	0.329
2012年	99	24.971	9.004	0.56	47.07	-0.275	-0.475	51.5%	0.361

由图3-7及表3-2看出，荒地0~20cm土层盐分含量变化最为强烈，均值范围变化8~80g/kg，而观测值变化范围则为4.92~155.83g/kg，均值为34.587g/kg；表层盐分变化强烈主要受降水和蒸发影响所致。20~60cm土层平均盐分主要在10~30g/kg变化，相对表层变化范围缩小很多，且变化相对稳定，观测值变化范围为6.91~35.55g/kg，均值为19.286g/kg。60~100cm和100~140cm土层盐分均值变化均比较稳定，均值10g/kg左右变化，100~140cm土层的均值相对更低一些，仅为11.248g/kg，但其观测值变化范围比60~100cm略高。从变异系数上比较，总体从上到下逐渐减小，但60~100cm土层盐分的变异系数最小，仅为0.288，0~20cm土层的变异系数最大为0.905，超过60~100cm土层盐分变异系数的3倍还多。盐分分布均为曲线相对正态分布而言均为正偏，并以0~20cm土层正偏最大，

峰度也最大，曲线最陡，盐分含量达到全剖面土壤盐分含量总和的48.7%，所占比例最高，越往深处，盐分所占比例越小。

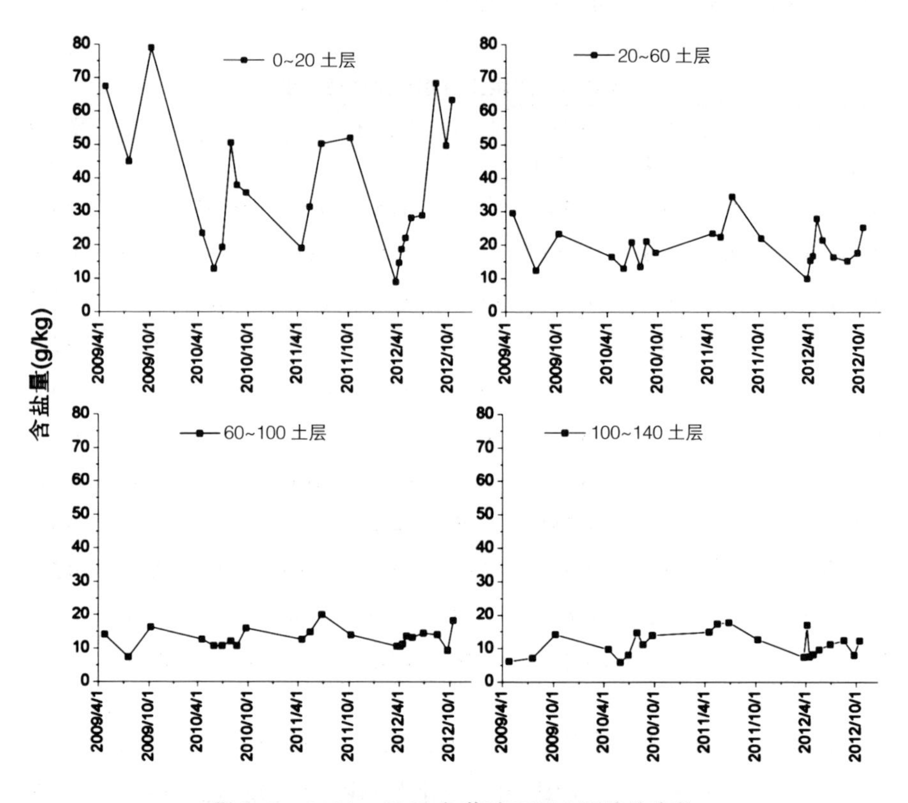

图 3-7　2009—2012 年荒地不同土层盐分变化

从图 3-8 及表 3-2 看出，不同深度范围盐分统计的平均值变化曲线和水分变化曲线特征类似，0~20cm 土层盐分变化曲线最强烈，越往深处范围的盐分均值变化曲线越稳定，均值越小，0~20cm、0~60cm、0~100cm、0~140cm 范围土层盐分均值分别为 34.587g/kg、27.136 g/kg、23.248 g/kg、20.647 g/kg，而统计值的变异系数均非常高，且统计范围越大，变异系数越大。从表 3-2 不同观测年份的盐分统计特征值分析，不同年份盐分变异系数差别较大，其中，2009 年和 2012 年相对较大，且比较接近 1.0，2010 年和 2011 年的变异系数相对较小，同时也相差不

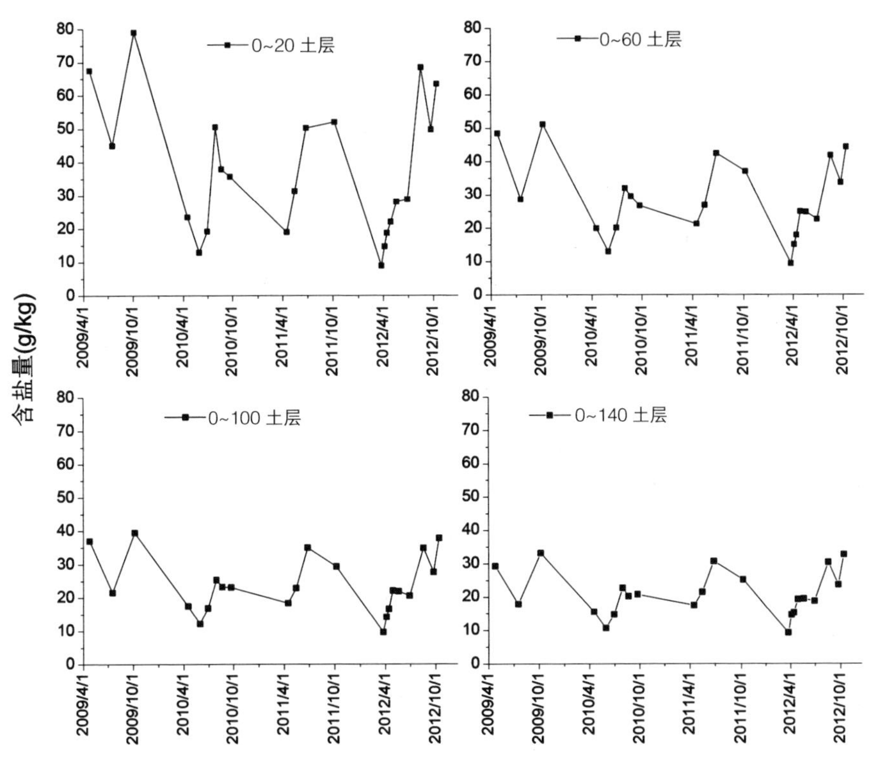

图 3-8 2009—2012 年荒地不同剖面范围土壤盐分变化

大，偏度值均为正偏且均大于 2.0，峰度值也均大于 0，说明，荒地盐分各年份之间并无明显变化特征。

表 3-2 荒地土壤盐分统计特征值

统计范围	土样数量	均值（g/kg）	标准差（g/kg）	极小值（g/kg）	极大值（g/kg）	峰度	偏度	总和的百分比	变异系数 CV
0~20cm	59	34.587	31.294	4.92	155.83	4.13	2.057	48.7%	0.905
20~60cm	56	19.286	6.966	6.91	35.55	-0.624	0.44	25.8%	0.361
60~100cm	44	13.085	3.766	5.81	22.99	0.396	0.429	13.7%	0.288
100~140cm	44	11.248	4.549	4.42	24.15	0.477	1.01	11.8%	0.404
0~60cm	115	27.136	24.097	4.92	155.83	10.393	3.027	74.5%	0.888
0~100cm	159	23.248	21.508	4.92	155.83	14.515	3.517	88.2%	0.925
0~140cm	203	20.647	19.769	4.42	155.83	18.075	3.867	100.0%	0.957
2009 年	24	26.804	27.480	5.81	114.09	4.166	2.063	15.3%	1.025
2010 年	48	17.453	13.800	4.42	88.86	15.563	3.547	20.0%	0.791
2011 年	32	23.701	15.327	9.54	78.78	7.175	2.586	18.1%	0.647
2012 年	99	19.716	21.082	4.92	155.83	24.534	4.665	46.6%	1.069

2. 荒地土壤水盐均值方差分析

为分析荒地土壤水盐的方差，对荒地 2009—2012 年连续 4 年监测的土壤水盐数据进行整理，剖面 0~140cm 的土壤水盐数据按照以下方法分别分组为 0~20cm、20~60cm、60~100cm、100~140cm，0~20cm，0~60cm，0~100cm，0~140cm 及剩余部分深度盐分，2009 年、2010 年、2011 年、2012 年不同分组方式下的水盐均值方差分析结果分别见表 3-3 和表 3-4。

由表 3-3 及表 3-4 看出，0~20cm 土层与 20~140cm 土层组间的水分和盐分均差异显著，0~60cm 土层与 60~140cm、0~100cm 土层与 100~140cm 土层各组间的水分和盐分也都差异显著。0~20cm、20~60cm、60~100cm、100~140cm 分组的土壤水盐组间也均差异显著。但在总变差中，反映组间变差比例的关系强度系数 Eta^2 却各不相同，由于 Eta^2 越接近 1，组间差异越大，越接近 0，组间平均值越趋于一致。表 3-3 及表 3-4 中，0~20cm 与 20~140cm 土层分组及 0~20cm、20~60cm、60~100cm、100-140cm 分组的无论是水分还是盐分方差分析结果的 Eta^2 均比较大，说明，这两种分组方法的组间水盐差异更为显著。在按照 2009 年、2010 年、2011 年和 2012 年不同年份水分和盐分分组的方差分析结果中，以土壤水分为因变量的方差分析组间差异显著（$P=0.023<0.05$），而盐分为因变量的方差分析组间差异却不显著（$P=0.207>0.05$）。说明，荒地不同年份分组之间即使土壤水分有显著的差异，而盐分统计仍没有明显的差异。

表 3-3 荒地土壤水分方差分析结果

统计范转		平方和	df	均方	F	显著性	Eta^2
0~20cm	组间	4 261.811	1	4 261.811	92.990	0.000	0.316
20~140mm	组内	9 211.989	201	45.831			
0~60cm	组间	1 285.154	1	1 285.154	21.193	0.000	0.095
60~140cm	组内	12 188.646	201	60.640			
0~100cm	组间	370.305	1	370.305	5.680	0.018	0.027
100~140cm	组内	13 103.495	201	65.192			

续表

统计范围		平方和	df	均方	F	显著性	Eta^2
0~20cm 20~60cm	组间	4 270.929	3	1 423.643	30.784	0.000	0.317
60~100cm 100~140cm	组内	9 202.871	199	46.246			
2009 年 2010 年	组间	627.090	3	209.030	3.238	0.023	0.047
2011 年 2012 年	组内	1 2846.710	199	64.556			
0~140cm		1 3473.800	202				

表 3-4 荒地土壤盐分方差分析结果

统计范围		平方和	df	均方	F	显著性	Eta^2
0~20cm	组间	16 163.679	1	16 163.679	51.752	0.000	0.205
20~140cm	组内	62 778.334	201	312.330			
0~60cm	组间	11 172.078	1	11 172.078	33.135	0.000	0.142
60~140cm	组内	67 769.935	201	337.164			
0~100cm	组间	4 962.673	1	4 962.673	13.483	0.000	0.063
100~140cm	组内	73 979.339	201	368.056			
0~20cm	组间	17 972.768	3	5 990.923	19.554	0.000	0.228
20~60cm 60~100cm 100~140cm	组内	60 969.244	199	306.378			
2009 年	组间	1 783.790	3	594.597	1.534	0.207	0.023
2010 年 2011 年 2012 年	组内	77 158.222	199	387.730			
0~140cm		78 942.012	202				

3. 荒地土壤水盐单因素方差分析

对 0~20cm、20~60cm、60~100cm、100~140cm 及 2009 年、2010 年、2011 年、2012 年两种不同分组方式下的土壤水分和盐分分别进行单因素方差分析，首先对 0~20cm、20~60cm、60~100cm、100~140cm

分组方式下的土壤水分和盐分分别进行方差齐性检验，显著性 P 值分别为 0.754、0.000；对 2009 年、2010 年、2011 年、2012 年分组方式下的土壤水分和盐分分别进行方差齐性检验，显著性 P 值分别为 0.005、0.045。说明 0~20cm、20~60cm、60~100cm、100~140cm 分组方式下土壤水分的单因素方差分析各组方差相同，在进行方差显著性检验时采用 LSD 模型，其余 3 种情况的各组方差不同，均选择 Tamhane 模型进行方差显著性检验。结果分别见表 3-5、表 3-6、表 3-7 和表 3-8。

表 3-5　荒地土壤水分分层分组方差分析多重比较结果（LSD）

(I) 深度位置（cm）	(J) 深度位置（cm）	均值差（I-J）（%）	标准误	显著性	95% 置信区间	
					下限	上限
0~20	20~60	−10.180*	1.269	0.000	−12.682	−7.678
	60~100	−10.343*	1.355	0.000	−13.015	−7.672
	100~140	−9.726*	1.355	0.000	−12.397	−7.055
20~60	0~20	10.180*	1.269	0.000	7.678	12.682
	60~100	−0.163	1.370	0.905	−2.865	2.538
	100~140	0.454	1.370	0.741	−2.247	3.156
60~100	0~20	10.343*	1.355	0.000	7.672	13.015
	20~60	0.163	1.370	0.905	−2.538	2.865
	100~140	0.618	1.450	0.671	−2.241	3.477
100~140	0~20	9.726*	1.355	0.000	7.055	12.397
	20~60	−0.454	1.370	0.741	−3.156	2.247
	60~100	−0.618	1.450	0.671	−3.477	2.241

* 表示均值差的显著性水平为 0.05

由表 3-5 和表 3-6 可以看出，在 0~20cm、20~60cm、60~100cm、100~140cm 分组方式下，0~20cm 土层土壤水分与 20~60cm、60~100cm、100~140cm 土层土壤水分和盐分均差异显著；20~60cm 土层的土壤水分与 60~100cm、100~140cm 土层土壤水分差异均不显著，而盐分则与 60~100cm、100~140cm 土层差异均显著；60~100cm 土层与 100~140cm 土层土壤水分和盐分均差异不显著。

荒地表层土壤水盐与深层土壤水盐均有显著的差异性，表层土壤

0~20cm 水分低、盐分高且变化均比较大，水分和盐分的变异系数均较高，是土壤水分耗散区和盐分的聚集区。中上层土壤 20~60cm 与深层土壤水分差异不显著但盐分差异显著，这部分土层在表土含水率较低情况下，对这部分土壤水分散失起到了一定的保护或减缓作用，使得该部分土壤水分再向表层散失的同时，又不断从深层源源不断的得到补充，因此，水分与深层差异不显著，但由于水分不断向上补充的同时带来盐分，随着水分的不断散失，盐分含量尽管在表层形成强烈的聚集区，但在 20~60cm 土层盐分同样处于不断的积累状态，类似于半传导半聚集或是表层聚集区的仓库或后备区。60~100cm 土层和 100~140cm 土层相对于处于潜水位附近的土层而言，这两部分土层均属于水分和盐分的主要传导区，因此，这两部土层的水分含量相对较高，盐分含量相对较低，水盐差异均不显著。

表 3-6　荒地土壤盐分分层分组方差分析多重比较结果（Tamhane）

（I）深度位置（cm）	（J）深度位置（cm）	均值差（I–J）（g/kg）	标准误	显著性	95% 置信区间	
					下限	上限
0~20	20~60	−15.301*	4.179	0.003	3.955	26.647
	60~100	21.503*	4.114	0.000	10.313	32.693
	100~140	23.339*	4.131	0.000	12.107	34.572
20~60	0~20	−15.301*	4.179	0.003	−26.647	−3.955
	60~100	6.202*	1.090	0.000	3.267	9.136
	100~140	8.038*	1.156	0.000	4.932	11.145
60~100	0~20	−21.502*	4.114	0.000	−32.693	−10.313
	20~60	−6.202*	1.090	0.000	−9.136	−3.267
	100~140	1.837	0.890	0.228	−0.563	4.236
100~140	0~20	−23.339*	4.131	0.000	−34.572	−12.107
	20~60	−8.038*	1.156	0.000	−11.145	−4.932
	60~100	−1.837	0.890	0.228	−4.236	0.563

* 表示均值差的显著性水平为 0.05

表 3-7 和表 3-8 说明，2009 年、2010 年、2011 年、2012 年按年分组方式下，2009 年的土壤水分与 2012 年的土壤水分差异显著，与 2010

年和2011年两年的土壤水分差异均不显著；2010年的土壤水分与2011年和2012年的土壤水分差异均不显著，2011年和2012年的土壤水分也差异不显著。而土壤盐分则是2009年、2010年、2011年、2012年这4年相互之间均没有显著的差异存在。

表3-7 荒地土壤水分按年分组方差分析多重比较结果（Tamhane）

（I）年份	（J）年份	均值差（I–J）（%）	标准误	显著性	95%置信区间	
					下限	上限
2009	2010	–3.996	1.673	0.120	–8.600	0.607
	2011	–3.955	1.934	0.246	–9.243	1.333
	2012	–5.630*	1.649	0.008	–10.167	–1.093
2010	2009	3.996	1.673	0.120	–0.607	8.600
	2011	0.041	1.655	1.000	–4.463	4.546
	2012	–1.634	1.310	0.766	–5.138	1.870
2011	2009	3.955	1.934	0.246	–1.333	9.243
	2010	–0.041	1.655	1.000	–4.546	4.463
	2012	–1.675	1.631	0.891	–6.110	2.760
2012	2009	5.630*	1.649	0.008	1.093	10.167
	2010	1.634	1.310	0.766	–1.870	5.138
	2011	1.675	1.631	0.891	–2.760	6.110

不同年份之间荒地土壤水分可能偶有差异存在，由于降水或地下水的上升等因素变化引起，个别年份之间土壤水分的差异，但不同年份之间土壤盐分均不存在显著性的差异，充分说明了，干旱区荒地土壤盐分的分布具有共同特点，不同时期的土壤盐分没有显著差异。绿洲区农田内部的土壤盐分的差异主要是由于灌溉、施肥、覆盖等人类活动造成的。不同膜下滴灌应用年限的棉田土壤盐分是否存在差异将主要考虑灌水、覆膜等因素，而不在主要考虑自然情况下的盐分变化因素。典型绿洲区农田周边荒地土壤盐分主要来源于地下水上升带来的溶质，荒地盐分除越冬期前后（12月至翌年3月）外，整体呈上高下低分布特征。

表 3-8 荒地土壤盐分按年分组方差分析多重比较结果(Tamhane)

(I)年份	(J)年份	均值差(I-J)(g/kg)	标准误	显著性	95% 置信区间	
					下限	上限
2009	2010	9.351	5.953	0.558	-7.455	26.157
	2011	3.103	6.229	0.997	-14.308	20.514
	2012	7.088	5.996	0.817	-9.802	23.978
2010	2009	-9.351	5.953	0.558	-26.157	7.455
	2011	-6.248	3.363	0.344	-15.389	2.892
	2012	-2.263	2.908	0.968	-10.031	5.504
2011	2009	-3.103	6.229	0.997	-20.514	14.308
	2010	6.248	3.363	0.344	-2.892	15.389
	2012	3.985	3.440	0.823	-5.320	13.290
2012	2009	-7.088	5.996	0.817	-23.978	9.802
	2010	2.263	2.908	0.968	-5.504	10.031
	2011	-3.985	3.440	0.823	-13.290	5.320

第二节 滴灌棉田棉花生育初期土壤水盐分布特征

一、滴灌棉田棉花生育初期土壤水分分布特征

以 2008 地块 2009—2013 年连续 5 年的土壤水分数据(图 3-9)为例进行说明不同滴灌年限棉田土壤水分在棉花生育初期(4~5 月)的分

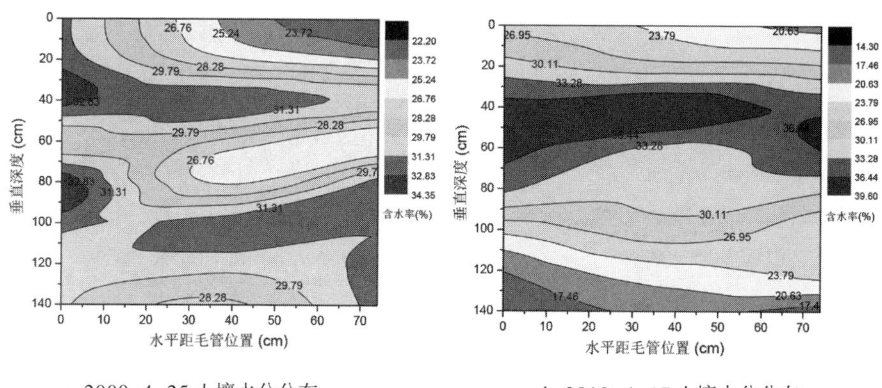

a. 2009-4-25 土壤水分分布

b. 2010-4-17 土壤水分分布

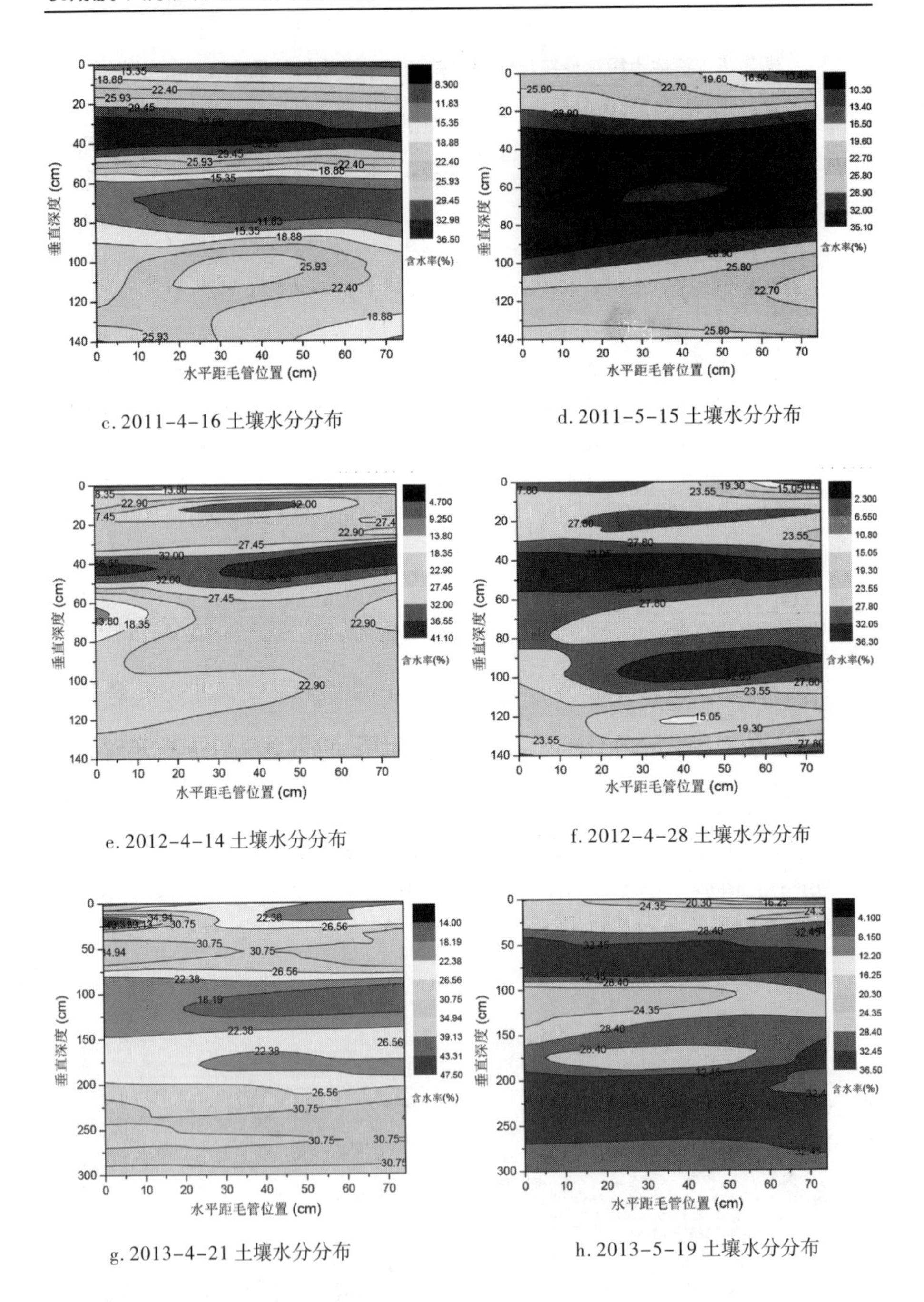

c. 2011-4-16 土壤水分分布

d. 2011-5-15 土壤水分分布

e. 2012-4-14 土壤水分分布

f. 2012-4-28 土壤水分分布

g. 2013-4-21 土壤水分分布

h. 2013-5-19 土壤水分分布

图 3-9　2008 地块滴灌棉花生育初期土壤水分分布

布特征。图3-9中2009年4月25日、2010年4月17日、2011年5月15日、2012年4月28日、2013年4月21日、2013年5月15日等即a、b、d、f、g、h共6个子图是在棉花播种且滴灌灌溉出苗水后土壤水分的分布图，图中2011年4月16日、2012年4月14日即c和e两个子图是在滴灌出苗水之前监测的土壤水分分布图。

图3-9表明，滴灌棉田在棉花生育初期（4~5月）即棉花播种前后土壤水分的分布受出苗水的灌水影响。滴灌出苗水之前（图3-9中c和e），土壤水分分布与同期的荒地土壤水分特征类似，均呈现表层含水率较低，向深处土壤水分先升高再降低后略升高的分布特点，其中，在40cm深处附近含水率最高，接近或达到田间持水量值在，这是由于4月中旬天气回暖，气温升高，0~40cm土层范围解冻及冰雪消融入渗的水分此期运动到40cm深处土层处，而此时稍深的50~80cm土层尚未完全解冻或正处于解冻阶段，土壤导水率较低，因此，50~80cm土层水分含量相对较低，且对上层水分向下运动产生一定的滞缓作用，使得40cm深度附近土壤含水率在此期含量最高。更深的土层由于未冻结或与地下水联系更加紧密，含水率又相对较高。水平方向不同观测孔在相同深度的水分分布具有相似特征。

出苗水滴灌后（图3-9中a、b、d、f、g、h），土壤水分分布明显改变，垂直方向，在滴灌毛管附近，土壤水分含量较高，从地表向下不断升高，特别是在20~100cm土层范围内土壤水分含量相对最高，呈现两头低中间高的垂直水分分布特点；水平方向，在相同土层深度范围内，土壤水分以滴灌毛管处含量最高，向远离毛管的方向逐渐减小，特别在膜间表层含量最小，这是由于，滴灌水分运动特点，田间以滴灌毛管为水分来源中心，以线源方式向土壤深处和水平方向运动，由于土壤盐碱化威胁严重，自然状态下表层土壤呈积盐分布特点，新疆膜下滴灌棉花大多采用“干播湿出”的方式滴灌出苗，靠出苗水压盐，并改变土壤自然条件下表层积盐的分布状况，给棉花种子萌发和出苗提供一个低盐环境，同时考虑到出苗水后到第二次灌水时间间隔一般较长（这是受传统地面灌溉时期水库和渠系的配水制度影响的），因此，出苗水的灌水定额相对较大，研究区棉田出苗水的灌水定额一般在120~150mm，因此，出苗水后，土壤水分分布发生了显著变化，垂直方向在0~100cm范围内含量均比较高（图3-9中a、b、d、f、h），水平方向不断膜内土壤水分整体含量较高，即使在膜间裸地的土壤水分含量也比较高（除表层蒸发较低外），当然土壤水分分布的变化与灌水定额密切相关，当灌水定额较小时，土壤水分分布受灌水的影响深度和范围相对小些，如图3-9中g，第一次灌水定额仅为90mm。

综上，膜下滴灌棉田棉花生育初期土壤水分在出苗水灌溉之前分布与荒地自然状态下的分布特征一致，由土表向下呈现先升高后降低再升高的分布特点；出苗水灌溉后土壤水分的分布在0~100cm范围整体含量较高，尤其在膜内20~100cm范围更高，膜间土壤水分在20~60cm土层范围含量也比较高，仅在膜间表层土壤水分含量较低。现行灌溉制度下膜下滴灌棉田出苗水的影响深度范围在0~100cm土层深度，100cm以下土层水分含量与荒地土壤水分含量接近，呈现自然状态分布特点，100~150cm深度土壤水分低于20~100cm灌后的土壤水分含量，200~300cm土层由于受地下水影响强烈土壤水分含量又比较高（图3-9中h）。

二、滴灌棉田棉花生育初期土壤盐分分布特征

以2008地块2009—2013年连续5年的土壤盐分数据（图3-10）为例进行说明不同滴灌年限棉田土壤盐分在棉花生育初期（4~5月）的分布特征。图3-10中2009年4月25日、2009年5月16日、2010年4月17日、2010年5月30日、2011年5月15日、2012年4月28日、2013年4月21日、2013年5月15日等即图3-10中a、b、c、d、f、h、i、j共8个子图是在棉花播种且滴灌灌溉出苗水后土壤盐分的分布图，图中2011年4月16日、2012年4月14日即图3-10中e和g两个子图是在滴灌出苗水之前监测的土壤盐分分布图。

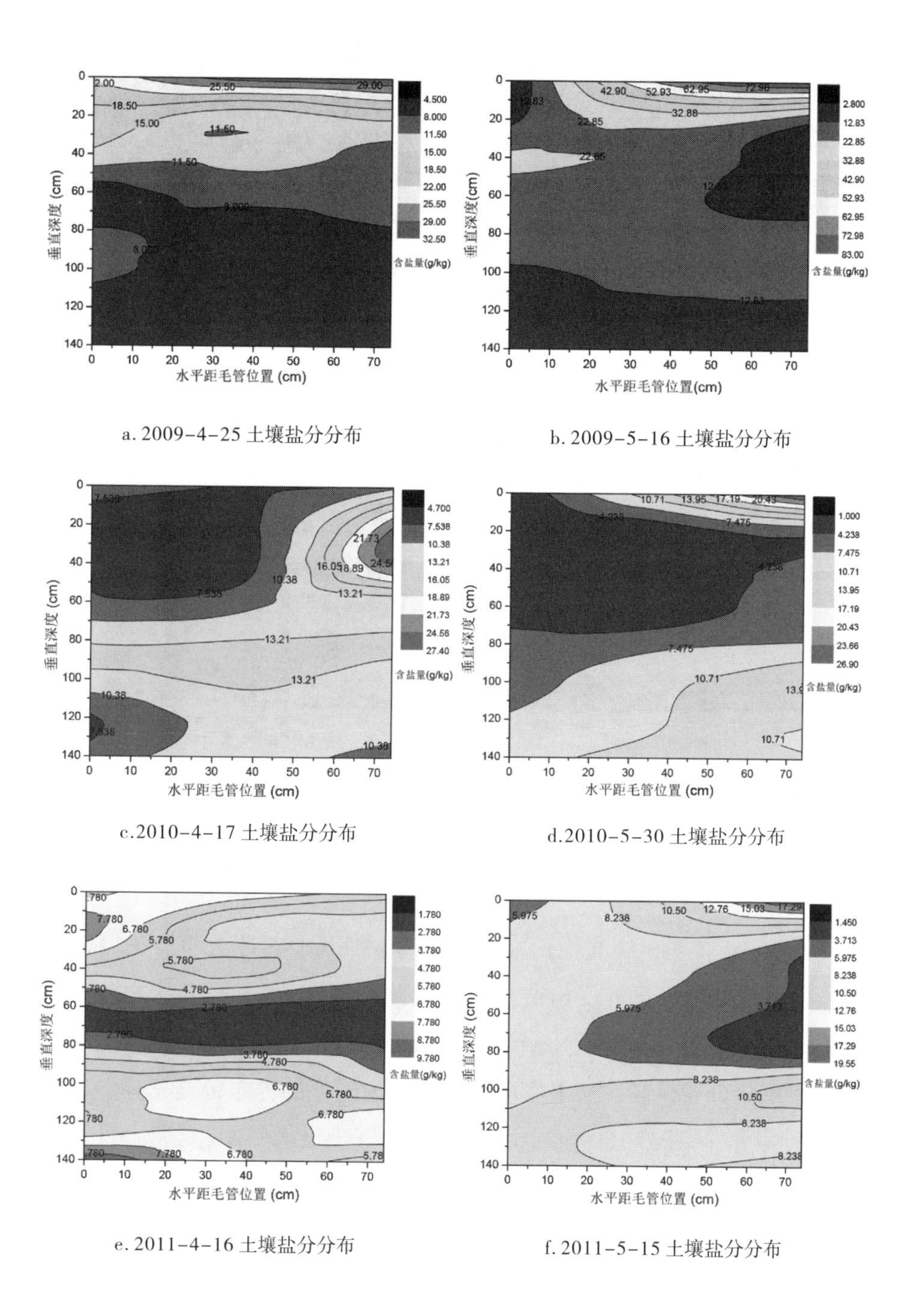

a. 2009-4-25 土壤盐分分布

b. 2009-5-16 土壤盐分分布

c.2010-4-17 土壤盐分分布

d.2010-5-30 土壤盐分分布

e. 2011-4-16 土壤盐分分布

f. 2011-5-15 土壤盐分分布

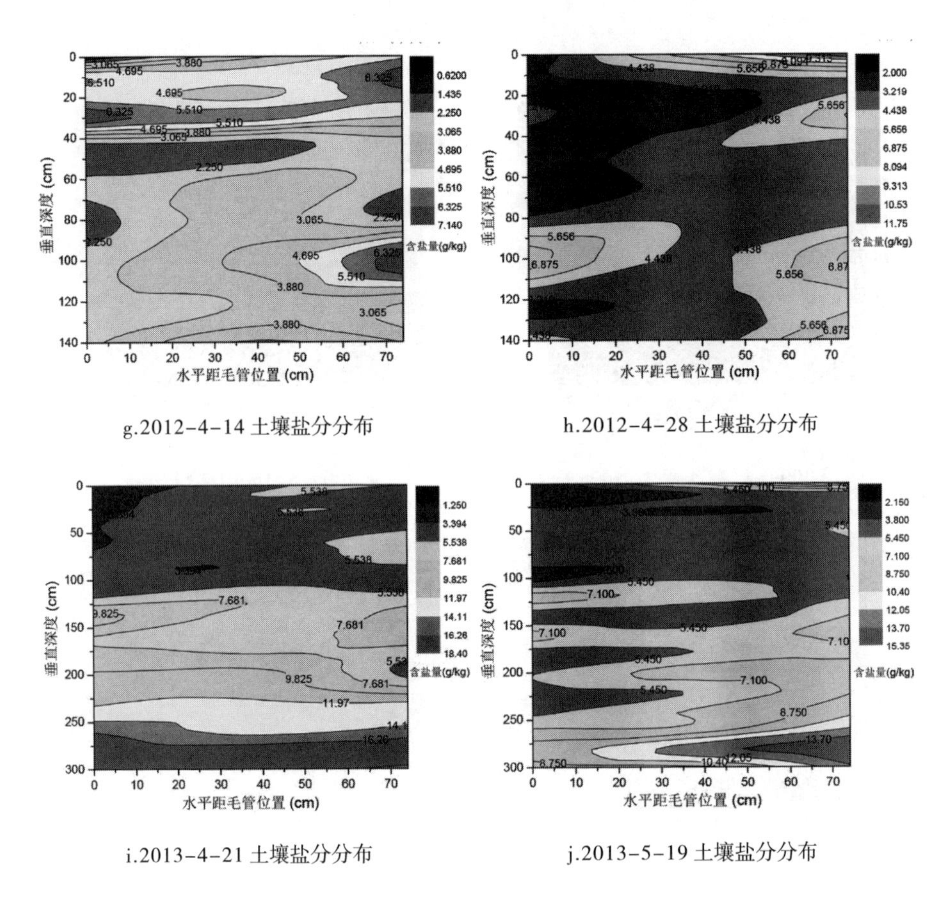

g.2012-4-14 土壤盐分分布　　h.2012-4-28 土壤盐分分布

i.2013-4-21 土壤盐分分布　　j.2013-5-19 土壤盐分分布

图 3-10　2008 地块滴灌棉花生育初期土壤盐分分布

图 3-10 表明，滴灌棉田在棉花生育初期（4~5 月）即棉花播种前后土壤盐分的分布同样受出苗水的灌水影响显著。滴灌出苗水之前（图 3-10 中 e 和 g），土壤盐分分布与同期的荒地土壤水分特征类似，基本呈现表层盐分含量高，向土壤深处盐分逐渐降低的分布特点（特别是图 3-10 中 g），在图 3-10 中 e 中由于 50~80cm 土层水分含量较低，且对上层水分向下运动产生一定的滞缓作用，使得土壤盐分含量相对较高。水平方向不同观测孔在相同深度的水分分布具有相似特征。

出苗水滴灌后（图 3-10 中 a、b、c、d、f、h、i、j），土壤盐分分布明显改变，垂直方向，在滴灌毛管附近，土壤盐分含量较低，从地表向下在 0~100cm 土层范围内土壤盐分含量均比较低，在 100~140cm 土壤盐分含量较高，呈现上低下高的垂直盐分分布特点，到 5 月中旬左右，盐分分布总体与出苗水后相似，但盐分的迁移聚集区仍在不断远离膜内毛管位置，出苗水后被迁移至 100cm 深度附近的盐分继续向更深土层迁移，而膜间的土壤盐分则呈向上向下双向迁移，盐分分布呈现膜间表层和深层聚集的特点。2013 年 4 月 21 日（图 3-10 中 i）更深层次的土壤盐分监测表明，出苗水后，土壤盐分被整体迁移至 120cm 以下，膜间 60~80cm 范围盐分含量相对高于膜内土层，200cm 以下特别是 250~300cm 土层盐分聚集，含量较高，这部分盐分可能与地下水升带来的盐分有关，到了 2013 年 5 月 19 日（图 3-10 中 j），土壤盐分相对 4 月 21 日的监测数据整体降低较多，特别是 150cm 以下土层，盐分含量多低于 10g/kg，仅在膜间 270~300cm 小范围出现盐分聚集区域，盐分含量最高不过 15g/kg 左右，0~100cm 范围内整体低于 5g/kg，完全适宜作物正常生长。

水平方向，在相同土层深度范围内，土壤盐分以滴灌毛管处含量最低，向远离毛管的方向逐渐升高，特别在膜间表层含量最高，这是由于出苗水灌水定额相对较大，滴灌水分运动特点造成的，出苗水后，显著改变了土壤自然条件下土壤表层积盐上高下低的分布状况，土壤盐分在水分运动的作用下不断向远离毛管的方向即土层深度和膜间迁移，在膜内 0~100cm 深度范围内给棉花种子萌发和出苗提供一个低盐环境，水平方向膜内土壤盐不断向膜间迁移，使得膜内土壤盐分整体含量较低，仅在膜间裸地的土壤盐分含量达到最高（表层蒸发影响）。

盐分降低的原因主要在于当地的灌溉制度，现行灌溉制度相对作物理论需水量和土壤适宜储水量偏高。实际灌水后土壤湿润锋深度一般在 1.5m 以上，甚至达到 3m，在生育期内灌水后 0~60cm 根区土壤水分一般超过田间持水量的 90% 以上，盐分向膜间和深层迁移明显，由于自然状态下当地土壤表层盐分较高，正是灌水改变了盐分自然分布特点，特别是较大定额的灌水，在研究区沙壤土条件下，使得土壤水分垂直运动比较强烈，带动土壤中可溶性盐分不断向下迁移，根区土壤盐分含量随之降低，加之研究区地下水埋深较浅（棉花生育期内主要时段不足 2m），上层土壤盐分极有可能不断迁移进入地下水，从而使得 0~60cm 土壤盐分不断被淋洗降低，上层土壤呈脱盐状态，即使停水后，在蒸发和根系耗水影响下，盐分有所上升，但由于地表薄膜覆盖盐分随水分上移受到抑制，土壤水分仅在膜间裸地一定范围内向上运动强烈，盐分随水分进入根区总量相对有限，因此，在整个生育期灌溉制度周期性灌水作用下，各年生育期内盐分含量相对较低，土壤盐分总量呈降低趋势；即使在非灌溉季节，由于蒸发作用不强，使得因蒸发作用向上迁移的盐分总量将变得有限，一般也仅在生育期灌水结束后的 9 月底和 10 月上旬有小幅累积升高，在经过越冬期后，新疆冬季的降雪及开春后融雪使得盐分亦呈淋洗向下迁移趋势，至 4 月中下旬以后，进入新的一轮灌溉季节，加之年际间膜间膜内土壤混翻，覆膜及滴灌位置逐年不定，土壤盐分在生育期初仍会小幅升高，在灌水作用下再逐渐降低，周而复始，盐分在灌溉制度作用下，总体呈降低趋势，在生育期内又在蒸发、施肥及根系吸水作用下呈小幅波动上移变化特点。

因此，在生育期初膜下滴灌显著改变土壤盐分自然分布状态，盐分向深层和膜间逐年运移和聚集，根区盐分在滴灌 4 年以后降至适宜范围。

膜下滴灌棉田棉花生育初期土壤盐分在出苗水灌溉之前分布与荒地自然状态下的分布特征一致，由土表向下呈现逐渐降低的分布特点；出苗水灌溉后土壤盐分的分布在 0~100cm 范围整体含量较低，尤其在膜内 0~100cm 范围更低，仅在膜间 0~20cm 土层盐分含量较高，盐分被整体迁移至 100~140cm 土层，至 5 月中旬左右，盐分分布垂直方向仍不断向更深土层迁移，盐分迁移至 250cm 土层以下甚至 300cm 以下。说明现行灌溉制度下膜下滴灌棉田出苗水对土壤盐分的影响深度范围在 0~100cm 土层深度，100cm 以下土层盐分含量与荒地土壤盐分含量接近，呈现自然状态分布特点，100~140cm 深度土壤盐分高于 0~100cm 灌后的土壤盐分含量，200~300cm 土层由于受地下水影响强烈随着土壤水分研究的深入，土壤盐分含量又比较高，至 5 月中旬盐分分布总体特征不变，膜内盐分聚集区继续向更深土层迁移，膜间盐分呈上下双向运动聚集分布特征，充分说明膜下滴灌棉花初期灌水对土壤盐分的分布影响非常显著。膜下滴灌应用年限不同，盐分含量大小不同，总体随滴灌年限增长，最高和平均盐分含量均呈降低趋势。

综上，现行灌溉制度下典型绿洲灌区的膜下滴灌农田灌水后土体并非呈典型局部湿润分布，田间土体在一定深度（0~100cm）近似呈整体湿润分布，水分以滴灌带为线缘入渗中心向土体入渗后近似整体扩散和下渗。滴灌后田间土壤盐分近似整体向下迁移，即使膜间盐分总体上亦呈降低和向下迁移状态，仅在膜间表层 0~20cm 局部范围出现积盐情况。

第三节 滴灌棉田棉花生育期内土壤水盐分布特征

一、滴灌棉田棉花生育期内土壤水分分布特征

仍以 2008 地块 2009—2013 年连续 5 年的土壤水分数据（图 3-11 至图 3-15）为例进行说明不同滴灌年限棉田土壤水分在棉花生育期内（6~8 月）的分布特征。

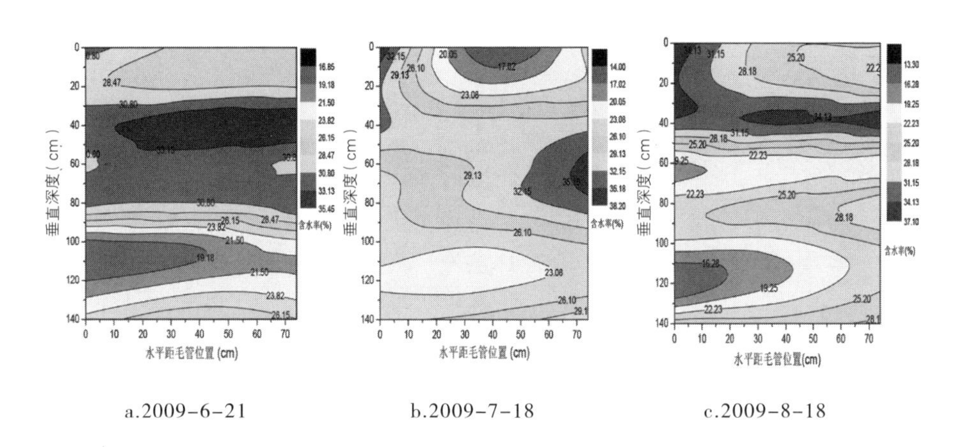

a.2009-6-21　　b.2009-7-18　　c.2009-8-18

图 3-11 2008 地块滴灌棉花生育期内土壤水分分布（2009 年）

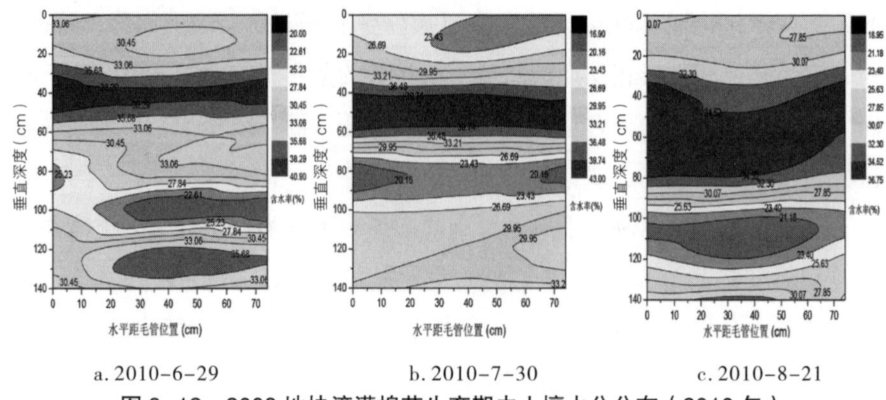

a. 2010-6-29　　b. 2010-7-30　　c. 2010-8-21

图 3-12　2008 地块滴灌棉花生育期内土壤水分分布（2010 年）

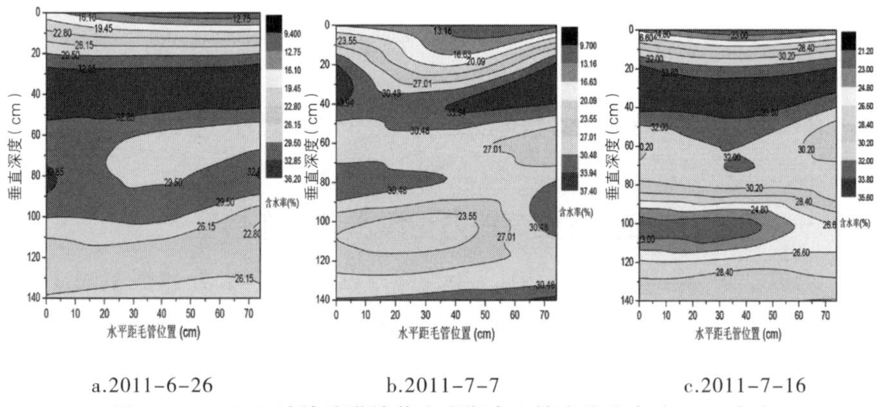

a.2011-6-26　　b.2011-7-7　　c.2011-7-16

图 3-13　2008 地块滴灌棉花生育期内土壤水分分布（2011 年）

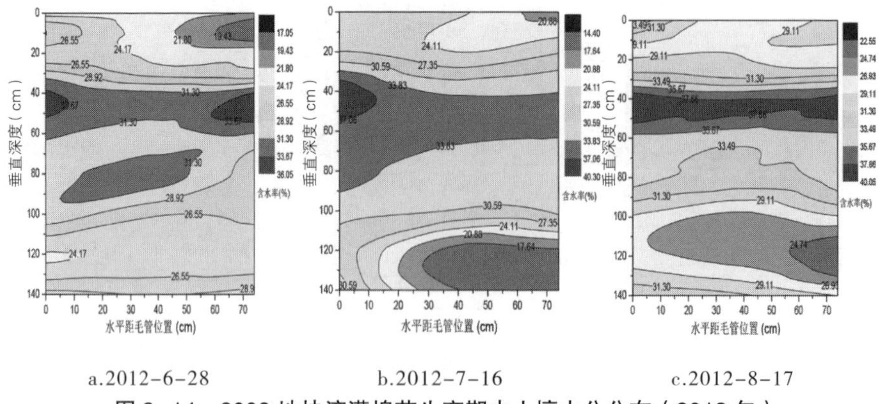

a.2012-6-28　　b.2012-7-16　　c.2012-8-17

图 3-14　2008 地块滴灌棉花生育期内土壤水分分布（2012 年）

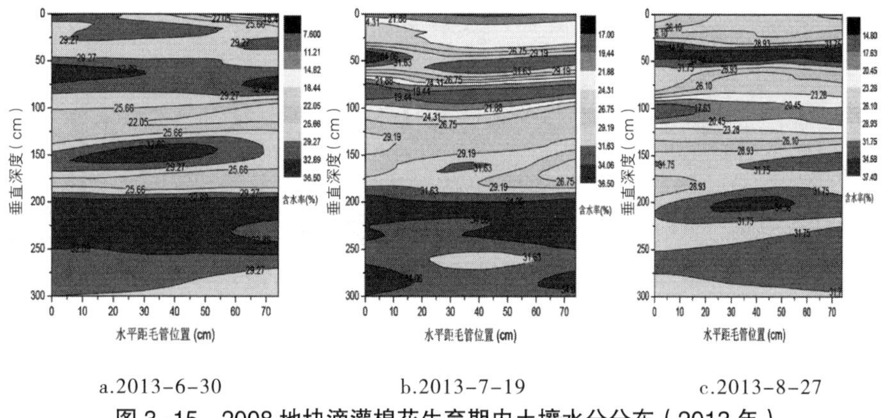

a.2013-6-30　　b.2013-7-19　　c.2013-8-27

图 3-15　2008 地块滴灌棉花生育期内土壤水分分布（2013 年）

图 3-11 至图 3-15 说明，膜下滴灌棉花生育期内（6~8 月）土壤水分整体含量较高，垂直方向总体呈中间（20~80cm）高两头低的分布特点，水平方向总体呈现是膜内高于膜间，且膜内高含水率分布范围高于膜间，不同年份不同月份含水率分布略有差异，主要与观测取样之前灌水定额的差异、灌后停水的时间长短以及气温及作物蒸腾耗水的程度等因素有关。

这些差异主要表现在，6 月下旬含水率普遍较高，仅在膜间表层和深层部分区域含水率略低。垂直方向仅在 2009 年 6 月 21 日和 2010 年 6 月 29 日出现低高低高的分布特点，即 0~20cm 土层略低，20~80cm 含水率较高，80~120cm 土层含水率较低，120cm 以下含水率再升高，且 80~120cm 土层含水率在 20% 左右，相对整体剖面平均含水率偏低。膜间表层含水率较低，2011 年 6 月 26 日、2012 年 6 月 28 日和 2013 年 6 月 30 日均具有这种特征。7 月中下旬，剖面水分分布总体呈现在垂直方向两低两高即由上至下呈现低高低高的分布特征，这种分布相对 2009 年 6 月 21 日和 2010 年 6 月 29 日更加显著和典型。含水率大小亦呈两极分化，最大值普遍较高，表层含水率普遍较低，一般在 15% 左右，不及田间持水量的一半，说明此时气温普遍较高，棉花枝繁叶茂正处于耗水旺盛的时期，由于作物根系主要分布在 20~60cm 范围，此时，蒸腾拉力较大，使得根系层对于土壤水分运动的影响比较显著，根系层含水率普遍偏高，而表层土壤水分在地表蒸发、根系耗水及向下迁移的多种因素下消耗显著，含量较低。在80~100cm范围出现了低含水土层可能是由于灌水定额偏小，水分垂直运动到该土层较少造成的。8月下旬，在0~140cm土层范围含水率总体较高，同时呈现上高下低的分布特征，即0~80cm土层含水率整体较高，80~140cm土层含量较低，即使膜间表层和中上层含水率也较高。这可能与整个6~8月花铃期灌水频繁、灌水定额较大、棉花封行遮阳率较大有关，尽管此期气温较高，作物耗水旺盛、土壤蒸发强烈，在不断灌水作用下，土壤水分特别是整个中上层0~80cm土层含水率普遍较高，基本在28%~40%，即基本在田间持水量的85%以上，80~140cm土层含水率较低也仅仅是相对上层土壤水分而言，实际上该层含水率普遍在18%~24%，和同期的荒地该土层含水率接近，在140~300cm土壤含水率整体较高，且越往深层含水率越高（图3-15），这与荒地此处含水率分布具有相似特征。说明膜下滴灌棉田生育期内在棉花生长比较旺盛的6~8月期间，灌水频繁，0~100cm土层土壤含水率普遍较高，即使膜间含水率也普遍较高，100cm以下土层土壤水分与荒地水分分布及含量类似。不同滴灌年限之间剖面土壤水分分布没有明显差异。

综上，膜下滴灌棉花生育期内灌水显著影响并改变了农田土壤水分分布格局，农田土壤剖面整体水分含量较高，即使膜间也不例外，灌水入渗到深层的土壤水分与地下水毛管上升带来的地下水发生了较强的水力联系，灌溉水分可能不断继续下渗进入到地下水中，地下水也可能上升进入到根系层提供作物耗水来源。

二、滴灌棉田棉花生育期内土壤盐分分布特征

以2008地块2009—2013年连续5年的与土壤水分观测同期的盐分数据（图3-16至图3-20）为例进行说明不同滴灌年限棉田土壤盐分在棉花生育期内（6~8月）的分布特征。

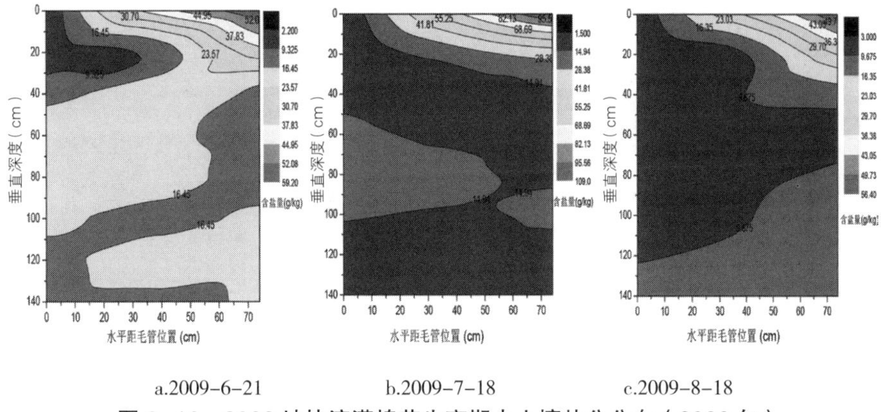

a.2009-6-21　　b.2009-7-18　　c.2009-8-18

图 3-16　2008 地块滴灌棉花生育期内土壤盐分分布（2009 年）

由图 3-16 至图 3-20 可以看出，膜下滴灌棉花生育期内（6~8 月）土壤盐分分布在滴灌 2 年内（图 3-16），整体呈现 0~140cm 剖面土层内仅在膜间表层 0~20cm 盐分含量最高，含盐量可高达 45~110g/kg，在其他土层区域盐分含量相对较低并分布均匀，盐分含量总体低于 15g/kg，并呈现从膜内毛管位置向膜间盐分逐渐升高的分布特征，尤其膜内毛管下各土层盐分含量相对更低，从 6 月到 8 月相同区域盐分含量并呈降低趋势（膜间表层除外）。

滴灌 4 年内（图 3-18）生育期内土壤盐分分布与前 2 年总体类似，如 2011 年 6 月 26 日的分布特点与前 2 年类似，膜内上低下高，膜间两

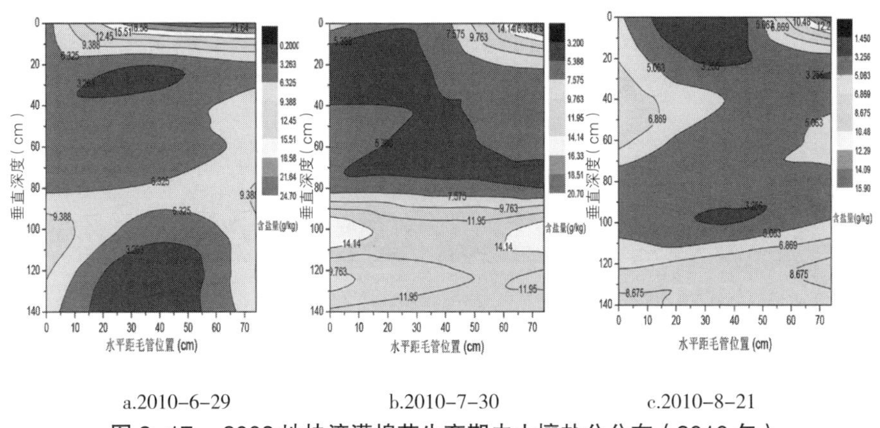

a.2010-6-29　　b.2010-7-30　　c.2010-8-21

图 3-17　2008 地块滴灌棉花生育期内土壤盐分分布（2010 年）

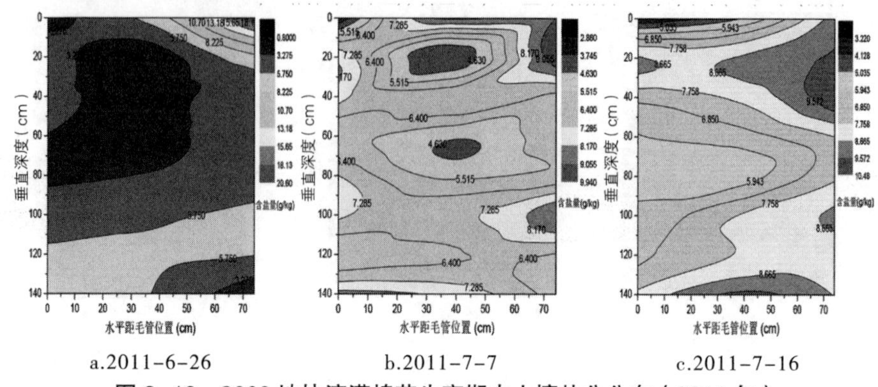

a.2011-6-26　　b.2011-7-7　　c.2011-7-16

图 3-18　2008 地块滴灌棉花生育期内土壤盐分分布（2011 年）

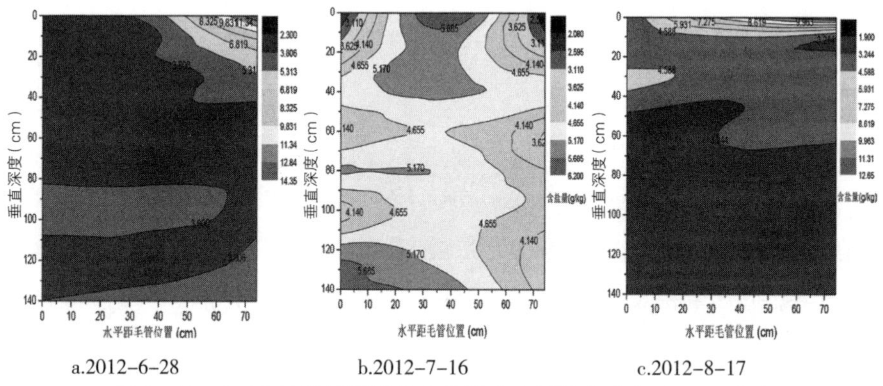

a.2012-6-28　　b.2012-7-16　　c.2012-8-17

图 3-19　2008 地块滴灌棉花生育期内土壤盐分分布（2012 年）

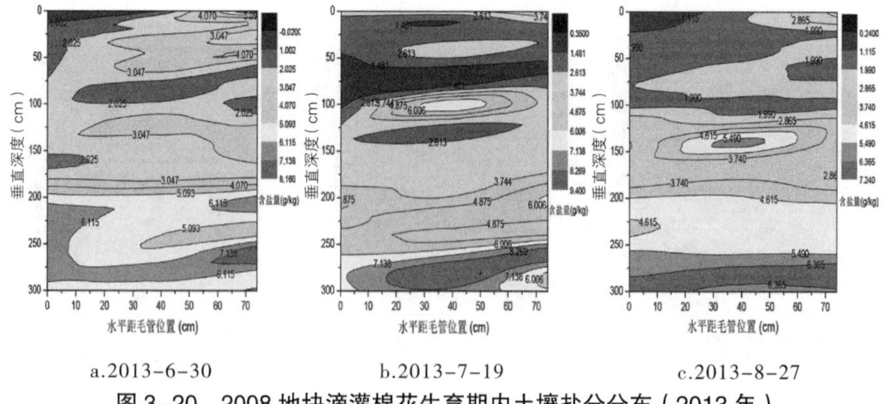

a.2013-6-30　　b.2013-7-19　　c.2013-8-27

图 3-20　2008 地块滴灌棉花生育期内土壤盐分分布（2013 年）

头高中间低，特别是膜间表层含量最高。但 7 月份的盐分分布又有新特点，盐分整体含量不高，膜间表层和上层 0~40cm 范围含量相对较高，膜内盐分分布不均匀，盐分分布高低规律不明显，这一点在滴灌 5 年图 3-19b 中也有体现，这可能是灌水所携带的肥料影响的。

滴灌 5 年的图 3-19a 与图 3-19c 以及滴灌 6 年的图 3-20 中的 0~140cm 范围盐分分布特征与前几年总体类似，在 140~300cm 范围，盐分含量呈现由上到下不断升高趋势，这与荒地盐分分布特征明显不同。说明，在 0~140cm 土层滴灌棉花生育期内土壤盐分总体呈现上低下高的分布特征，并在膜间表层含量最高，同一年内从 6 月到 8 月盐分平均含量及最高含量逐渐下降，不同滴灌年限之间同期盐分含量随滴灌年限增长，平均盐分含量也逐渐降低；140~300cm 盐分含量随深度不断升高。

总之，膜下滴灌棉田棉花生育内 6~8 月盐分整体呈现上低下高、膜间表层较高的分布特征，盐分平均含量及最高含量不仅在年内从 6~8 月不断降低，而且在年际间随滴灌年限增长也不断降低。盐分分布特征明显与荒地不同，盐分不断由表层向深层迁移，并最终可能迁移进入地下水。

第四节　滴灌棉田棉花生育期末土壤水盐分布特征

一、滴灌棉田棉花生育期末土壤水分分布特征

以 2008 地块 2009—2013 年连续 5 年内 9~10 月的土壤水分数据（图 3-21）为例进行说明不同滴灌年限棉田土壤水分在棉花生育期末的分布特征。

由图 3-21 可以看出，膜下滴灌棉花生育期末（9~10 月）土壤水分分布在 0~140cm 深度范围内从上向下总体呈现低高低高的两高两低的分布特征，在 140~300cm 范围呈现含水率随深度增加逐渐升高的分布特征。这是由于进入棉花生育末期，9~10 月棉花处于收获采摘期，棉叶大量脱落，灌水停止，此期气温日夜温差较大，白天气温仍然较高，阳光可透射到地表，因此，表层土壤特别是棉花窄行间和膜间土壤水分蒸发散

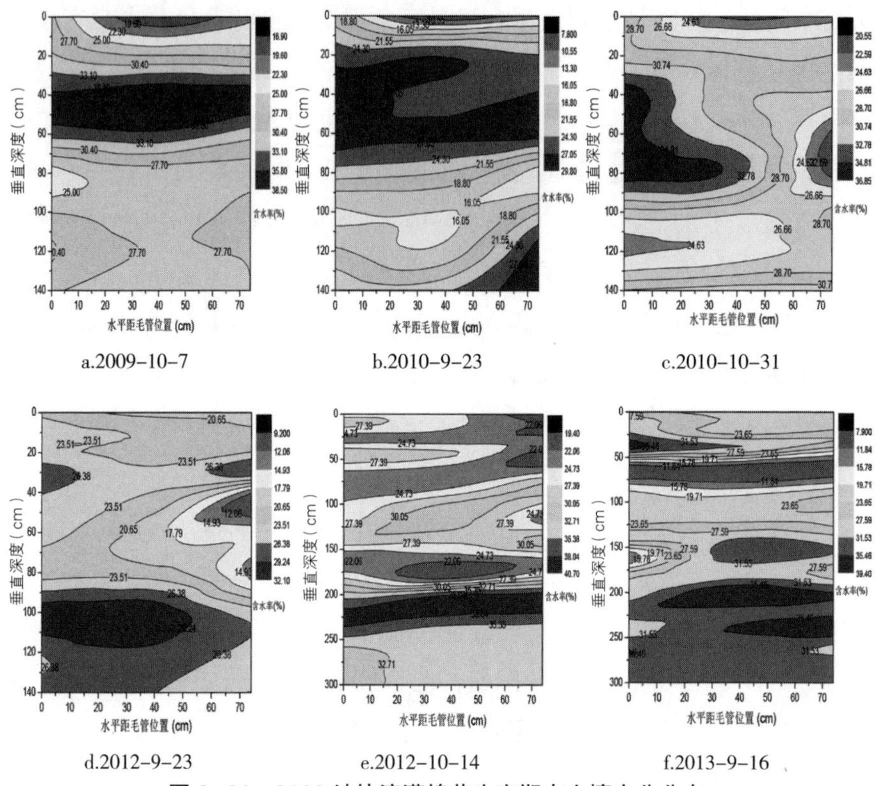
a.2009-10-7 b.2010-9-23 c.2010-10-31

d.2012-9-23 e.2012-10-14 f.2013-9-16

图 3-21 2008 地块滴灌棉花生育期末土壤水分分布

失严重，使得表层水分含量较低，在 20~80cm 土层由于生育期内灌水较多，且处于棉花根系主要分布层，土壤水分仍有较高的存量，100cm 以下土层水分含量由于受上层灌水水分影响相当小些，使得水分含量相对低于 20~80cm 土层水分含量，这部分土层由于受地下水上升毛灌水的影响，含水率绝对值仍然不低，并且越往土层深处，受地下水影响越显著，土壤含水率越来越高。

总之，膜下滴灌棉花生育期末 100cm 以下土壤水分与荒地分布特征类似，受地下水影响显著。

二、滴灌棉田棉花生育期末土壤盐分分布特征

棉花吐絮后，进入收获期，经过生育期灌水、降水、蒸发、作物耗水

等复杂过程后，2008 地块 2009—2013 年连续 5 年内 9~10 月的与土壤水分同期的盐分数据见图 3-22，不同深度盐分含量相对膜下滴灌应用第 1 年的盐分差值及降低百分比见表 3-9。

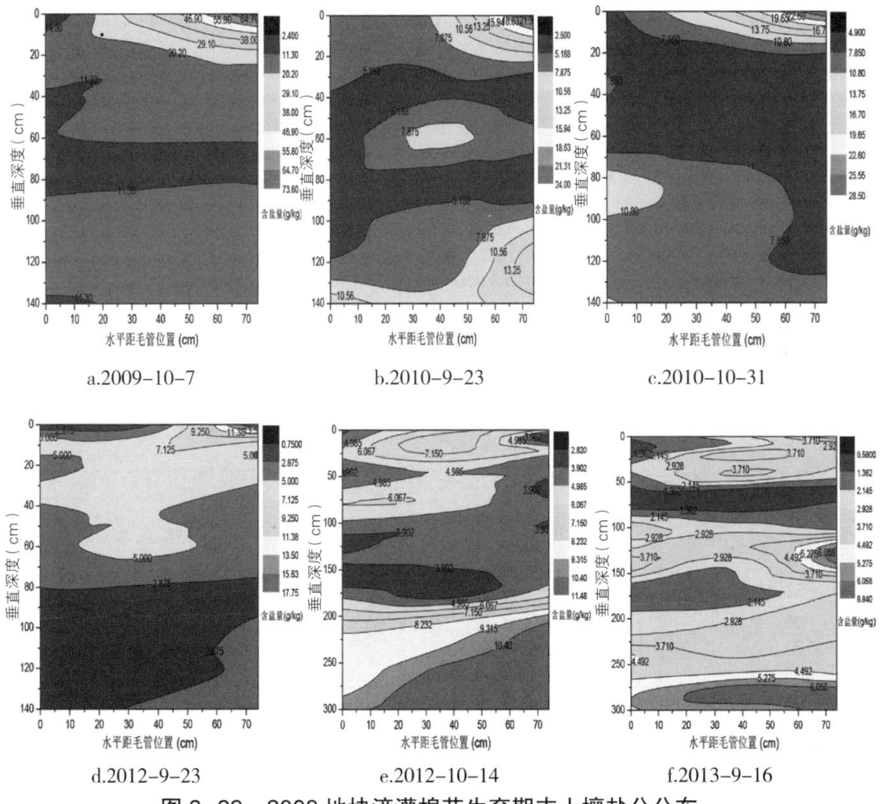

a.2009-10-7　　b.2010-9-23　　c.2010-10-31

d.2012-9-23　　e.2012-10-14　　f.2013-9-16

图 3-22　2008 地块滴灌棉花生育期末土壤盐分分布

由图 3-22 可以看出，膜下滴灌棉花生育期末（9~10 月）土壤盐分分布在 0~140cm 深度范围内从上向下总体呈现上低下高、膜间表层较高的分布特征，在 140~300cm 范围呈现由上到下先降低后升高的分布特征，膜间表层略高，膜间底层 250~300cm 含量最高的分布特征，并且随滴灌应用年限增长盐分含量不断降低。这种盐分分布特征与同期的荒地盐分分布特征明显不同，说明生育期末土壤盐分分布受全生育期灌水的影响，显著改变了自然状态下土壤盐分的分布状态，总体盐分含量相对生育期初和生育内不断降低，膜间表层盐分含量虽然相对较高，但总量仍呈降低趋势，深层盐分含量高于上层盐分含量，亦呈不断降低趋势。

图 3-22 表明，经过各年灌溉季节结束，农田剖面土壤盐分分布发生显著变化，膜下滴灌应用第 2 年后，即 2009 年 10 月 7 日数据表明，剖面土壤盐分在膜间同时具有 3 个聚集区，分别为膜间上层（水平距管 20~70cm，垂直 0~20cm），中层（水平距管 50~70cm，垂直 30~60cm），下层（水平距管 20~70cm，垂直 90~130cm），其中以上层盐分质量比最高，可达 73.5g/kg，中层和下层平均含盐量约为 18.6g/kg；在膜内毛管下 0~80cm 范围盐分含量相对较低，平均含盐量为 9.6g/kg，整体盐分相对生育期初总量显著减少，分布位置明显改变，盐分向膜间和深层迁移，并在膜间聚集。

滴灌应用 3 年后，盐分分布继续变化，盐分聚集区逐渐分化为膜间表层和下层，盐分含量不断降低，毛管下盐分低盐区扩展至 120cm 深度。滴灌应用 4 年后，盐分总量持续降低，盐分聚集区仅在膜间表层出现，低盐区范围进一步扩大，在剖面整体 20~100cm 距管 0~70cm 范围均为低盐区，盐分质量比低于 5g/kg。滴灌应用 5 年后，整体盐分含量较低，全剖面含盐量基本低于 5g/kg，仅膜间表层盐分相对较高，最高不过 7.6g/kg。说明灌水季节膜下滴灌农田土壤盐分变化显著，受灌水影响，整体盐分逐渐向远离毛管的方向迁移，特别是向深层迁移，即使水平方向迁移至膜间的盐分也逐渐向下层和深层迁移，剖面盐分聚集区不断分化，并减小，低盐区从毛管下附近逐渐扩大至整个剖面观测区，滴灌应用 5 年基本达到作物适宜耐盐含量。

用第 1 年初（荒地）盐分含量减去各滴灌年限生育期末相同深度的平均含盐量的差值占荒地盐分含量的百分比表示脱盐率。脱盐率为负，表示该土层相对原始荒地状态盐分增加，处于积盐状态。

表 3-9 说明，膜下滴灌应用 1 年相对荒地在 0~100cm 范围均处于脱盐状态，在 100~140cm 范围为积盐状态，积盐率为 66.91%，盐分质量比达到 10.27g/kg。滴灌应用 2 年后，0~80cm 继续脱盐，100~140cm 继

表 3-9　膜下滴灌 1~5 年生育期末土壤盐分平均值及相对荒地脱盐率

土壤深度（cm）	荒地（g/kg）	滴灌 1 年		滴灌 2 年		滴灌 3 年		滴灌 4 年		滴灌 5 年	
		含盐量（g/kg）	脱盐率（%）	含盐量（g/kg）	脱盐率（%）	含盐量（g/kg）	脱盐率（%）	含盐量（g/kg）	脱盐率（%）	含盐量（g/kg）	脱盐率（%）
0	89.68	53.92	39.88	37.01	58.73	14.99	83.28	13.07	85.43	5.41	93.97
20	45.20	27.89	38.29	14.21	68.55	6.80	84.95	4.19	90.72	6.13	86.43
40	32.80	24.72	24.64	16.70	49.08	6.89	78.98	4.56	86.11	4.58	86.03
60	26.16	16.84	35.60	13.20	49.53	5.70	78.22	4.72	81.95	4.56	82.56
80	18.72	12.25	34.52	13.51	27.80	8.50	54.58	2.56	86.33	5.30	71.70
100	9.52	7.39	22.31	20.08	−111.06	8.24	13.39	3.75	60.64	7.56	20.51
120	6.44	11.35	−76.10	18.17	−181.96	8.53	−32.44	5.96	7.45	4.01	37.74
140	5.86	9.19	−56.79	15.67	−167.46	8.28	−41.27	5.98	−2.00	4.08	30.31
平均	29.30	20.44	30.21	18.57	36.61	8.49	71.01	5.60	80.89	5.21	82.23
0~40	55.89	35.51	36.47	22.64	59.49	9.56	82.89	7.27	86.99	5.37	90.38
40~100	18.13	12.16	32.90	15.60	13.95	7.48	58.74	3.68	79.73	5.81	67.97
100~140	6.15	10.27	−66.91	16.92	−175.05	8.41	−36.65	5.97	2.95	4.05	34.20

注：荒地数据为 2009 年 4 月 25 日取样数据，第 1 年生育期末数据以 2009 年 4 月 25 日数据代替

续积盐，积盐率可达175.05%，盐分质量比达到16.92g/kg，在观测5年内属于积盐最为严重的阶段。滴灌3年后，0~40cm相对荒地脱盐率达82.89%，平均盐分质量比9.56g/kg，脱盐相对较高，在100~140cm积盐率为38.65%，相对前两年下降显著，说明盐分可能运移出观测区，向140cm以下迁移并在某一深度积聚，0~140cm全剖面平均盐分质量比8.49g/kg，相对降低明显。滴灌4年后，在上层0~40cm脱盐率又小幅升高，保持较高范围，40~100cm中层土壤脱盐程度加大，100~140cm下层开始脱盐，脱盐率2.95%，说明此时处于整体脱盐状态，盐分向下不断迁移出观测区，全剖面平均盐分质量比5.6g/kg，接近棉花作物耐盐上限，基本适于耕作。滴灌5年后，全剖面脱盐进一步加大，上层0~40cm达到90.38%，平均盐分质量比5.37g/kg，40~60cm范围更是低于5g/kg，100~140cm深层脱盐率达到34.2%，呈现从表层至深层不断降低的脱盐趋势，盐分也由表层到深层逐渐降低，类似或接近改良型土壤盐分分布特点（图3-23）。

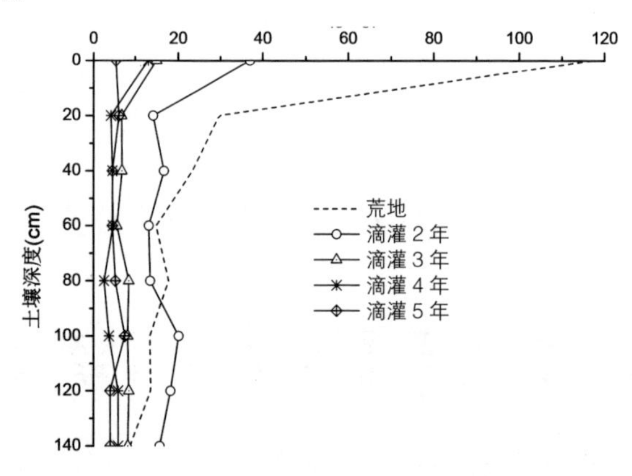

图3-23　2008地块滴灌5年内不同年限生育期末土壤盐分均值

剖面盐分平均值的变化（图3-23）随滴灌应用年限逐渐由上大下小变化为上下均一的垂线状，这个过程尤其在滴灌应用2~4年表现得比较明显。

因此，膜下滴灌在灌水特别是各年超量灌水作用下，滴灌应用0~5

年盐分总体呈降低趋势，这个趋势又包含从上层向下层先下降后升高再降低的脱盐积盐再脱盐的过程，上层始终脱盐，中层脱盐率由小到大再到小，下层 100~140cm 呈现先积盐后脱盐，特别是在滴灌应用 2 年后积盐达到最高，滴灌应用 4 年深层开始脱盐，之后脱盐力度加大，并逐渐接近作物耐盐范围。膜下滴灌棉花生育期末盐分的分布是全生育期灌水制度不断影响的结果，显著改变了自然分布状态，盐分由上到下不断迁移且总量不断降低。

由于土壤水分是土壤盐分的溶剂和载体，田间土壤盐分运移受土壤水分运动影响，但盐分运移过程中，又不可能仅发生对流运移，对流和水动力弥散共同作用[107~108]。另外，在田间土壤中，大孔隙及裂隙通常在土壤剖面垂直方向上发育良好，膜下滴灌灌水后田间可能存在局部的优先流，因此，田间尺度的盐分运移理论上通常是极度不一致的。

但本研究发现，膜下滴灌棉花生育期内及随着膜下滴灌应用年限的增加，土壤盐分不仅在滴灌水分作用下发生一定的水平迁移，而且整体上表现为剖面盐分不断垂直向下迁移，耕作层及观测范围内的盐分均表现为逐渐降低。

这是因为盐分运移由微观尺度到宏观尺度的演变是由膜下滴灌农田土壤多孔介质本身在不同尺度下所体现出的不同空间变异程度所决定的。在极微观尺度下，盐分主要在分子扩散及孔隙程度弥散作用下运移的，这种运移在荒地自然条件下可能比较显著，而对于膜下滴灌农田来说可能整体影响较小；随着空间尺度的加大，盐分运移受土壤空间变异的影响，特别是受膜下滴灌较大灌水定额的影响，盐分运移对流作用突出并使其在纵向运移方向上相互产生巨大差异（滴头下方运移最快，远离滴头运移减慢），而这种差异一时难以被横向对流和弥散作用所弥补，垂直方向盐分呈现降低变化[107~108]。随着空间、时间尺度的进一步加大，在膜下滴灌周期性灌水作用下，由于多孔介质呈现宏观上的均一性，横向弥散作用逐渐弥补盐分在横向上的浓度差异，使得宏观上膜下滴灌棉田土壤盐分最终呈现整体降低趋势。

本研究表明，膜下滴灌应用5年以内，盐分逐渐向下迁移，而且不仅是内部的分布变化，而且在内部重新分布变化的基础上逐渐降低。由于2009—2012年观测区深度均为140cm，以上研究分析表明140cm土层以内土壤盐分逐渐降低，盐分必然迁移至观测区140cm以下土层，为进一步研究盐分向下迁移的情况，在2012年10月8日，在分别开始应用膜下滴灌的2008地块（连续滴灌应用5年）、2006地块（连续滴灌应用7年）、2002地块（连续滴灌应用11年）生育期末取样深度扩展至300cm，相关盐分含量分别见图3-24至图3-26。

图3-24至图3-26表明，膜下滴灌分别应用5年、7年和11年后，在原来的观测区0~140cm深度范围，盐分变化总体并不显著，特别是滴灌应用时间越长，不同位置盐分差异越小，仅在表层差异相对较大，不同滴灌影响年限之间的差异也并不十分显著。而在140~300cm深度范围，不同滴灌应用年限的地块盐分差异则十分显著。滴灌应用5年的地块在140~300cm范围，3个取样点盐分均逐渐升高，同时仍表现为相同深度膜间盐分最高，膜内毛管下最低，说明盐分仍受灌水影响不断向下迁移，毛管下受到的影响最大，盐分继续向下和更深层次迁移的更多，随滴灌应用年限的增加，300cm深度范围以内的土壤盐分也必然逐渐降低，图3-25和图3-26充分证明了这一点。滴灌应用7年后140~300cm范围土壤盐分尽管仍逐渐升高，但升高幅度相对较小，不同位置之间的差异也越

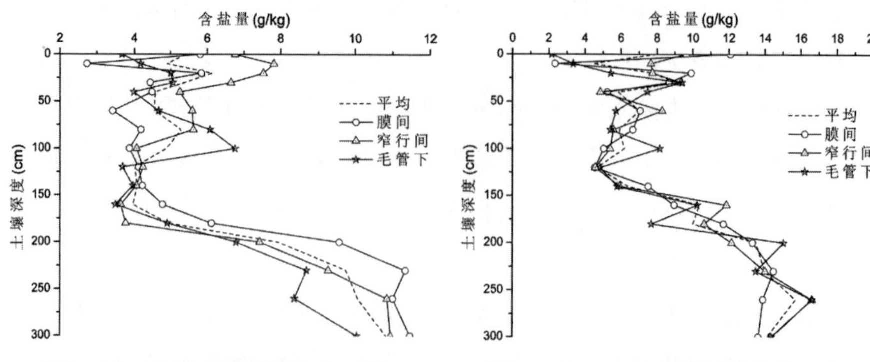

图3-24　2008地块滴灌5年土壤盐分（2012-10-8）

图3-25　2006滴灌地块滴灌7年盐分（2012-10-8）

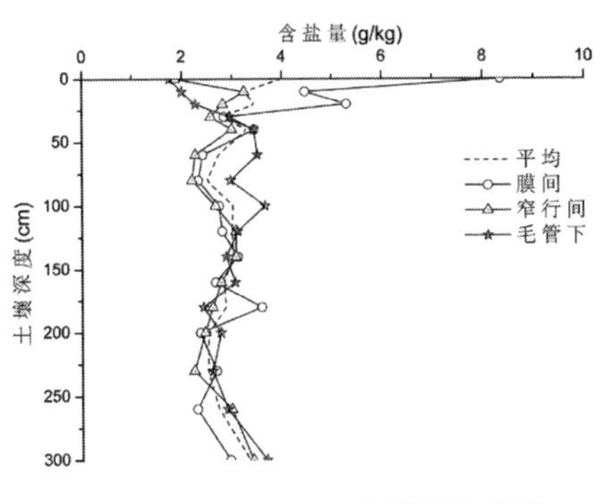

图 3-26 2002 滴灌地块滴灌 11 年盐分（2012-10-8）

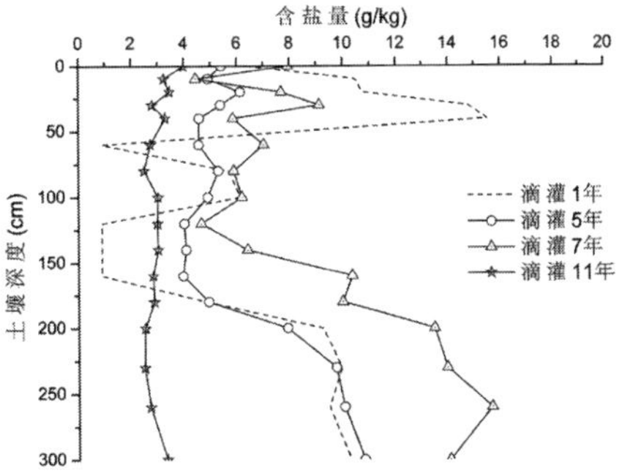

图 3-27 不同滴灌年限生育期末土壤盐分均值

来越小，至滴灌应用 11 年的地块，则在 0~300cm 范围内除表层相对较高外，整体盐分分布呈典型的上下均一的垂线状分布，图 3-27 亦说明这一点。

膜下滴灌应用对农田土壤盐分的分布的影响，和长期耕作对绿洲农田开发的过程基本类似，剖面盐分平均值均呈现从荒地上大下小到上小下大，最后演化到上下均一的垂线状分布（图 3-27），盐分总量逐渐降低，盐分聚集区逐渐下移，但膜下滴灌由于其自身特点使得这个变化过程又极具特色，是在滴灌水分辐射状分布的条件下带动盐分逐渐向膜间和深层不同扩散迁移，再进行向下迁移的这一特殊演化过程。

已有研究成果部分认为盐分升高，一方面研究周期短，另一方面研究深度观测范围浅，还有一点研究区灌水定额小，理论灌水数据，而没采用实际生产灌水数据。

观测区加大到 300cm 深度后，可以发现，滴灌应用 5 年后在 200~300cm 范围明显积盐，滴灌应用 7 年后在 200~300cm 范围积盐有所下降，趋于缓和，滴灌应用 11 年时 0~300cm 全剖面盐分趋于一条垂线，盐分整体降低到一个新的平衡状态，仅在表层受灌水蒸发影响出现波动，充分说明随膜下滴灌应用时间增长，田间剖面土壤盐分下降趋势明显并趋于稳定，可能至滴灌 10 年左右处于完全改良的平衡状态。

研究表明，土壤脱盐是现行灌溉制度过量灌溉造成的，这部分水量客观上起到了淋洗盐分的作用，但相对淋洗水量和滴灌 3 年以后的棉田冲洗定额而言仍具有较大的节约空间。

新疆膜下滴灌棉田在现行灌溉制度下土壤盐分受灌水影响显著。灌水使土壤盐分不断向远离滴灌带的区域迁移，水平方向逐渐在膜间裸地聚集，垂直方向逐渐向下层运移，并在一定深度处聚集，聚集深度与灌水定额和滴灌年限相关。最终盐分不断淋洗进入地下水而使得土壤含量减少。

随滴灌应用年限增加，低盐区从毛管下附近逐渐扩大至整个剖面观测区，盐分聚集区不断分化并减小，即使膜间的盐分也逐渐向下迁移并不断降低，剖面盐分随滴灌应用年限逐渐由上大下小变化为上下均一的垂线状，这个过程尤其在滴灌应用 2~4 年表现的比较明显。膜下滴灌应用 5 年内盐分从上层向下层呈现脱盐积盐再脱盐的变化过程，滴灌应用 5 年后基本达到作物适宜耐盐含量。

膜下滴灌棉田盐分降低主要原因在于当地的灌溉制度，超额灌水客观上起到了淋洗盐分作用，现行灌溉制度显著改变了盐分自然分布特点，使得土壤盐分不断降低。盐分降低主要时期在出苗水后及花铃后期，即 4 月中下旬及 8 月下旬。随滴灌应用年限增加，膜下滴灌农田土壤盐分受灌水影响逐渐下降，滴灌应用 10 年左右 0~300cm 深度土壤盐分呈铅垂线改良型分布特点。

第五节　膜下滴灌棉田盐分分布与地下水动态关系

一、膜下滴灌棉田地下水埋深与矿化度的变化

以 2008 地块附近荒地的地下水观测井 2010—2013 年观测的埋深与矿化度的数据（图 3-28）为例，说明随着膜下滴灌应用年限的变化，地下水埋深与矿化度的变化特点。

由图 3-28 可以看出，总体上地下水埋深在棉花生育期内从 4~10 月呈现先降低后升高的变化特点，即 4~8 月逐渐变浅，8 月以后逐渐加深；矿化度则呈现相反的变化特点，总体上先升高后降低，即 4~9 月不断升

高，到 10 月以后又降低。地下水埋深基本在 2.9~4.3m，不同观测年份之间差异不显著。矿化度在 29~48g/L 变化，各观测年份之间亦无明显差异。说明研究区 2010—2013 年典型膜下滴灌棉田灌溉制度相对稳定，地下水埋深及矿化度的变化受灌水影响强烈，棉花播种以后，从出苗水灌溉开始，地下水埋深及矿化度受灌水影响不断变化，由于现行膜下滴灌灌溉制度出苗水灌水定额相对较大，之后到蕾期和花铃期的频繁的灌水，农田土壤水分含量达到或超过田间持水量，剖面土壤产生了深层渗漏，灌溉水不断进入地下水，使得地下水埋深在局部范围内不断变浅；另一方面，不断进入地下水的土壤水分又同时携带农田土壤可溶性盐分不断向下迁移进入地下水，既使得农田土壤盐分不断降低，营造较好的棉花生长水盐环境，也使得地下水中的盐分含量不断增加，从而使地下水矿化度不

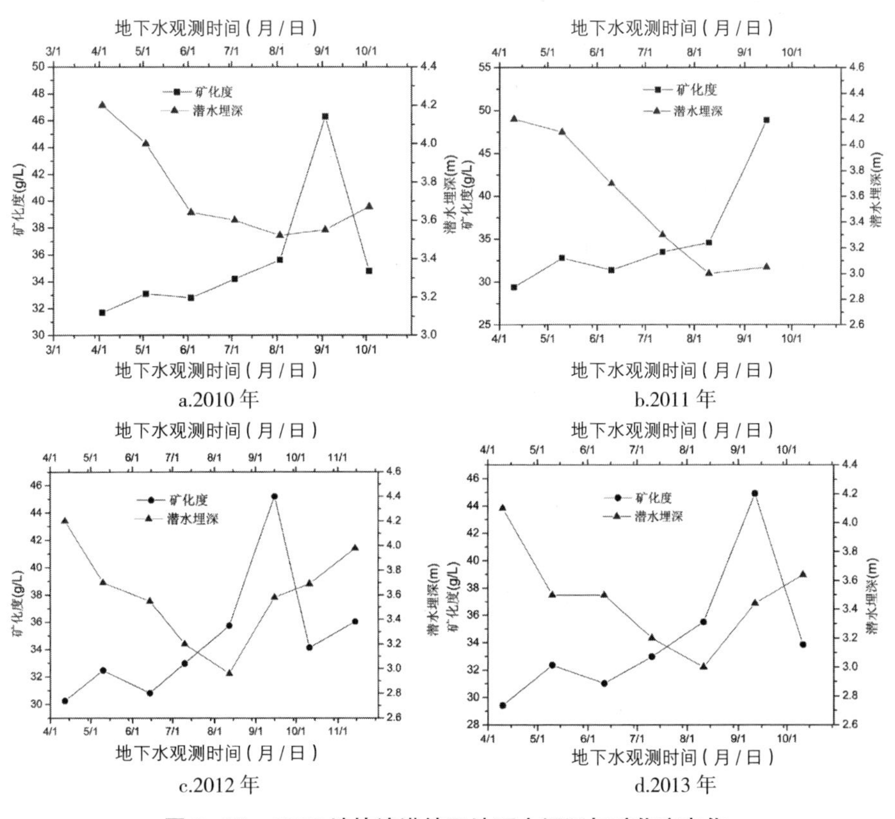

图 3-28　2008 地块滴灌棉田地下水埋深与矿化度变化

断升高。到了 8 月上旬，棉花生育期灌水停止前后，地下水埋深达到最浅（2008 地块达到 3m 以内，其他地块可达到 1m 以内），灌溉停水以后，农田减少了深层渗漏对地下水的补充，在不同地方地下水水头差作用下，地下水逐渐向农田周边埋深较深的地方运动，使得滴灌棉田地下水埋深逐渐加深，而矿化度也随着土壤溶质的减少而逐渐降低，当然地下水的埋深和矿化度的动态变化相对农田灌水均有一个滞后效应。

膜下滴灌棉田地下水埋深及矿化度的动态变化，充分证明了现行膜下滴灌棉花灌溉制度灌水定额及灌溉定额偏高，同时也说明了，农田盐分不断降低是由灌水引起，农田土壤盐分的最终去向是进入了地下水，而非简单的在土壤内部进行重分布。

二、膜下滴灌棉田土壤盐分与地下水的关系

以 2008 地块剖面土壤盐分含量及深层土壤盐分含量与该地块附近荒地的地下水观测井 2010—2013 年观测的埋深与矿化度的数据为例，分别说明膜下滴灌棉田土壤盐分与地下水埋深与矿化度的关系。

1. 整体观测剖面盐分平均含量与地下水埋深的关系

2008 地块 2010—2013 年观测剖面土壤盐分平均含量与地下水埋深的对比数据见图 3-29。

由图 3-29 可以看出，整体上，剖面土壤盐分在棉花生育期内的变化与地下水埋深具有密切关系，土壤盐分与地下水埋深的变化趋势具有类似特点，在 4~8 月均为随棉花生育期进程呈现不断降低的变化特点，8 月以后，地下水埋深不断加大，而土壤盐分仍呈现不断降低的变化趋势（2013 年），在 2012 年的变化有些特殊，盐分变化与地下水埋深基本具有相似的变化趋势，这与盐分观测的时间、盐分受灌水影响及盐分空间变异等因素密切相关，相对而言，土壤盐分变化受到的影响因素较多，但总体上受灌水影响不断降低，地下水埋深也受灌水影响而不断变浅，它们之间具有密切的水力联系。

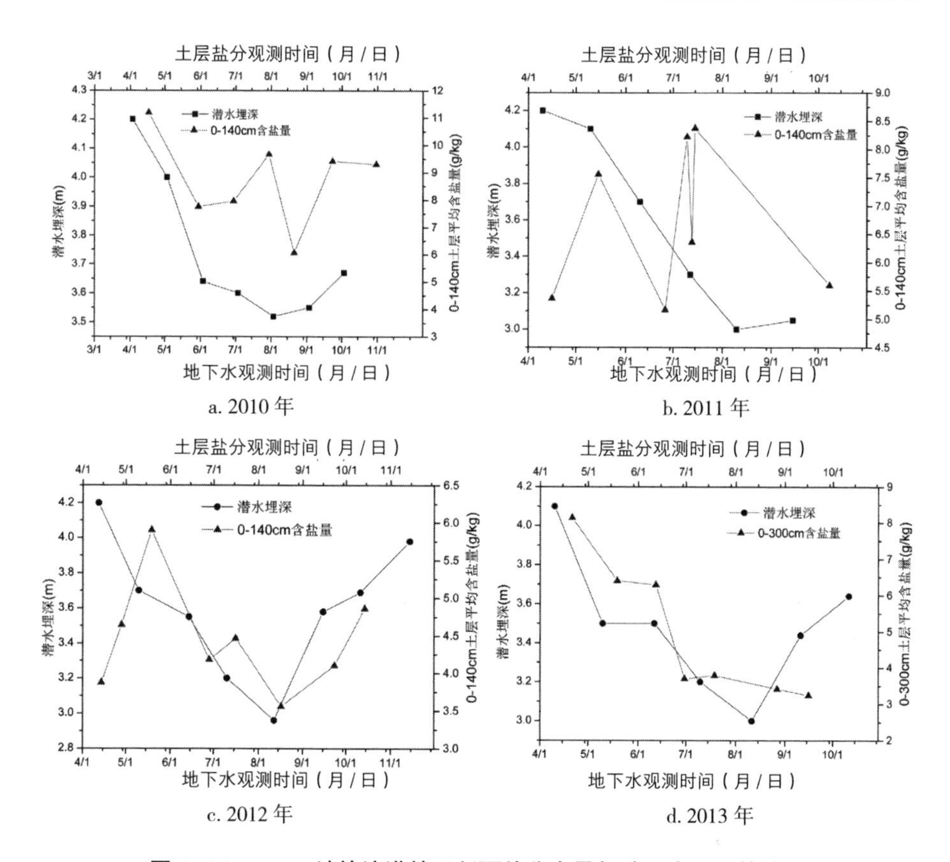

a. 2010 年　　b. 2011 年

c. 2012 年　　d. 2013 年

图 3-29　2008 地块滴灌棉田剖面盐分含量与地下水埋深的关系

2. 整体观测剖面盐分平均含量与地下水矿化度的关系

2008 地块 2010—2013 年观测剖面土壤盐分平均含量与地下水矿化度的对比数据见图 3-30。

由图 3-30 可以看出，膜下滴灌棉田土壤盐分在棉花生育期内不断降低，而地下水矿化度不断升高，充分说明，地下水矿化度的升高是由于土壤盐分的不断降低和不断迁移造成的，农田土壤盐分不断进入地下水而使土壤盐分减少，地下水矿化度升高，这个过程逐年重复，土壤盐分逐年降低，即随着膜下滴灌应用年限的增加，农田土壤盐分逐渐降低，而地下水矿化度仅在灌水周期内具有显著变化，同一时期年际间并无显著变化，也说明地下水矿化度的变化受到更大尺度地下水的影响。

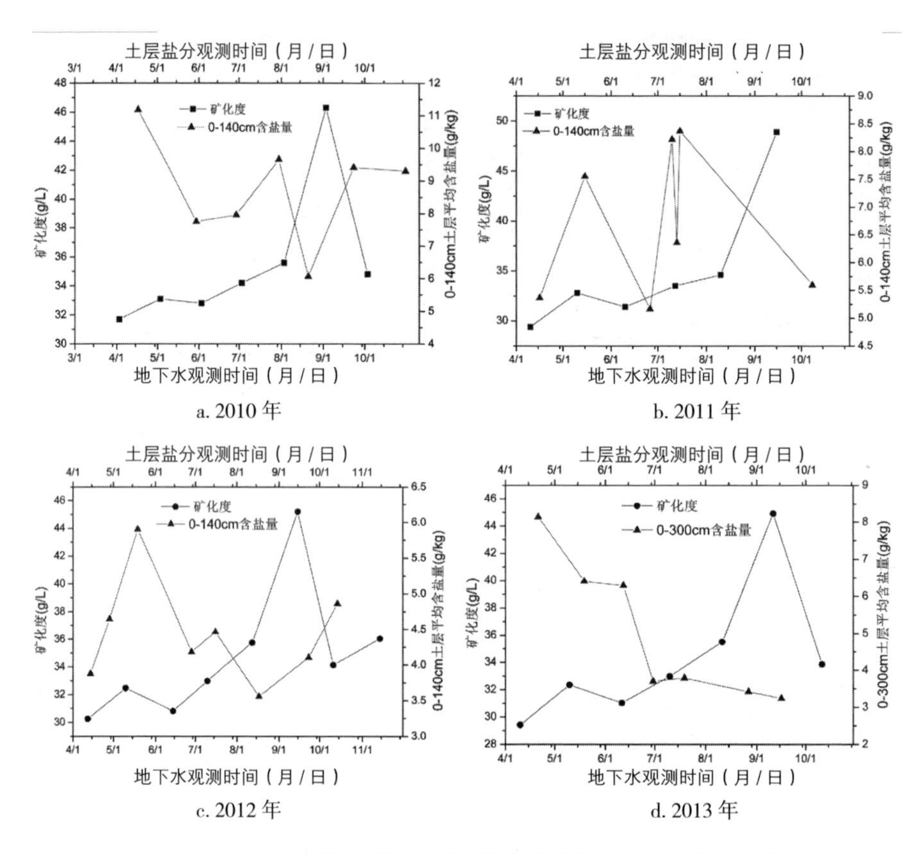

图 3-30　2008 地块滴灌棉田剖面盐分含量与地下水矿化度的关系

3. 深层土壤盐分平均含量与地下水的关系

以 2008 地块 2013 年 200~300cm 深层土壤盐分平均含量与 2013 年地下水的对比数据（图 3-31）为例说明，深层土壤盐分含量与地下水的关系。

由图 3-31 可以看出，深层土壤（200~300cm 土层）盐分含量在棉花生育期内的变化与地下水的埋深和矿化度的变化具有密切关系，在 4~8 月，深层土壤盐分与地下水埋深的变化趋势基本一致，深层土壤盐分在棉花生育期内不断降低，地下水埋深不断变浅，矿化度不断升高，深层土壤与地下水紧密接触，起到联系上层土壤与地下水的桥梁纽带作用，自然状

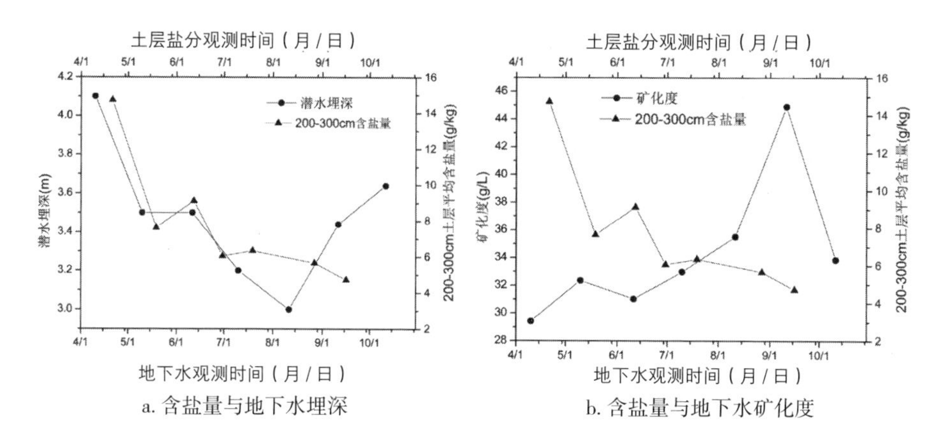

a. 含盐量与地下水埋深　　b. 含盐量与地下水矿化度

图 3-31　2008 地块滴灌棉田深层土壤盐分与地下水的关系

态下，这部分土壤水盐变化受到上层土壤深层渗漏和蒸发毛管上升的双重影响，土壤水分含量始终较高，但盐分含量不断变化，膜下滴灌之后，在现行灌溉制度下，这部分土壤的盐分变化则主要受到灌水的影响，盐分含量不断降低。

第六节　本章小结

1. 荒地水盐空间分布及变化特征

干旱区天然状态下地表土壤水分含量最低，由地表向下逐渐升高。土壤盐分呈现明显的表聚特征。受降水和蒸发影响荒地 0~20cm 土层盐分变化最为强烈，变化范围 4.92~155.83g/kg，均值为 34.587g/kg；20~60cm 土层平均盐分主要在 10~30g/kg 变化；60~100cm 和 100~140cm 土层盐分均值变化均比较稳定，均值在 10g/kg 左右变化，100~140cm 土层的均值相对更低一些，仅为 11.248g/kg。荒地表层土壤水盐与深层土壤水盐均具有显著的差异性，表层土壤 0~20cm 水分低、盐分高且变化均比较大，水分和盐分的变异系数均较高，是土壤水分耗散区和盐分的聚集区。20~60cm 与深层土壤水分差异不显著但盐分差异显著，60~100cm 土层和 100~140cm 土层水分含量相对较高，盐分含量相对较低，水盐差异均不显著。

绿洲区荒地土壤盐分主要来源于地下水中的溶质，土壤盐分是由地下水不断上升迁移而形成的。农田土壤盐分同样主要来源于地下水中的溶质，即使开荒耕作，采用膜下滴灌技术进行灌溉也改变不了自然状态下土壤盐分的由下向上的迁移和运动，农田的水盐变化将受到灌水入渗、薄膜覆盖、作物耗水蒸腾、土面蒸发和地下水动态的综合影响，水盐变化应是多种变化的叠加效应。荒地盐分除越冬期前后（12 月至翌年 3 月）外，整体呈上高下低分布特征。

2. 滴灌棉田土壤水分空间分布特征

滴灌棉田在棉花生育初期（4~5 月）即棉花播种前后土壤水分的分布受出苗水的灌水影响显著。膜下滴灌棉田棉花生育初期土壤水分在出苗水灌溉之前分布与荒地自然状态下的分布特征一致，由土表向下呈现先升高后降低再升高的分布特点；出苗水灌溉后土壤水分的分布在 0~100cm 范围整体含量较高，尤其在膜内 20~100cm 范围更高，膜间土壤水分在 20~60cm 土层范围含量也比较高，仅在膜间表层土壤水分含量较低。现行灌溉制度下膜下滴灌棉田出苗水的影响深度范围在 0~100cm 土层深度，100cm 以下土层水分含量与荒地土壤水分含量接近，呈现自然状态分布特点，100~150cm 深度土壤水分低于 20~100cm 灌后的土壤水分含量，200~300cm 土层由于受地下水影响强烈土壤水分含量又比较高。

膜下滴灌棉花生育期内灌水显著影响并改变了农田土壤水分分布格局，农田土壤剖面整体水分含量较高，即使膜间也不例外，灌水入渗到深层的土壤水分与地下水毛管上升带来的地下水发生了较强的水力联系，灌溉水分可能不断继续下渗进入到地下水中，地下水也可能上升进入到根系层提供作物耗水来源。

膜下滴灌棉花生育期末（9~10 月）土壤水分分布在 0~140cm 深度范围内从上向下总体呈现低高低高的两高两低的分布特征，在 140~300cm 范围呈现含水率随深度增加逐渐升高的分布特征。生育期末 100cm 以下土壤水分与荒地分布特征类似，受地下水影响显著。

3. 滴灌棉田土壤盐分空间分布特征

滴灌棉田在棉花生育初期（4~5 月）即棉花播种前后土壤盐分的分布同样受出苗水的灌水影响显著。膜下滴灌棉田棉花生育初期土壤盐分在出苗水灌溉之前分布与荒地自然状态下的分布特征一致，由土表向下呈现逐渐降低的分布特点；出苗水灌溉后土壤盐分的分布在 0~100cm 范围整体含量较低，尤其在膜内 0~100cm 范围更低，仅在膜间 0~20cm 土层盐分含量较高，盐分被整体迁移至 100~140cm 土层，至 5 月中旬左右，盐分分布垂直方向仍不断向更深土层迁移，盐分迁移至 250cm 土层以下甚至 300cm 以下。说明现行灌溉制度下膜下滴灌棉田出苗水对土壤盐分的影响深度范围在 0~100cm 土层深度，100cm 以下土层盐分含量与荒地土壤盐分含量接近，呈现自然状态分布特点，100~140cm 深度土壤盐分高于 0~100cm 灌后的土壤盐分含量，200~300cm 土层由于受地下水影响强烈土壤盐分含量又比较高，至 5 月中旬盐分分布总体特征不变，膜内盐分聚集区继续向更深土层迁移，膜间盐分呈上下双向运动聚集分布特征，充分说明膜下滴灌棉花初期灌水对土壤盐分的分布影响非常显著。膜下滴灌应用年限不同，盐分含量大小不同，总体随滴灌年限增长，最高和平均盐分含量均呈降低趋势。

膜下滴灌棉田棉花生育内 6~8 月盐分整体呈现上低下高、膜间表层较高的分布特征，盐分平均含量及最高含量不仅在年内从 6~8 月不断降低，而且在年际间随滴灌年限增长也不断降低。盐分分布特征明显与荒地不同，盐分不断由表层向深层迁移，并最终可能迁移进入地下水。

膜下滴灌棉田盐分降低主要原因在于当地的灌溉制度，超额灌水客观上起到了淋洗盐分作用，现行灌溉制度显著改变了盐分自然分布特点，使得土壤盐分不断降低。盐分降低主要时期在出苗水后及花铃后期，即 4 月中下旬及 8 月下旬。随滴灌应用年限增加，膜下滴灌农田土壤盐分受灌水影响逐渐下降，滴灌应用 10 年左右 0~300cm 深度土壤盐分呈铅垂线改良型分布特点。

4. 膜下滴灌棉田土壤盐分与地下水的关系

膜下滴灌棉田地下水埋深及矿化度的动态变化充分证明了现行膜下滴灌棉花灌溉制度灌水定额及灌溉定额偏高，膜下滴灌棉田土壤盐分在棉花生育期内不断降低，地下水埋深不断变浅，同时地下水矿化度不断升高，充分说明，地下水矿化度的升高是由于土壤盐分的不断降低和不断迁移造成的，随着膜下滴灌应用年限的增加，农田土壤盐分不断进入地下水而使土壤盐分逐渐降低。

第四章 长期膜下滴灌棉田土壤水盐时空演变规律

第一节 膜下滴灌棉田土壤水分时空变化特征

一、年内土壤水分变化特征

1. 不同土层水分变化

以 2008 地块 2009 年、2012 年、2013 年 3 年的土壤水分数据为例，说明年内土壤水分的变化特点，对土壤水分数据作如下处理，按照棉花生育阶段将取样时间分为 3 段，分别为棉花生育初期（4~5 月），棉花生长期（6~8 月），棉花生育末期（9~10 月）；水平方向，分为从膜内毛管下、膜内窄行间到膜间中点裸地共 3 个取样点位置（以下简称毛管、窄行、膜间）；垂直方向，2009—2012 年数据分为 0~20cm、20~60cm、60~100cm、100~140cm 共 4 层，2013 年数据向下多分了 140~200cm、200~300cm 共 6 层，分别计算各层土壤平均含水率，结果分别见图 4–1 至图 4–3，土壤水分统计特征值结果见表 4–1。

由图 4–1 可以看出，2008 地块在不同土层水分含量在 2009 年 4~10 月，总体上呈现表层（0~20cm）土壤水分水平方向 3 个取样位置差别最大并以毛管位置水分含量最高、中下层（20~140cm）土壤水分水平方向差别并不显著，仅在 60~100cm 土层膜间含量略高，全生育期表层土壤水分波动最大，其次为 20~60cm，再往下层相对稳定，在生育期两头各层土

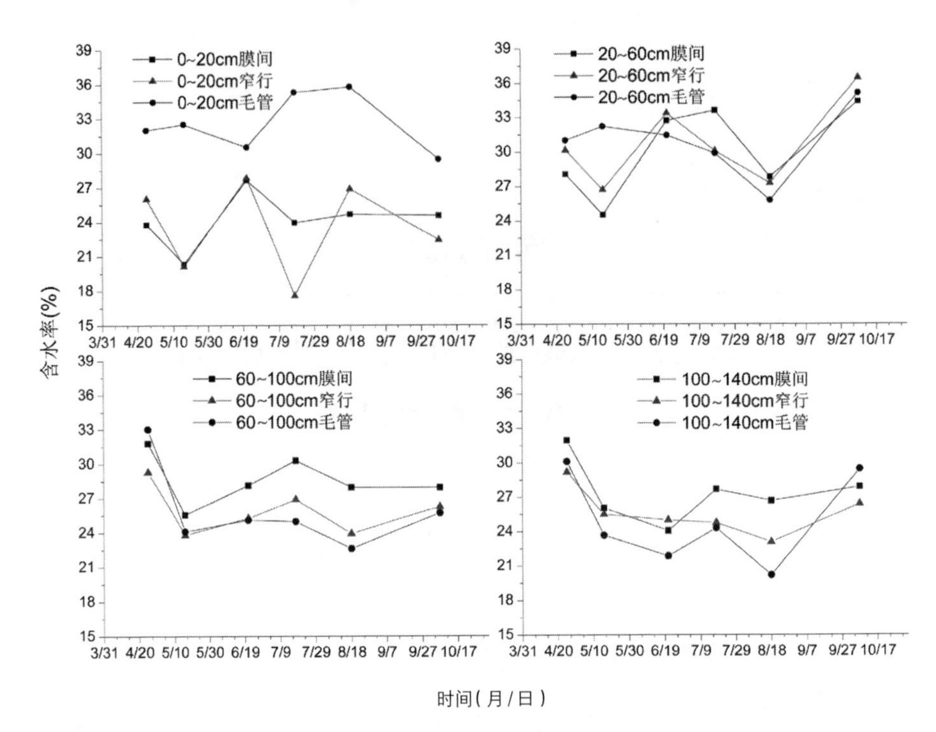

图 4-1　2008 地块年内不同土层水分变化（2009 年）

壤水分含量除表层外差别不明显，在生育期中间特别是 6~8 月期间全面剖面土壤水分相对波动较大即使 100~140cm 土层也不例外。0~20cm 土层水平方向毛管位置水分含量最高，表层窄行和膜间位置水分含量总体差别不大，且窄行波动较大；20~60cm 土层在生育前期毛管下水分含量较高，生育中后期水平方向 3 个位置差别不大，60~100cm 在生育中后期膜间水分含量略高且相对稳定，毛管及窄行水分含量略低并变化较大；100~140cm 土层总体含水率低于上层，在棉花生长旺盛期的 7~8 月膜间水分含量略高，窄行及毛管位置水分含量略低并有波动变化。

说明膜下滴灌棉田土壤水分变化受灌水、作物耗水及蒸发等因素影响，其中膜间主要受灌水和蒸发双重因素影响，影响深度主要在 0~60cm，但 60~100cm 土层在棉花灌水频率较高的生长旺盛期 6~8 月期间及 100~140cm 土层的 7~8 月水分含量受灌水影响明显升高，这个位置由于受蒸发及根系耗水较小，因此，水分含量高于膜内且相对稳定；膜内窄行主要受作物根系耗水及灌水影响尤其灌水后的作物耗水相对其他两个观测位置影响最大，影响深度主要在 0~60cm，60~100cm 略受影响，因此，窄行间 0~100cm 土层范围内土壤水分相对其他两个位置波动最大；膜内毛管位置主要受灌水和作物耗水影响，主要影响深度为 0~140cm。

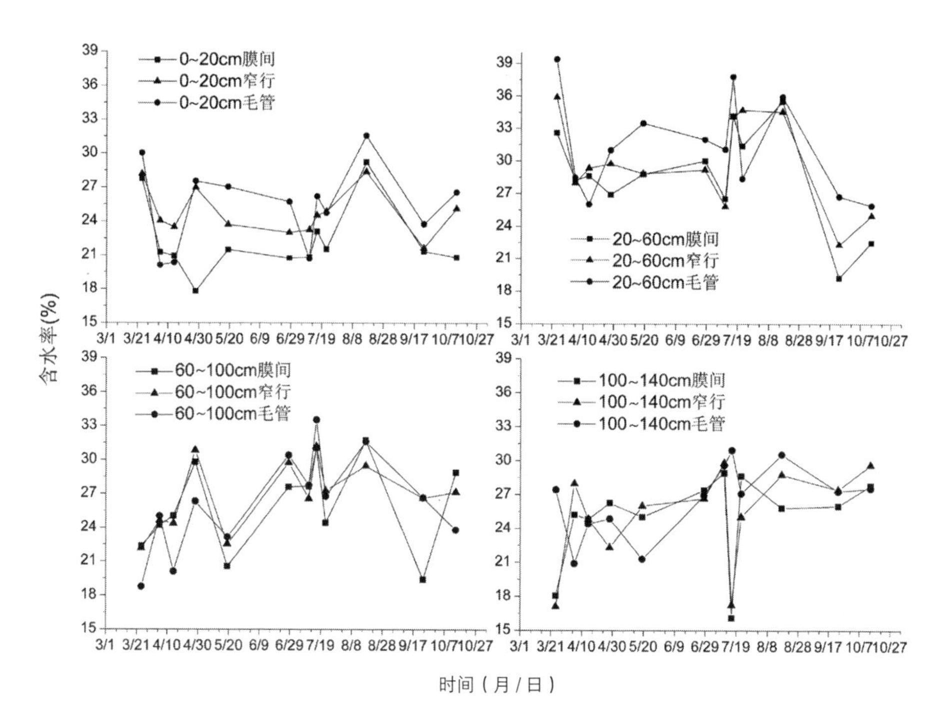

图 4-2 2008 地块年内不同土层水分变化（2012 年）

由图 4-2 可以看出，2008 地块在不同土层水分含量在 2012 年 4~10 月的变化总体规律与 2009 年类似，在 0~60cm 范围毛管土壤水分整体高于窄行和膜间，3 个位置的水分波动起伏变化均非常剧烈，即使深度增加到 60~140cm，在生育期内特别是 6~8 月期间，土壤水分变化幅度较大，膜间、窄行和毛管 3 个位置水分含量差别不明显。同样说明膜下滴灌棉田土壤水分变化受灌水、蒸发、作物耗水影响强烈，影响深度在观测范围的全部深度 0~140cm。

由表 4-1 可以看出，2008 地块在 2009 年全部土壤水分观测数据中，毛管位置土壤水分均值最高为28.588%，窄行间水分均值反而最低为26.422%，膜间水分均值略低于毛管位置，为27.586%，接近田间持水量（34.08%）的81%，并略高于全部土壤水分均值（27.532%），同期观测的荒地土壤水分全部均值仅为19.341%，农田土壤水分均值高于荒地水分含量均值42.35%，农田土壤水分均值占田间持水量的80.79%，在棉花生长的3个阶段，水分均值最低的中期为27.079%，也占田间持水量的79.46%，在末期平均含水率达到田持的84.63%，充分说明全生育期全剖面土壤水分平均含量处于较高水平，灌水对整个剖面土壤水分具有明显增加作用。水平方向毛管位置的土壤水分变异系数最大，膜间变异系数最小，说明毛管下土壤水分受灌水、作物耗水影响最大，膜间土壤水分受外界影响相对较小。棉花生长中期（6~8月）变异系数最大，说明棉花生长期土壤水分受作物耗水影响变化显著。垂直方向，在20~60cm土层平均水分含量最高，达到30.593%，占田间持水量的89.77%，100~140cm土层含水率均值相对最低，仅为25.982%，表层0~20cm水分变异系数最大0.208，60~100cm土层变异系数最小（0.155），20~60cm和100~140cm土层变异系数接近，分别为0.161和0.160。0~20cm与60~100cm土层的水分含量占全剖面的比例相同，均为24.3%，20~60cm土层的水分含量占全剖面的比例最大，为27.8%，说明20~60cm土层是主要持水层，受灌水、作物耗水、蒸发等综合影响较大。100~140cm土层平均含水率为25.982%，而荒地该土层平均含水率为18.964%，农田该土层含水率均值高于荒地37.01%，说明从全生育期来说，膜下滴灌棉田灌水对观测范围内的0~140cm土层均有重要影响。

表 4-1 2008 地块土壤水分统计特征值（2009）

	统计范围	土样数	均值（%）	标准差（%）	极小值（%）	极大值（%）	峰度	偏度	总和的百分比（%）	变异系数CV	占田持的比例（%）
2008地块	膜间	48	27.586	4.520	15.79	37.32	−0.071	0.084	33.4	0.164	80.94
	窄行间	48	26.422	4.913	14.4	37.76	0.024	−0.08	32.0	0.186	77.53
	毛管下	48	28.588	5.453	13.35	38.12	0.109	−0.715	34.6	0.191	83.89
	初期	48	27.557	4.405	15.79	34.01	−0.418	−0.533	33.4	0.160	80.86
	中期	72	27.079	5.435	13.35	38.12	−0.376	−0.16	49.2	0.201	79.46
	末期	24	28.841	4.842	17.04	37.76	0.624	−0.025	17.5	0.168	84.63
	合计	144	27.532	5.021	13.35	38.12	−0.188	−0.252	100.0	0.182	80.79
	0~20cm	36	26.744	5.568	14.4	38.12	−0.055	−0.181	24.3	0.208	78.47
	20~60cm	36	30.593	4.916	18.44	37.76	0.216	−0.864	27.8	0.161	89.77
	60~100cm	36	26.809	4.154	18.57	34.11	−0.781	0.036	24.3	0.155	78.66
	100~140cm	36	25.982	4.157	13.35	31.96	0.946	−0.891	23.6	0.160	76.24
荒地	0~20cm	36	14.697	7.485	5.08	22.23	−1.899	−0.66	19.00	0.509	43.13
	20~60cm	36	22.059	5.315	13.29	27.49	0.241	−0.885	28.50	0.241	64.73
	60~100cm	36	21.643	4.211	15.64	28.18	0.813	0.282	28.00	0.195	63.50
	100~140cm	36	18.964	8.155	12.33	34.07	2.575	1.597	24.50	0.430	55.65

2008 地块 2013 年剖面取样深度加大到 300cm 后，土壤水分变化见图 4-3，土壤水分统计特征值见表 4-2。

由图 4-3 可以看出，2008 地块 2013 年土壤水分监测范围到 0~300cm 以后，在 0~20cm 和 20~60cm 两个深度，水平方向仍是毛管位置含水率较高，60~300cm 范围，水平方向 3 个监测位置含水率差别不大，但在生育期内均有波动，波动幅度随深度增加逐渐减小，即使最深处的 200~300cm 含水率在棉花生长旺盛期的 6~8 月仍有一定的波动。说明灌水、作物耗水及蒸发对农田土壤水分变化产生重要影响，影响深度可达 300cm，即可以达到地下水位置。

由表 4-2 看出，水平方向膜间、窄行和毛管 3 个位置的含水率均值比较接近，均超过田间持水量的 82%，并仍以毛管下方含水率均值最

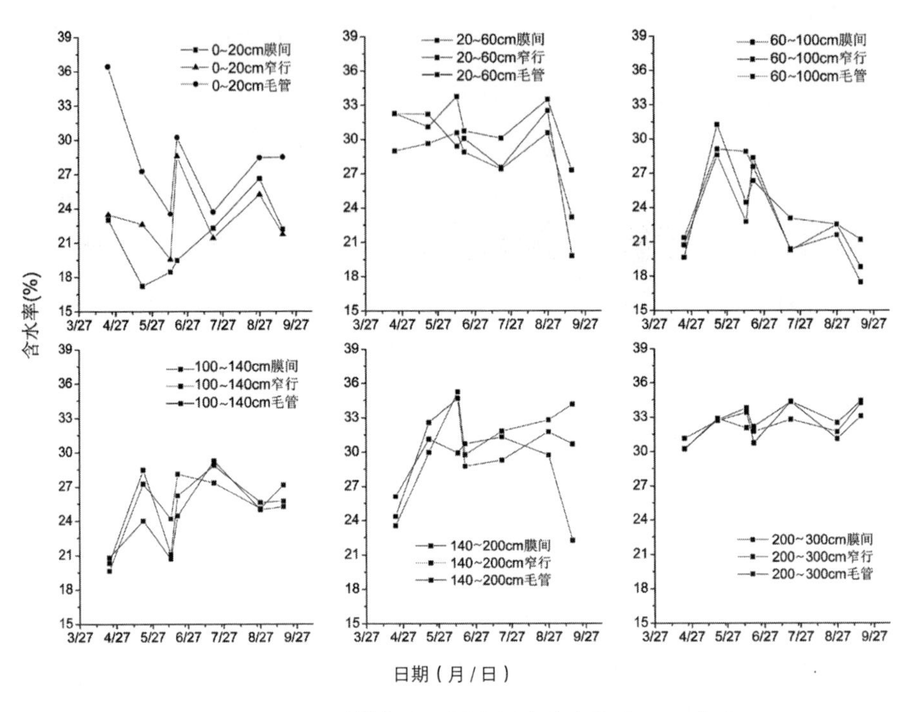

图 4-3　2008 地块年内不同土层水分变化（2013 年）

高，为 28.935%，这与 2009 年数据结果相同；变异系数则以膜间最大（0.230），膜内毛管下最小（0.197），相对 2009 年数据变异系数均较高，含水率极大值毛管下竟然达到 48.06%，超过了实验室测试的饱和含水率（45.97%），这显然与深度范围扩大到 300cm，接近并部分时期达到地下水有关。垂直方向，基本呈现越往深层含水率均值越大，特别是 200~300cm 范围的均值高达 32.497%，占田间持水量（34.08%）的 95.36%。含水率均值最低为 60~100cm 土层，仅为 23.665%，占田间持水量的 69.44%，这可能与该土层处于灌溉水向下运动和地下水向上运动的中间位置有关，双向水分到达路径均较长，同时该层土壤水分受到作物耗水的影响，因此，该层土壤水分含量相对较低。从含水率变异系数来看，表层 0~20cm 土层含水率变异系数最大（0.257），往下逐渐减小，特别是在 200~300cm 土层变异系数最小，仅为 0.073，140~200cm 土层变异系数为 0.168，略小于 100~140cm 土层（0.190），说明灌水对深层含水率影响较小，灌水、作物耗水和蒸发的主要影响深度可能在0~200cm。不同生育阶段之间土壤水分含量均值没有显著性差异，这一点与2009年统计结果相同。但含水率均值最大值为生育中期，为28.832%，占田间持水量的84.6%，最小的为末期（27.2%），占田间持水量的79.81%，末期含水率变异系数最大（0.284），生育中期的含水率变异系数最小（0.191），这与2009年统计结果不同，但同样说明，灌水对田间土壤水分含量具有显著影响。

表4-2　2008地块土壤水分统计特征值（2013）

统计范围	土样数	均值（%）	标准差（%）	极小值（%）	极大值（%）	峰度	偏度	总和的百分比（%）	变异系数CV	占田持的比例（%）
膜间	126	28.024	6.456	4.15	38.98	2.007	−1.238	32.9	0.230	82.23
窄行间	126	28.285	5.722	10.26	39.12	0.374	−0.727	33.2	0.202	82.99
毛管下	126	28.935	5.692	10.01	48.06	1.44	−0.612	33.9	0.197	84.90
合计	126	28.024	6.456	4.15	38.98	2.007	−1.238	32.9	0.230	82.23
0~20cm	63	24.284	6.243	4.15	48.06	5.131	−0.305	14.2	0.257	71.26
20~60cm	63	29.606	5.709	8.85	37.09	5.173	−1.973	17.4	0.193	86.87
60~100cm	42	23.665	5.761	12.91	35.06	−0.539	0.304	9.3	0.243	69.44
100~140cm	42	24.972	4.747	13.12	33.7	−0.083	−0.584	9.8	0.190	73.27
140~200cm	63	30.012	5.042	12.47	39.12	0.927	−0.754	17.6	0.168	88.06
200~300cm	105	32.497	2.382	26.46	38.98	0.057	−0.369	31.8	0.073	95.36
初期	108	28.188	5.788	4.15	48.06	2.669	−0.589	28.3	0.205	82.71
中期	216	28.832	5.518	7.52	38.01	1.579	−1.077	58.0	0.191	84.60
末期	54	27.200	7.716	8.85	39.12	−0.199	−0.709	13.7	0.284	79.81

2008地块2009年土壤含水率分别按照水平位置（膜间、窄行、毛管）、生育阶段（初期、中期、后期）、垂直分层（0~20cm、20~60cm、60~100cm、100~140cm）3种分组方式进行方差分析，各组均值方差齐性检验显著性P值分别为0.446、0.297和0.436均大于0.05，因此，均

采用 Tamhane 模型对各组含水率均值方差进行多重比较，结果见表 4-3。

表 4-3　2008 地块土壤水分方差多重比较 Tamhane（2009）

分组方差	分组比较	均值差（%）	标准误	显著性	95% 置信区间	
					下限	上限
水平分组	膜间—窄行	1.16	0.96	0.54	−1.18	3.51
	膜间—毛管	−1.00	1.02	0.70	−3.49	1.48
	窄行—毛管	−2.17	1.06	0.13	−4.74	0.41
阶段分组	初期—中期	0.48	0.90	0.94	−1.71	2.67
	初期—末期	−1.28	1.18	0.63	−4.20	1.64
	中期—末期	−1.76	1.18	0.37	−4.69	1.16
垂直分层分组	（0~20）—（20~60）	−3.85*	1.24	0.02	−7.20	−0.50
	（0~20）—（60~100）	−0.06	1.16	1.00	−3.21	3.08
	（0~20）—（100~140）	0.76	1.16	0.99	−2.38	3.91
	（20~60）—（60~100）	3.78*	1.07	0.01	0.88	6.69
	（20~60）—（100~140）	4.61*	1.07	0.00	1.70	7.52
	（60~100）—（100~140）	0.83	0.98	0.95	−1.82	3.48

注：* 表示均值差的显著性水平为 0.05

从表 4-3 可看出，2008 地块 2009 年全生育阶段土壤含水率水平方向膜间、窄行与毛管 3 个位置含水率均值差异均不显著，在棉花生长前期（4~5 月）、生长中期（6~8 月）与生长末期（9~10 月）3 个阶段的含水率均值方差也均不显著。垂直方向不同土层之间含水率均值具有显著性差异的为表层 0~20cm 土层与 20~60cm 土层、20~60cm 土层与 60~100cm 土层以及 20~60cm 土层与 100~140cm 土层，即 20~60cm 土层的含水率均值与其他土层均差异显著，除 20~60cm 土层外，其他土层含水率均值之间均没有显著性差异。含水率均值方差分析结果表明，膜下滴灌农田土壤水分在水平方向不同位置的均值差异不显著、不同时期差异也不显著，垂直方向仅 20~60cm 土层与其他土层差异显著，该土层水分变化较大，受灌水、作物耗水及蒸发等因素影响最为显著。

2008 地块 2013 年土壤含水率分别按照水平位置（膜间、窄行、毛管）、生育阶段（初期、中期、后期）、垂直分层（0~20cm、20~60cm、

60~100cm、100~140cm、140~200cm、200~300cm）3 种分组方式进行方差分析，水平分组均值方差齐性检验显著性 *P* 值为 0.416 大于 0.05，因此采用 Tamhane 模型对该组含水率均值方差进行多重比较。按生育阶段和垂直分层分组的均值方差齐性检验显著性 *P* 值分别 0.001 和 0.000 均小于 0.005，因此，这两种分组方式均采用 LSD 模型对其含水率均值方差进行多重比较，结果见表 4-4。

表 4-4　2008 地块土壤水分方差多重比较（2013）

分组方差	分组比较	均值差（%）	标准误	显著性	95% 置信区间	
					下限	上限
水平分组	膜间—窄行	-0.26	0.77	0.98	-2.11	1.59
	膜间—毛管	-0.91	0.77	0.55	-2.75	0.93
	窄行—毛管	-0.65	0.72	0.75	-2.38	1.08
阶段分组	初期—中期	-0.64	0.70	0.36	-2.02	0.74
	初期—末期	0.99	0.99	0.32	-0.96	2.94
	中期—末期	1.63	0.91	0.07	-0.15	3.41
垂直分层分组	（0~20）—（20~60）	-5.32*	0.87	0.00	-7.03	-3.61
	（0~20）—（60~100）	0.62	0.97	0.53	-1.30	2.53
	（0~20）—（100~140）	-0.69	0.97	0.48	-2.60	1.23
	（0~20）—（140~200）	-5.73*	0.87	0.00	-7.44	-4.02
	（0~20）—（200~300）	-8.21*	0.78	0.00	-9.75	-6.68
	（20~60）—（60~100）	5.94*	0.97	0.00	4.03	7.86
	（20~60）—（100~140）	4.63*	0.97	0.00	2.72	6.55
	（20~60）—（140~200）	-0.41	0.87	0.64	-2.12	1.31
	（20~60）—（200~300）	-2.89*	0.78	0.00	-4.42	-1.36
	（60~100）—（100~140）	-1.31	1.07	0.22	-3.40	0.79
	（60~100）—（140~200）	-6.35*	0.97	0.00	-8.26	-4.43
	（60~100）—（200~300）	-8.83*	0.89	0.00	-10.59	-7.08
	（100~140）—（140~200）	-5.04*	0.97	0.00	-6.96	-3.13
	（100~140）—（200~300）	-7.53*	0.89	0.00	-9.28	-5.77
	（140~200）—（200~300）	-2.48*	0.78	0.00	-4.02	-0.95

注：* 表示均值差的显著性水平为 0.05。水平分组采用 Tamhane 模型，阶段分组及垂直分层分组采用 LSD 模型

从表 4-4 可看出，2008 地块 2013 年全生育阶段土壤含水率水平方向膜间、窄行与毛管 3 个位置含水率均值差异同样均不显著，在棉花生长前期（4~5 月）、生长中期（6~8 月）与生长末期（9~10 月）3 个阶段的含水率均值方差也均不显著。垂直方向不同土层之间含水率均值具有一定的差异性，主要表现为两个土层比较特殊，20~60cm 和 140~200cm 土层，这两个土层含水率均值与其他各土层含水率均具有显著性差异，而两者之间却没有显著性差异，另外表层 0~20cm 土层含水率除与前两个土层具有显著差异之外，还与 200~300cm 土层具有显著性差异，60~100cm 土层与 200~300cm 土层也具有显著性差异。2013 年农田含水率均值方差分析结果表明，膜下滴灌农田土壤水分在水平方向不同位置的均值差异不显著、不同时期差异也不显著，垂直方向在 0~140cm 范围内和 2009 年方差分析结果相关，仅 20~60cm 土层与其他土层差异显著，该土层水分变化较大，受灌水、作物耗水及蒸发等因素影响最为显著，但在新增的 140~300cm 范围，出现了 140~200cm、200~300cm 土层的含水率均值也均与其他土层具有显著差异性。说明更深的土层含水率受到地下水的影响显著，含水率较高。

2. 不同剖面深度土壤水分变化

以 2008 地块 2009 年、2012 年、2013 年这 3 年的土壤水分数据为例，说明年内土壤水分的变化特点，对土壤水分数据作下处理，垂直方向，2009—2012 年数据分为 0~20cm、0~60cm、0~100cm、0~140cm 共 4 层，2013 年数据向下多分了 0~200cm、0~300cm 共 6 层，分别计算不同深度范围土壤水分的平均含量，结果分别见图 4-4 至图 4-6。

由图 4-4 可以看出，不同深度范围土壤水分总体上表现为深度范围越小，波动变化越大，深度范围越大，土壤水分在全生育期越稳定，水平方向毛管位置水分含量在不同深度土层均表现最高，窄行水分相对较低。0~60cm 土层毛管位置水分平均在 31.5% 左右，且全生育期始终变化稳定并高于窄行和膜间水分含量，窄行和膜间受灌水、作物耗水及蒸发影响波动较大。0~100cm 土层含水率仍是毛管位置相对较高且变化稳定，窄

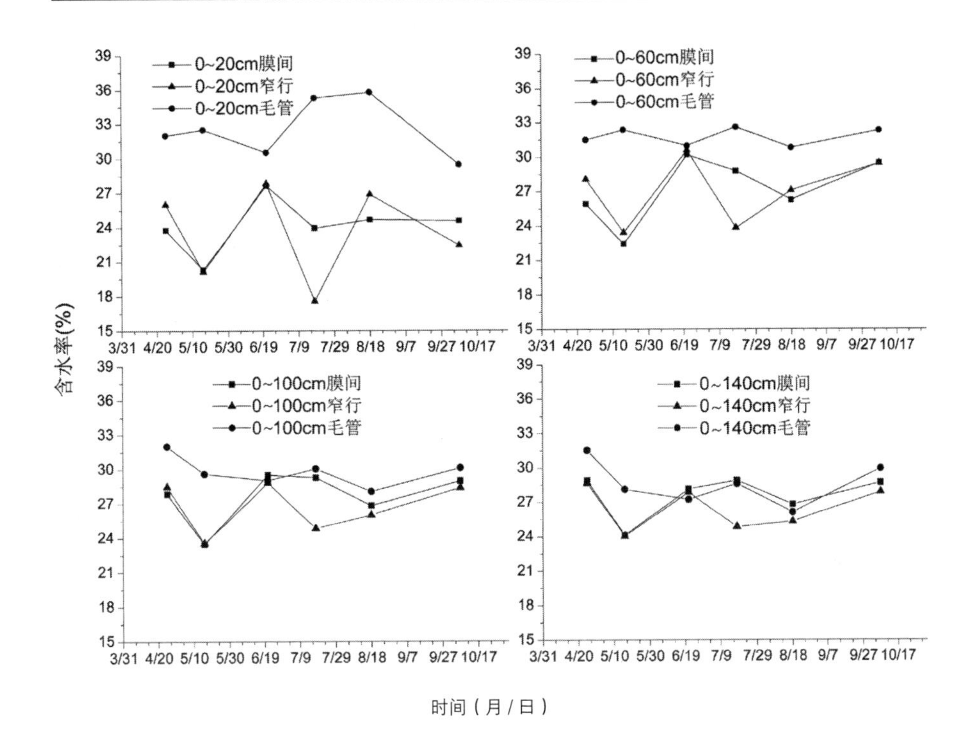

图 4-4 2008 地块年内不同深度范围水分含量变化（2009 年）

行受灌水及作物耗水影响波动较大，膜间在前期 4~6 月由于棉花株高较矮，叶面积指数较小，土壤蒸发强烈，受灌水及蒸发双重影响波动较大，到中后期 6~10 月，随着株高加大，叶面积指数升高，地表受蒸发影响相对减小，0~100cm 土层土壤水分相对稳定，且处于较高含量水平（29% 左右）。0~140cm 土层水分含量仅在前期 4~5 月份毛管位置含量较高，到 6 月以后逐渐降低，并且变化相对稳定，水平不同位置之间相差不大，基本相同，说明灌水对剖面 0~140cm 土层均有显著影响。

由表 4-5 数据，0~60cm 土层水分含量均值 28.669%，占田间持水量的 84.12%，占全剖面水分的 52.1%，而同期荒地 0~60cm 土壤水分均值仅为 18.378%，占全剖面（0~140cm）的比例仅为 47.5%，0~60cm 土层农田水分高于荒地 56.0%，农田 0~60cm 范围土层含水率显著高于荒地水分含量，说明该土层受灌水影响显著，是主要灌溉水分持水层也

表 4-5　2008 地块及荒地土壤水分剖面统计特征值（2009）

	统计范围（cm）	土样数	均值（%）	标准差（%）	极小值（%）	极大值（%）	峰度	偏度	总和的百分比（%）	变异系数 CV	占田持比例（%）
2008地块	0~20	36	26.744	5.568	14.4	38.12	-0.055	-0.181	24.30	0.208	78.47
	20~140	108	27.795	4.824	13.35	37.76	-0.274	-0.242	75.70	0.174	81.56
	0~60	72	28.669	5.564	14.4	38.12	-0.298	-0.488	52.10	0.194	84.12
	60~140	72	26.395	4.147	13.35	34.11	0.182	-0.412	47.90	0.157	77.45
	0~100	108	28.049	5.192	14.4	38.12	-0.435	-0.267	76.40	0.185	82.3
	100~140	36	25.982	4.157	13.35	31.96	0.946	-0.891	23.60	0.16	76.24
	0~140	144	27.532	5.021	13.35	38.12	-0.188	-0.252	100.00	0.182	80.79
荒地	0~20	36	14.697	7.485	5.08	22.23	-1.899	-0.66	19.00	0.509	43.13
	20~140	108	20.888	5.922	12.33	34.07	-0.124	0.402	81.00	0.284	61.29
	0~60	72	18.378	7.286	5.08	27.49	-0.095	-0.818	47.50	0.396	53.93
	60~140	72	20.303	6.344	12.33	34.07	0.676	0.845	52.50	0.312	59.58
	0~100	108	19.466	6.486	5.08	28.18	0.823	-0.997	75.50	0.333	57.12
	100~140	36	18.964	8.155	12.33	34.07	2.575	1.597	24.50	0.430	55.65
	0~140	144	19.341	6.753	5.08	34.07	0.457	-0.205	100.00	0.349	56.75

是作物主要耗水层。0~100cm 土层水分含量均值为 28.049%，占田间持水量的 82.3%，占全剖面的 76.4%，而同期荒地水分均值仅为 19.466%，比例为 75.5%，0~100cm 土层农田水分高于荒地 44.09%，说明灌水对 0~100cm 土层影响也较大，0~140cm 土层平均含水率为 27.532%，而荒地全剖面土层平均含水率为 19.341%，农田土层含水率均值高于荒地 42.35%，说明膜下滴灌棉田灌水对观测范围内的 0~140cm 土层均有重要影响，农田土壤水分显著高于荒地相同范围土壤水分含量。

由图 4-5 可以看出，土壤剖面水分变化特征与图 4-4 类似，均表现为随深度增加，波动变化变小，表层和上层土壤水分在生育期内波动较大，深度越大，土壤水分在全生育期越稳定，在 0~140cm 各个土层范围均表现为水平方向毛管位置水分含量最高，膜间水分相对较低。说明全剖面土壤水分均受到灌水、作物耗水及蒸发影响较大。

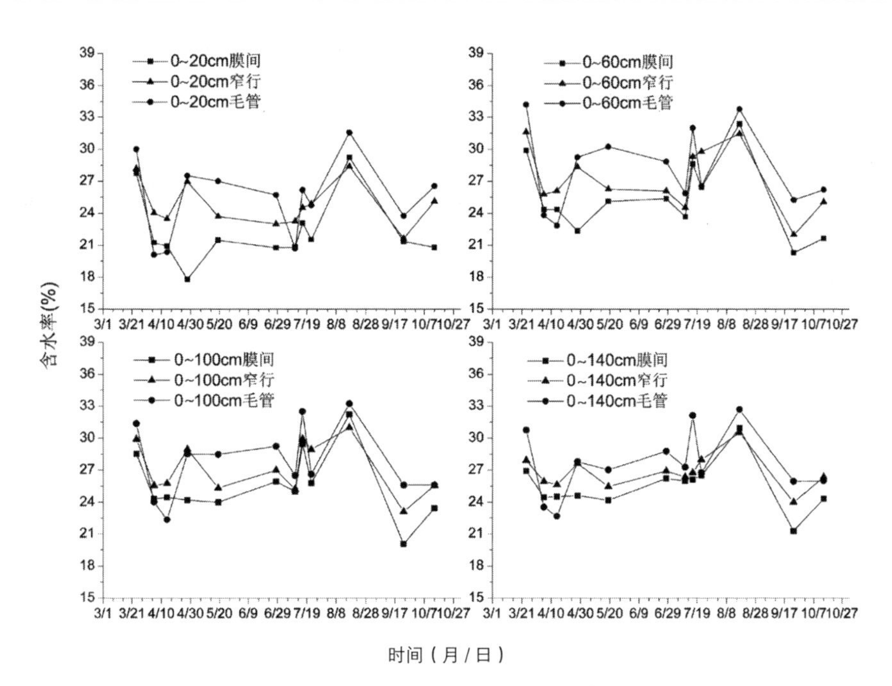

图 4-5　2008 地块年内不同深度范围水分含量变化（2012 年）

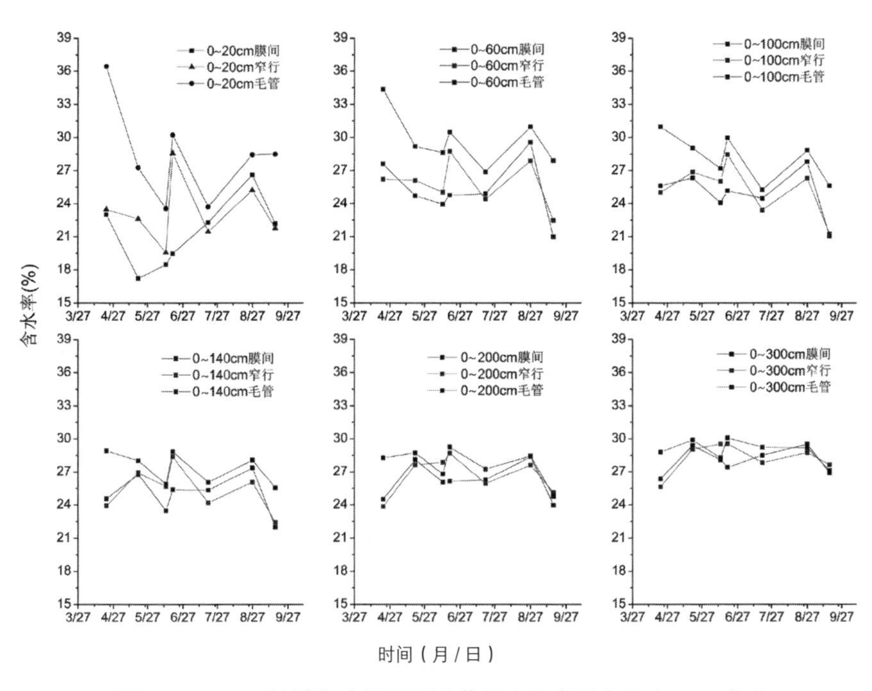

图 4-6　2008 地块年内不同深度范围水分含量变化（2013 年）

表 4-6　2008 地块土壤水分统计特征值（2013）

统计范围（cm）	土样数	均值（%）	标准差（%）	极小值（%）	极大值（%）	峰度	偏度	总和的百分比（%）	变异系数 CV	占田持的比例（%）
0~20	63	24.284	6.243	4.15	48.06	5.131	–0.305	14.2	0.257	71.26
0~60	126	26.945	6.529	4.15	48.06	2.529	–0.866	31.6	0.242	79.06
0~100	168	26.125	6.487	4.15	48.06	1.4	–0.552	40.9	0.248	76.66
0~140	210	25.894	6.186	4.15	48.06	1.399	–0.511	50.6	0.239	75.98
0~200	273	26.844	6.182	4.15	48.06	1.175	–0.577	68.2	0.230	78.77
0~300	378	28.415	5.964	4.15	48.06	1.476	–0.918	100.0	0.210	83.38

由图 4-6 及表 4-6 可以看出，2008 地块 2013 年土壤水分监测深度扩大到 0~300cm 以后，总体上在 0~300cm 范围，均表现为膜内毛管位置的土壤水分相对较高，但随土壤剖面计算深度的增加，水平不同位置（毛管、窄行和膜间）的剖面平均含水率差异越来越小，特别在 0~200cm 和 0~300cm，三者平均含水率差别不显著，但在 0~20cm、0~60cm 和 0~100cm 水平方向 3 个位置的平均含水率具有显著差别，并在生育期内波动较大。含水率的均值随计算剖面深度的增加，呈现先升高再减小后升高的特点，0~20cm 深度平均含水率最小（24.284%），0~300cm 深度平均含水率最大（28.415%），其次为 0~60cm 深度的平均含水率为 26.945%，说明膜下滴灌农田并非越靠近滴灌出水源头的计算深度其平均含水率就越大，而是在一定深度范围（0~60cm）表现较大，在田间全剖面土壤含水率（0~300cm）反而最高，则说明这个计算深度的土壤水分不仅仅受到灌水的影响，更受到地下水的影响，从含水率变异系数也可说明这一点，基本上随计算深度的增加变异系数逐渐减小，说明灌水、作物耗水及蒸发对农田土壤水分变化产生重要影响，土层范围越薄，其影响越强烈，土层范围越深，其影响越小，更深的计算范围需要考虑地下水的影响（0~300cm）。

综上，膜下滴灌现行灌溉制度条件下，农田土壤水分观测范围内 0~140cm 土层相对荒地含水率显著增加（高于 42.35%），水分含量整体偏高（均值占田持的80.79%），膜间、膜内及不同生育阶段土壤水分含量均值均比较高且没有显著差异。灌水、作物耗水及蒸发共同影响0~140cm深度范围田间水分状况。当观测深度加大到300cm后，含水率均值逐渐升高，深层土壤水分受地下水影响显著。

二、多年土壤水分变化特征

1. 不同位置及不同时期土壤水分变化特征

2008地块2009—2013年连续5年土壤含水率分别按照水平位置（膜间、窄行、毛管）、生育阶段（初期、中期、后期）、按年（2009年、2010年、2011年、2012年、2013年）共3种分组方式计算所有土壤水分统计特征值，结果分别见表4-7和表4-8，同时对这几种分组方式的土壤水分进行方差分析，按水平分组和生育阶段均值方差齐性检验显著性P值分别为0.070和0.073，均大于0.05，因此，采用Tamhane模型对这两种分组含水率均值方差进行多重比较，按年分组的均值方差齐性检验显著性P值为0.010小于0.005，因此，这种分组方式采用LSD模型对其含水率均值方差进行多重比较，结果见表4-9。

表4-7　2008地块土壤水分统计特征值

统计范围	土样数	均值（%）	标准差（%）	极小值（%）	极大值（%）	峰度	偏度	总和的百分比（%）	变异系数CV	占田持的比例（%）
膜间	381	27.133	6.493	2.32	40.01	1.143	−0.871	32.7	0.239	79.61
窄行	381	27.438	5.811	5.65	39.63	0.817	−0.656	33.0	0.212	80.51
毛管	381	28.482	5.675	7.90	48.06	0.613	−0.496	34.3	0.199	83.57
初期	351	26.710	6.513	2.32	48.06	1.341	−0.778	29.6	0.244	78.37
中期	588	28.624	5.503	7.52	40.88	0.743	−0.690	53.2	0.192	83.99
末期	204	26.651	6.189	7.90	39.16	0.338	−0.424	17.2	0.232	78.20
2009年	144	27.532	5.021	13.35	38.12	−0.188	−0.252	12.5	0.182	80.79
2010年	168	28.237	6.634	5.65	40.88	0.622	−0.668	15.0	0.235	82.86
2011年	144	27.138	6.639	9.40	35.82	0.410	−1.054	12.3	0.245	79.63
2012年	309	26.815	5.776	2.32	39.89	1.648	−0.496	26.2	0.215	78.68
2013年（0~140cm）	210	25.894	6.186	4.15	48.06	1.399	−0.511	50.6	0.239	75.98
2013年（0~300cm）	378	28.415	5.964	4.15	48.06	1.476	−0.918	33.9	0.210	83.38

表 4-8　2008 地块土壤水分统计特征值

水平位置	年份	均值（%）	标准误差（%）	95% 置信区间		占田持的比例（%）
				下限	上限	
膜间	2009	27.712	0.798	26.146	29.279	81.31
	2010	27.179	0.681	25.843	28.515	79.75
	2011	25.623	0.766	24.12	27.126	75.18
	2012	26.119	0.552	25.035	27.203	76.64
	2013	26.751	0.545	25.681	27.821	78.49
窄行	2009	26.738	0.798	25.172	28.305	78.46
	2010	27.545	0.681	26.209	28.881	80.82
	2011	26.11	0.766	24.608	27.613	76.61
	2012	27.094	0.552	26.01	28.179	79.50
	2013	26.997	0.545	25.927	28.067	79.22
毛管	2009	29.026	0.798	27.46	30.593	85.17
	2010	28.892	0.681	27.556	30.228	84.78
	2011	27.635	0.766	26.132	29.138	81.09
	2012	27.509	0.552	26.425	28.594	80.72
	2013	27.528	0.545	26.458	28.598	80.77

表 4-9 2008 地块土壤水分方差多重比较（2009—2013 年）

分组方差	分组比较	均值差	标准误	显著性	95% 置信区间	
					下限	上限
水平分组	膜间—窄行	−0.31	0.45	0.87	−1.37	0.76
	膜间—毛管	−1.35*	0.44	0.01	−2.41	−0.29
	窄行—毛管	−1.04*	0.42	0.04	−2.04	−0.05
阶段分组	初期—中期	−1.91*	0.42	0.00	−2.91	−0.92
	初期—末期	0.06	0.56	1.00	−1.27	1.39
	中期—末期	1.97*	0.49	0.00	0.80	3.15
按年分组	2009—2010	−0.71	0.68	0.30	−2.04	0.63
	2009—2011	0.39	0.71	0.58	−0.99	1.78
	2009—2012	0.72	0.61	0.24	−0.47	1.90
	2009—2013	−0.88	0.59	0.13	−2.04	0.27
	2010—2011	1.10	0.68	0.11	−0.24	2.44
	2010—2012	1.42*	0.57	0.01	0.29	2.55
	2010—2013	−0.18	0.56	0.75	−1.27	0.91
	2011—2012	0.32	0.61	0.59	−0.86	1.51
	2011—2013	−1.28*	0.59	0.03	−2.43	−0.12
	2012—2013	−1.60*	0.46	0.00	−2.50	−0.70

注：* 表示均值差的显著性水平为 0.05。水平分组及生育阶段分组采用 Tamhane 模型，按年分组采用 LSD 模型

由表 4–7、表 4–8 及表 4–9 可以看出，2008 地块在 2009—2013 年连续 5 年内，土壤水分在水平方向膜间、窄行和毛管 3 个位置监测的数据均值仍是毛管位置最高（28.482%），占田间持水量的 83.57%，膜间含水率均值最低（27.133%），占田间持水量的 79.61%，且膜间土壤水分变异系数最大（0.239），说明膜间土壤水分受外界因素（蒸发）影响显著，膜内土壤水分相对受外界（蒸发）影响较小，膜内窄行土壤水分变异系数又高于膜内毛管，说明窄行土壤水分受作物耗水影响显著高于毛管位置，毛管位置的土壤水分变化主要受灌水影响。三者含水率均值方差显示，膜间与窄行之间没有显著性差异，毛管与膜间、毛管与窄行均有显著性差异，说明膜下滴灌棉田毛管下的土壤水分含量明显高于其他位置，膜下滴灌毛管最为田间土壤水分入渗的源头其下方保持较高的水分含量，田间水分运动和分布是由滴灌毛管位置向其他地方逐渐扩散和减小的，剖面水分含量及分布是非均匀的，这一点恰好反映了滴灌土壤水分运动的特征，显然与其他地面灌溉方式不同，尽管如此，即使相对含水率最低的膜间土壤水分均值仍然达到了田间持水量的 79.61%，接近通常认为田间适宜含水率的范畴（80% 以上），从表 4–8 也可以看出，2009—2013 年连续 5 年膜间土壤水分均值占田间持水量的比例保持在 75.18%~81.31%，而膜内（毛管和窄行）平均含水率 27.96%，达到了田间持水量的 82.04%，因此，从滴灌水平方向土壤水分扩散的角度认为膜下滴灌农田灌溉存在水分浪费现象，膜间土壤水分含量总体偏高。

从生育阶段来看，膜下滴灌棉田在棉花生长中期即主要生长阶段（6~8 月），土壤水分均值最高（28.624%），占田间持水量的 83.99%，棉花生育末期含水率均值最低，但也达到了 26.651%，占田间持水量的 78.20%，这和棉花生育初期含水率均值接近。初期和末期的土壤水分变异系数也相近，但初期的变异系数略大（0.244>0.232），棉花生长中期的变异系数最小（0.192），说明初期较大的灌水定额较少的灌水次数对土壤水分变化影响较大，中期灌水频率较高，且灌水定额相对稳定，田间水分变化相对较小，末期灌水较少，作物耗水减弱或接近停止，土壤水分变化相对最小。从方差分析结果来看，仅表现为生育初期和中期土壤水分均值差异显著，生育初期和末期以及中期和末期土壤水分差异均不显著。

从不同年份的土壤水分对比来看，仅考虑0~140cm土层范围，2010年的土壤水分均值最大，为28.237%，占田间持水量的82.86%，2013年的土壤含水率均值最小，仅为25.894%，占田间持水量的75.98%，但若将2013年140~300cm的土壤水分统计进去则出现2013年的土壤水分均值最大，达到28.415%，占田间持水量的83.38%，说明2013年田间土壤水分相对其他年份从外界（主要是灌水）获取的比例相对较小。变异系数最小的为2009年的0.182，最大的为2011年的0.245，但总体相差都不是很大，从方差分析结果来看，仅在2010年与2012年、2011—2013年、2012—2013年三者之间具有显著性差异，其他各年份之间土壤水分没有显著性差异，说明各年之间土壤水分差异总体上并不显著。

2. 分层土壤水分变化特征

2008地块2009—2013年连续5年土壤含水率按照垂直分层（0~20cm、20~60cm、60~100cm、100~140cm、140~200cm、200~300cm）分组方式计算所有土壤水分的统计特征值，结果见表4-10，作出不同分层含水率均值随时间的变化，见图4-7；同时进行方差分析，由于按垂直分层分组的均值方差齐性检验显著性P值为0.000小于0.005，因此，这种分组方式采用LSD模型对其含水率均值方差进行多重比较，结果见表4-11。

由图4-7可以看出，2008地块2009—2013年不同土层土壤水分，总体上在这5年中波动变化较大，但其变化又具有一定的规律性，特别是0~140cm范围内的各土层，随灌水、蒸发和作物耗水，呈现比较规律的升降波动变化，变化幅度总体是18%~39%，20~60cm土层相对较高，变化幅度在22%~39%，说明这部分土层受灌水和耗水影响最为强烈。140~200cm和200~300cm土层相同波动变化幅度较小，含水率整体较高，分别稳定在24%~33%和30%~34%。各土层水分变化在各年内具有

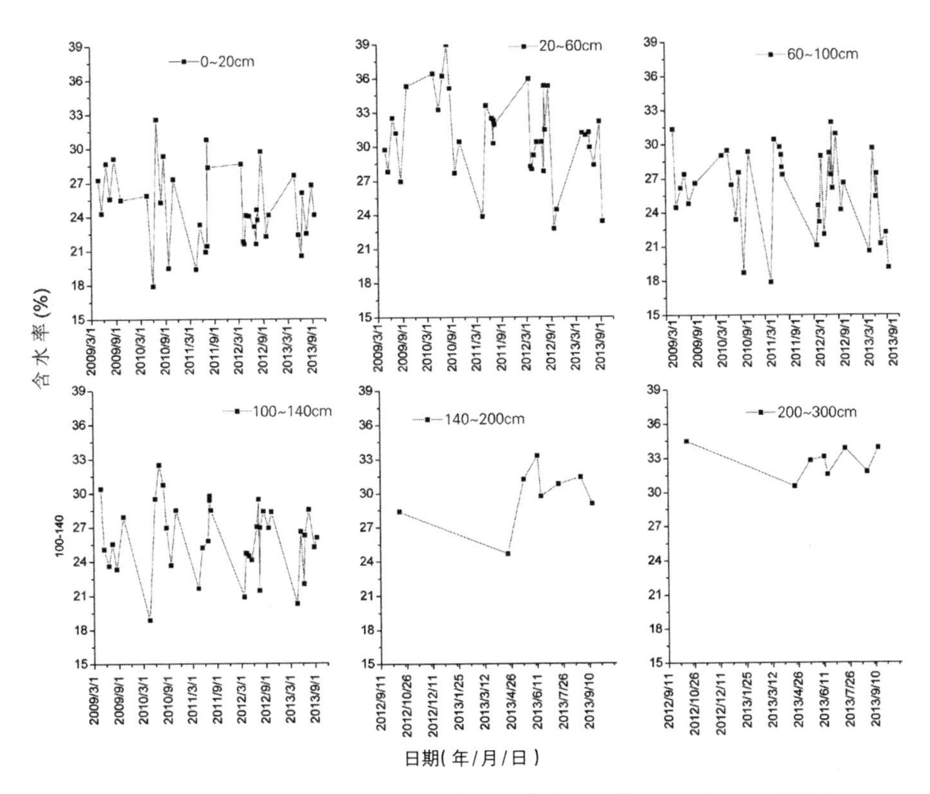

图 4-7 2008 地块年内不同深度范围水分含量变化(2009—2013 年)

类似特征，总体呈现以年为大周期、年内以灌水间隔时间为小周期的相对稳定波动变化规律。说明各年灌水对田间土壤水分变化的影响基本类似，年际间差异不大。

表 4-10 2008 地块土壤水分统计特征值

统计范围(cm)	土样数	均值(%)	标准差(%)	极小值(%)	极大值(%)	峰度	偏度	总和的百分比(%)	变异系数CV	占田持的比例(%)
0	153	22.638	7.049	2.32	38.12	0.437	−0.685	10.9	0.311	66.43
20	114	27.232	3.884	19.53	48.06	6.208	1.432	9.8	0.143	79.91
40	150	31.816	4.885	12.50	40.88	0.487	−0.591	15.1	0.154	93.36
60	108	28.811	6.425	8.85	39.39	1.175	−1.154	9.8	0.223	84.54
80	108	27.356	6.144	11.39	35.92	−0.204	−0.809	9.3	0.225	80.27
100	108	25.067	4.149	14.26	33.69	−0.333	−0.219	8.6	0.166	73.55

续表

统计范围（cm）	土样数	均值（%）	标准差（%）	极小值（%）	极大值（%）	峰度	偏度	总和的百分比（%）	变异系数CV	占田持的比例（%）
120	108	24.231	4.308	13.12	36.34	0.448	−0.178	8.3	0.178	71.10
140	108	28.179	4.235	14.39	35.20	2.232	−1.288	9.6	0.150	82.68
0~20	264	24.600	6.353	2.32	48.06	2.031	−0.847	20.5	0.258	72.18
20~60	261	30.489	5.773	8.85	40.88	1.601	−1.039	25.1	0.189	89.46
60~100	216	26.212	5.354	11.39	35.92	−0.355	−0.422	17.9	0.204	76.91
100~140	216	26.205	4.699	13.12	36.34	0.113	−0.550	17.9	0.179	76.89
140~200	72	29.808	5.270	12.47	39.16	0.220	−0.510	6.8	0.177	87.47
200~300	114	32.655	2.418	26.46	38.98	0.237	−0.293	11.8	0.074	95.82

表 4-11　2008 地块土壤水分方差多重比较（2009—2013）

分组方差	分组比较	均值差（%）	标准误	显著性	95% 置信区间	
					下限	上限
垂直分层分组	（0~20）—（20~60）	−5.89*	0.47	0.00	−6.81	−4.97
	（0~20）—（60~100）	−1.61*	0.49	0.00	−2.58	−0.64
	（0~20）—（100~140）	−1.61*	0.49	0.00	−2.57	−0.64
	（0~20）—（140~200）	−5.21*	0.71	0.00	−6.61	−3.81
	（0~20）—（200~300）	−8.06*	0.60	0.00	−9.24	−6.87
	（20~60）—（60~100）	4.28*	0.49	0.00	3.31	5.25
	（20~60）—（100~140）	4.28*	0.49	0.00	3.31	5.25
	（20~60）—（140~200）	0.68	0.72	0.34	−0.72	2.08
	（20~60）—（200~300）	−2.17*	0.60	0.00	−3.35	−0.98
	（60~100）—（100~140）	0.01	0.52	0.99	−1.01	1.02
	（60~100）—（140~200）	−3.60*	0.73	0.00	−5.03	−2.16
	（60~100）—（200~300）	−6.44*	0.62	0.00	−7.66	−5.22
	（100~140）—（140~200）	−3.60*	0.73	0.00	−5.04	−2.17
	（100~140）—（200~300）	−6.45*	0.62	0.00	−7.67	−5.23
	（140~200）—（200~300）	−2.85*	0.81	0.00	−4.43	−1.26

注：* 表示均值差的显著性水平为 0.05。按垂直分层分组采用 LSD 模型

从表 4-10 及表 4-11 可以看出，不同土层土壤水分差异较大，在 0~140cm 深度范围，平均含水率最大的土层深度在 40cm，含水率均值达到 31.816%，占田间持水量的 93.36%，最小的为表层，仅为 22.638%，

占田间持水量的66.43%，变异系数也是表层最大，为0.311，20cm土层深度的含水率变异系数最小，为0.143；在0~300cm深度范围进行分层统计后，在200~300cm土层的平均含水率最大，为32.655%，占田间持水量的95.82%，其次为20~60cm土层，含水率均值为30.489%，占田间持水量的89.46%，变异系数也是200~300cm土层最小，仅为0.074，最大的为0~20cm土层，达到0.258，方差分析结果表明，表层0~20cm、20~60cm和200~300cm土层均与其他各层均差异显著。这说明0~20cm和20~60cm土层土壤水分受外界影响最为显著，观测土壤水分观测深度增加到300cm后，深层土壤水分（200~300cm）受地下水影响显著，受灌水影响较弱，灌水影响最显著的应该在0~60cm土层。

3. 不同深度范围土壤水分变化特征

将2008地块2009—2013连续5年观测的所有田间土壤水分数据，

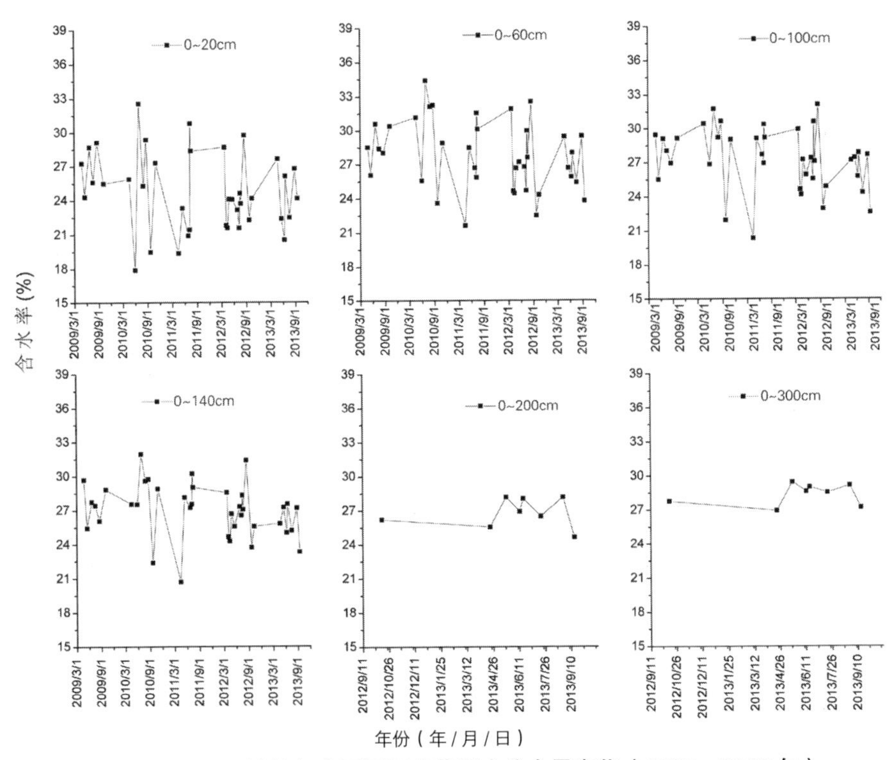

图4-8　2008地块年内不同深度范围水分含量变化（2009—2013年）

按照不同深度剖面计算均值后与时间的变化关系见图 4-8，不同剖面土壤水分的统计特征值见表 4-12。

从图 4-8 可以看出，在 0~140cm 深度范围内，不同深度剖面土壤水分变化规律类似，均呈现波动变化，2012 年 10 月份和 2013 年所有的观测深度增加到 300cm 后，在 0~200cm 和 0~300cm 两种剖面土壤水分平均值变化相对比较平稳，但在生育期内也略有较小幅度的波动起伏。

表 4-12　2008 地块土壤水分统计特征值（连续 5 年）

统计范围（cm）	土样数	均值（%）	标准差（%）	极小值（%）	极大值（%）	峰度	偏度	总和的百分比（%）	变异系数 CV	占田持的比例（%）
0~20	264	24.600	6.353	2.32	48.06	2.031	−0.847	20.5	0.258	72.18
0~60	525	27.528	6.744	2.32	48.06	1.205	−0.777	45.7	0.245	80.77
0~100	741	27.144	6.395	2.32	48.06	0.980	−0.664	63.6	0.236	79.65
0~140	957	26.932	6.064	2.32	48.06	1.016	−0.618	81.50	0.225	79.03
0~200	1 029	27.133	6.054	2.32	48.06	0.988	−0.618	88.2	0.223	79.62
0~300	1 143	27.684	6.026	2.32	48.06	1.022	−0.720	100.0	0.218	81.23

从表 4-12 可以看出，在 0~140cm 深度范围内，平均含水率最大的 0~60cm 剖面含水率均值为 27.528%，占田间持水量的 80.77%，说明该部分土层最为作物的主要根系耗水层，土壤水分含量总体比较适宜，但在 0~140cm 剖面的平均含水率达到 26.932%，占田间持水量的 79.03%，接近作物最适宜含水率范围，说明田间剖面（0~140cm）土壤整体含水率偏高，由于这部分土壤剖面的土壤水分主要来源于灌溉，所以，认为田间灌水总量偏多一些。在 0~200cm 和 0~300cm 剖面的土壤水分含量均值较高，特别是 0~300cm 剖面土壤水分含量均值为 27.684%，占田间持水量的 81.23%，这主要是由于 140~200cm 特别是 200~300cm 范围土层水分受到地下水上升补给造成的，与农田灌溉可能关系不是很大。

对 2008 地块 2009—2013 年连续 5 年的土壤水分数据再作考虑不同分组方式及其相互之间的单因素方差分析，结果见表 4-13。

表 4-13 2008 地块土壤水分单因素方差分析主体间效应检验结果

源	III 型平方和	df	均方	F	Sig.	偏 Eta 方
水平位置	143.879	2	71.939	2.875	0.057	0.006
垂直分层	6 092.446	5	1 218.489	48.695	0	0.204
生育阶段	1 027.966	2	513.983	20.54	0	0.041
年份	848.368	4	212.092	8.476	0	0.034
水平位置 * 垂直分层	895.32	10	89.532	3.578	0	0.036
水平位置 * 生育阶段	83.853	4	20.963	0.838	0.501	0.004
水平位置 * 年份	57.857	8	7.232	0.289	0.97	0.002
垂直分层 * 生育阶段	789.029	10	78.903	3.153	0.001	0.032
垂直分层 * 年份	750.669	14	53.619	2.143	0.008	0.031
生育阶段 * 年份	921.549	7	131.65	5.261	0	0.037
水平位置 * 垂直分层 * 生育阶段	308.662	20	15.433	0.617	0.903	0.013
水平位置 * 垂直分层 * 年份	563.042	28	20.109	0.804	0.756	0.023
水平位置 * 生育阶段 * 年份	235.321	14	16.809	0.672	0.803	0.01
垂直分层 * 生育阶段 * 年份	1 233.687	21	58.747	2.348	0.001	0.049
水平位置 * 垂直分层 * 生育阶段 * 年份	396.175	42	9.433	0.377	1	0.016
误差	23 796.874	951	25.023			
总计	917 466.992	1 143				
校正的总计	41 471.602	1 142				

a. R^2 = 0.426（调整 R^2 = 0.311） b. 使用 alpha 的计算结果 = 0.05

由表 4-13 可以看出，考虑全部水分数据后，水平分组方式（膜间、窄行和毛管）对土壤水分没有显著影响（P=0.057>0.05），即膜间、窄行和毛管土壤水分差异不显著；垂直分层分组方式（0~20cm、20~60cm、60~100cm、100~140cm、140~200cm、200~300cm）、生育阶段分组方式（初期、中期、后期）、按年分组方式（2009 年、2010 年、2011 年、2012 年、2013 年）均对土壤水分具有显著影响，即这几种分组方式下土壤水分差异显著。

第二节　典型膜下滴灌棉田盐分年内时空变化特征

一、不同土层盐分变化

以2008地块2009年、2012年、2013年这3年的土壤盐分数据为例，说明年内土壤盐分的变化特点，对土壤盐分数据处理方式与水分处理相同，按照棉花生育阶段将取样时间分为3段，分别为棉花生育初期（4~5月），棉花生育中期（6~8月），棉花生育末期（9~10月）；水平方向，分为从膜内毛管下、膜内窄行间到膜间中点裸地共3个取样点位置（以下简称毛管、窄行、膜间）；垂直方向，2009—2012年数据分为0~20cm、20~60cm、60~100cm、100~140cm共4层，2013年数据向下多分了140~200cm、200~300cm共6层，分别计算各层土壤平均含盐量，结果分别见图4-9至图4-11，土壤盐分统计特征值见表4-14。

2008地块2009年土壤含盐量分别按照水平位置（膜间、窄行、毛管）、生育阶段（初期、中期、后期）、垂直分层（0~20cm、20~60cm、60~100cm、100~140cm）3种分组方式进行方差分析，按水平分组和垂直分层分组均值方差齐性检验显著性P值分别为0.001和0.000，均小于0.05，因此采用LSD模型对这两种分组含盐量均值方差进行多重比较。按生育阶段分组的均值方差齐性检验显著性P值为0.714大于0.005，因此，这种分组方式采用Tamhane模型对其含盐量均值方差进行多重比较，结果见表4-15。

由图4-9可以看出，2008地块在不同土层盐分含量在2009年4~10月，总体上呈现表层（0~20cm）土壤盐分水平方向3个取样位置差别最大并以膜间位置盐分含量最高、中下层（20~140cm）土壤盐分水平方向差别逐渐减小，全生育期表层土壤盐分波动最大，其次为20~60cm，越往下层相对稳定，在生育期两头除0~20cm土层外，其他各层土壤盐分含量差别不明显，在生育期中间特别是5~8月期间0~20cm和20~60cm两个土层范围土壤盐分相对波动较大，60~100cm和100~140cm土层也有一定的波动变化。

这是因为，0~20cm 土层在第一次观测时，是在出苗水灌溉之后，土壤水分入渗显著改变了盐分的分布与变化，使得土壤盐分特别是上层土壤盐分明显降低，进入 5 月之后，随着气温升高，灌水减少，土壤蒸发日益强烈，土壤盐分逐渐上移，膜间裸地受此影响最为显著，膜内窄行虽然具有薄膜的覆盖，但一方面受膜边际土壤热传递的蒸发影响，盐分不断向上迁移和累积，另一方面，窄行两侧的棉花出苗孔，由于数量较多，密度较大（株距 8~10cm），此时棉苗较小，阳光直射这些膜孔土壤，显著影响膜孔附近及下层的土壤热分布和水分运动，相应引起水分不断向上运动和散失，水分运动的同时，必然携带土壤盐分向上迁移，最终在膜孔附近聚集，使得窄行 0~20cm 土层的盐分含量始终比膜内毛管位置要高，同时随着棉花的不断生长，叶面积指数不断变大，气温也不断升高，土面蒸发和植株蒸腾不断加大，根系耗水较多，在土面蒸发、根系耗水综合作用下，土壤水分不断向窄行运动，在窄行土层就形成一个水分不断聚拢的微观尺度的汇，水分汇后又不断散失，而水分总是携带盐分在运动和迁移，因此，窄行土壤盐分不断升高，但又在灌水滴灌土壤水分运动作用下，盐分不断向膜间迁移，呈现出灌水后窄行盐分又不断减小，因此，窄行土层盐分在不断受到灌水、蒸发和根系耗水的影响下呈现周期性的波动变化。而膜间由于始终受到土面蒸发作用比较强烈，盐分不断向上迁移并聚集，同时受到灌水后土壤水分水平运动的影响，膜内部分盐分不断向膜间迁移，并在膜间土壤蒸发作用下随土壤水分不断向上迁移，也使得膜间表层盐分含量始终较高。毛管下土层由于受到薄膜的覆盖相对比较完整和封闭，由此基本阻断或大大降低了土壤水分向上运动和散失的通路，土壤蒸发作用较小，土壤盐分相对较少向上迁移并聚集，同时，这里又是膜下滴灌滴头水分向土壤运动的源，灌水后，土壤水分由此向下层及周边土壤不断扩散和运动，此部分土层中的盐分也不断被灌溉水迁移到远离滴头的位置，因此，膜内毛管下表层土壤盐分含量始终较低。最终呈现出水平方向窄行和膜间盐分含量均有显著升高，毛管位置盐分含量最低，窄行盐分与毛管和膜间位置盐分含量均差别显著，且窄行波动较大。

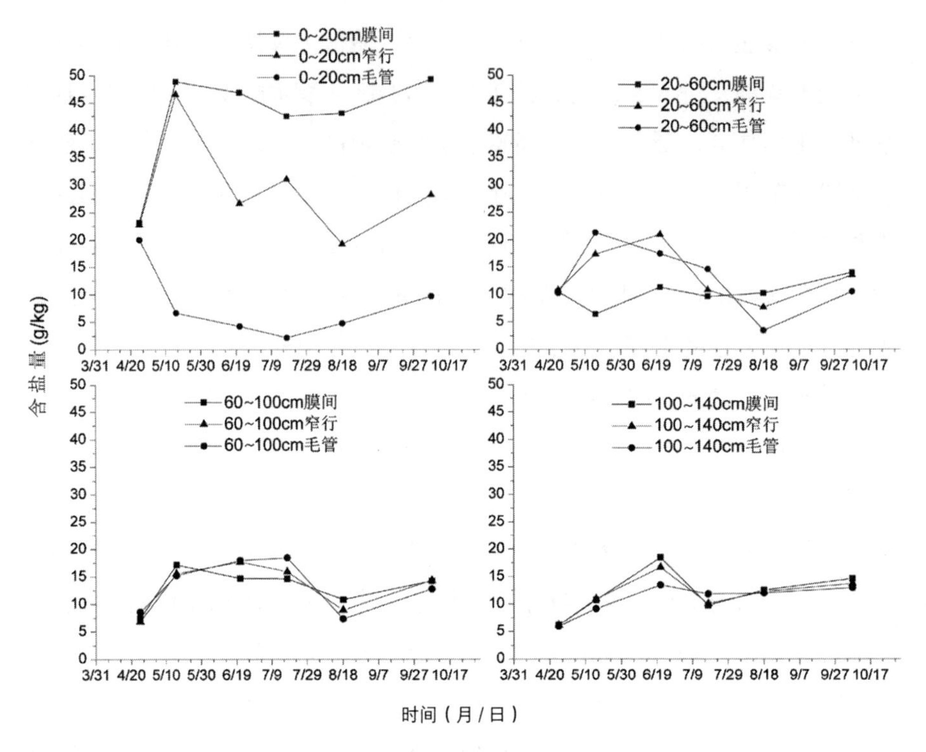

图 4-9　2008 地块不同土层土壤盐分变化（2009 年）

20~60cm 土层在生育前期 4~7 月，膜间土壤盐分含量较低，窄行和毛管盐分含量较高，到 8~9 月毛管位置盐分含量相对较低，窄行和膜间位置差别不大，这主要是由于灌水影响的结果，一方面灌水后，0~20cm 土层的盐分（主要是前期）不断向下迁移，使得 20~60cm 土层盐分升高，另一方面，蕾期以后的灌水基本每次都进行随水施肥，使得毛管和窄行在此部分土层的水分和肥料相对较高，由土壤水分分布和变化特征已知，20~60cm 土层是灌溉水的主要持水层和作物根系耗水层，因此，该土层膜内盐分含量相对也高，而膜间土壤盐分则受灌水影响不断降低；但到了生育后期，一方面上层土壤盐分依然很低，没有多少盐分再向下迁移，另一方面，施肥逐渐减少或停止，也减少了随水进入该土层的肥料所产生的盐分，而该土层本身的盐分则在灌溉后土壤水分运动的作用下不断向周边及更深的土层迁移和运动，使得末期毛管下土层的盐分含量相对较低，窄行和膜间盐分含量相对较高或并接近，也是和作物耗水和土壤蒸发有关。

60~100cm 土层在 5~7 月盐分含量不断小幅升高，与灌水使得上层土壤不断向下迁移密切相关，前文已分析，灌水后，即使膜间土壤水分也不断升高，因此，在 60~100cm 以下呈现相对于土壤水分整体下渗的运动态势，相应的 60~100cm 及以下土层的盐分含量水平方向不同位置也差别不大，在棉花生育期内逐渐接受上层不断迁移来的盐分，使得盐分含量不断升高，但在 8 月又由于较频繁及较大定额的灌水，使得水分向下运动的幅度及深度不断加大，并运动到 140cm 以下土层，因此，土壤盐分此期又不断减小，在生育末期随着灌水停止，在蒸发作用下，深层盐分又小幅升高。100~140cm 土层盐分含量变化和 60~100cm 变化类似，后期相对稳定些。

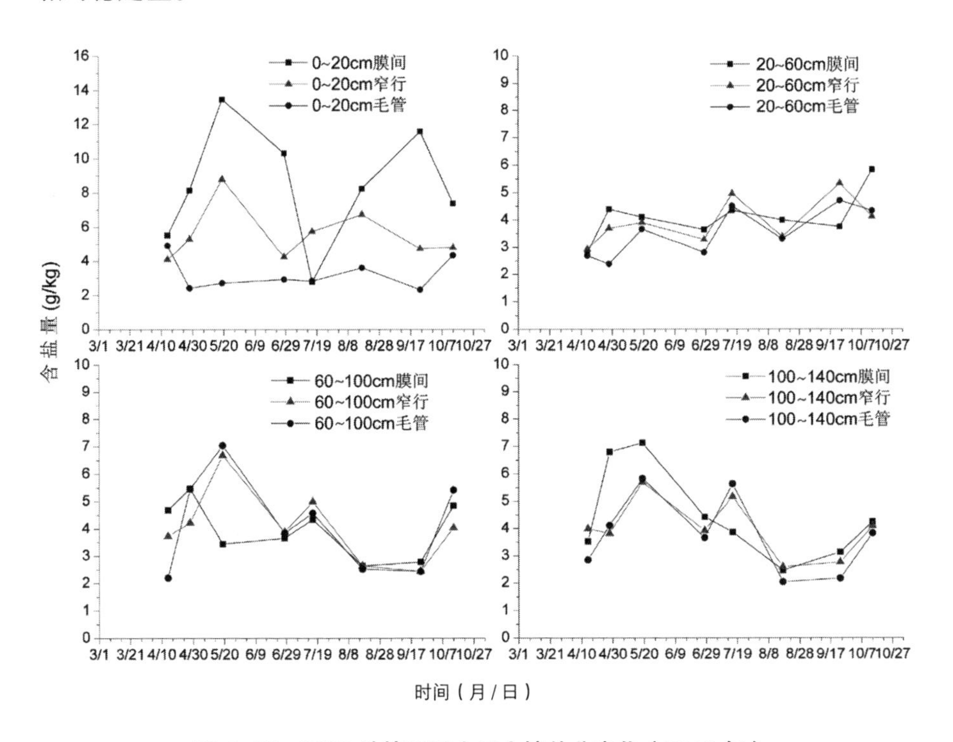

图 4-10 2008 地块不同土层土壤盐分变化（2012 年）

说明膜下滴灌棉田土壤盐分变化受灌水、作物耗水及蒸发等因素影响，其中膜间主要受灌水和蒸发双重因素影响，表层盐分受蒸发影响更加强烈，中下层受灌水影响较大，深度主要在 20~100cm；但 100~140cm 土层在棉花灌水初期和频率较高的生长旺盛期 6~8 月期间也受灌水影响出现升降变化；膜内窄行土壤盐分在前期主要受蒸发和灌水影响，在中后期主要受作物根系耗水及灌水影响尤其灌水后的作物耗水相对其他两个观测位置影响最大，影响深度主要在 0~60cm，60~100cm 略受影响；膜内毛管位置盐分主要受灌水影响，主要影响深度为 0~140cm，在 60cm 以上，不同位置土壤盐分变化较大，在 60~140cm 不同位置盐分相差不显著，均同时受到灌水影响。

图 4–10 显示，2008 地块在 2012 年 4~10 月，土壤盐分变化特征与 2009 年总体类似，但在 0~140cm 范围各个土层深度整体变化幅度更加显著，说明土壤盐分在观测深度内（0~140cm），受灌水、根系耗水及蒸发影响显著，深层土壤盐分受灌水影响比较明显，不管是膜内还是膜间均受到灌水显著影响，和前文分析的田间整体灌水较大，土壤水分含量较高密切相关，也使得田间土壤盐分在 0~100cm 范围不断波动变化，在 100~140cm 不断降低，盐分也呈现整体降低现象。

图 4–11 显示，2008 地块在 2013 年 4~10 月观测深度增加到 0~300cm 后，在 0~140cm 范围土壤盐分的变化特点与 2009 年和 2012 年均总体类似，即水平方向在 0~20cm 波动较大，膜间、窄行和毛管盐分差别显著，在 20~140cm 范围，水分方向差异不显著，在 6~8 月毛管位置的土壤盐分含量相对稍低些，垂直方向不同土层盐分总体均呈降低趋势，即使受灌水、蒸发及作物耗水影响，总体仍不断降低，深层土壤 140~200cm 和 200~300cm 土层盐分含量在整个棉花生育期内亦呈降低趋势，并且降低曲线整体斜率较大，说明膜下滴灌棉田土壤盐分在棉花生长期内或者说在灌水期内，剖面盐分含量整体呈显著降低趋势，特别是在 4 月苗期灌水后，降低趋势最为显著，在 6~9 月也显著降低，表层土壤盐分不同水平位置均受灌水、蒸发及作物耗水影响波动变化强烈，但也呈降低趋势，深

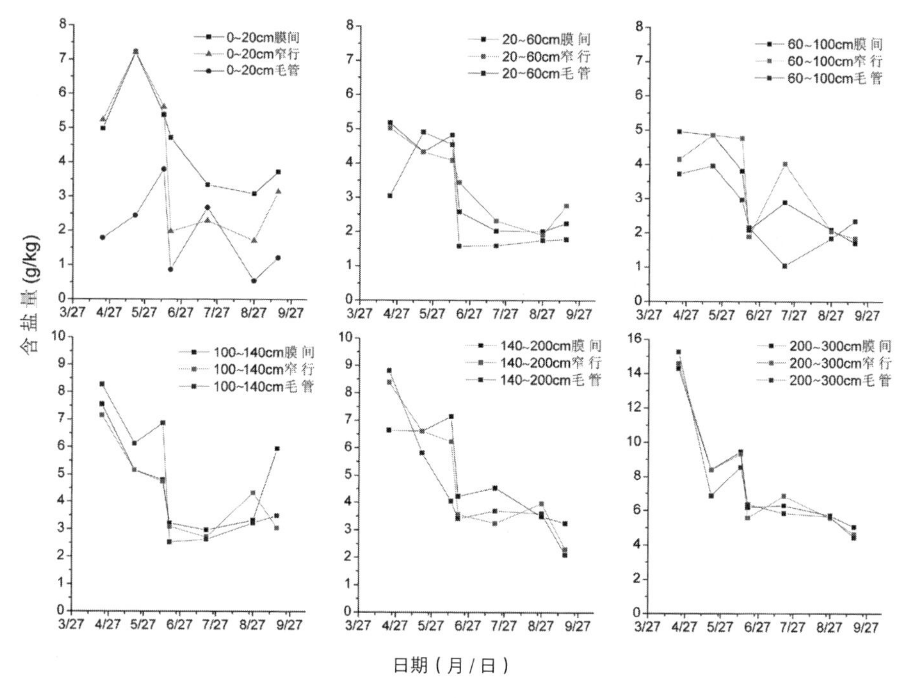

图 4-11　2008 地块不同土层土壤盐分变化（2013 年）

层土层不同水平位置之间差异越来越小，整体不断降低，说明灌水制度对农田土壤盐分降低具有显著影响作用。

从表 4-14 可以看出，2008 地块 2009 年全生育内所有土壤盐分观测数据，膜间盐分均值最高，为 20.682g/kg，窄行盐分均值次之，为 17.283g/kg，但高于全部均值盐分含量（16.411g.kg），毛管下盐分均值最低，为 11.266g/kg，膜间盐分最大值为 108.57g/kg，变异系数也最大，为 1.026，毛管下盐分的最大值仅为 24.24g/kg，变异系数也最小，为 0.539，变异系数膜间和毛管下相差了近 2 倍，窄行盐分无论均值还是变异系数均处于膜间和毛管两者之间，膜间的盐分总量占田间全部盐分的比例为 42%，毛管下的盐分比例为 22.90%，从表 4-15 的盐分方差分析结果看出，毛管盐分与窄行和膜间均具有显著性差异，而窄行和膜间差异则不显著，说明水平方向膜下滴灌棉田盐分的分布与变化与膜下滴灌水分运动特点密切相关，水分由毛管向膜间运动，盐分也相应地从毛管到窄行再到膜间而不断升高。尽管盐分在农田内部发生了重新分布和显著变化，但总量却相对荒地降低显著，2009 年相同观测期观测的荒地 0~140cm 盐分均值为 26.804g/kg，农田盐分均值仅为 16.411g/kg，整体相对荒地降低了 38.77%，说明农田盐分相对荒地在不断降低。

在不同阶段，盐分的均值差别并不显著，其方差显著性差异的 P 值分别为 0.90、0.91、1.00，均远远高于 0.05，说明不同生育阶段膜下滴灌棉田土壤盐分总体没有显著差异，但相对来说，从初期到中期再到末期，盐分均值不断升高，变异系数则在中期最大（0.959），末期最小（0.797）。

表 4-14　2008 地块土壤盐分统计特征值（2009 年）

统计范围	土样数	均值（g/kg）	标准差（g/kg）	极小值（g/kg）	极大值（g/kg）	峰度	偏度	总和的百分比（%）	变异系数 CV
毛管下	48	11.266	6.069	1.6	24.24	−0.879	0.259	22.90	0.539
窄行间	48	17.283	12.797	4.59	66.33	7.047	2.519	35.10	0.740
膜间	48	20.682	21.228	4.98	108.57	7.134	2.639	42.00	1.026
合计	144	16.411	15.143	1.6	108.57	13.747	3.349	100.00	0.923
初期	48	15.177	14.282	2.93	82.89	13.155	3.377	30.80	0.941
中期	72	16.933	16.235	1.6	108.57	14.969	3.414	51.60	0.959
末期	24	17.310	13.795	2.5	73.53	12.611	3.292	17.60	0.797
0~20cm	36	28.647	25.791	1.6	108.57	1.51	1.324	43.60	0.900
20~60cm	36	12.235	5.291	3.4	24.24	−0.272	0.455	18.60	0.432
60~100cm	36	13.261	4.732	6.35	21.51	−1.503	0.088	20.20	0.357
100~140cm	36	11.500	3.784	4.59	21.33	0.543	0.46	17.50	0.329

表 4-15　2008 地块土壤盐分方差多重比较 Tamhane（2009 年）

分组方差	分组比较	均值差（g/kg）	标准误	显著性	95% 置信区间	
					下限	上限
水平分组	毛管—窄行	−6.02*	3.01	0.05	−11.96	−0.07
	毛管—膜间	−9.42*	3.01	0.00	−15.36	−3.47
	窄行—膜间	−3.40	3.01	0.26	−9.34	2.55
阶段分组	初期—中期	−1.76	2.81	0.90	−8.58	5.06
	初期—末期	−2.13	3.49	0.91	−10.77	6.50
	中期—末期	−0.38	3.40	1.00	−8.81	8.06

续表

分组方差	分组比较	均值差（g/kg）	标准误	显著性	95% 置信区间	
					下限	上限
垂直分层分组	（0~20）—（20~60）	16.41*	3.18	0.00	10.12	22.71
	（0~20）—（60~100）	15.39*	3.18	0.00	9.09	21.68
	（0~20）—（100~140）	17.15*	3.18	0.00	10.85	23.44
	（20~60）—（60~100）	-1.03	3.18	0.75	-7.32	5.27
	（20~60）—（100~140）	0.74	3.18	0.82	-5.56	7.03
	（60~100）—（100~140）	1.76	3.18	0.58	-4.53	8.06

注：* 表示均值差的显著性水平为 0.05。阶段分组采用 Tamhane 模型，水平分组及垂直分层分组采用 LSD 模型

在垂直方向的不同土层，土壤盐分均值从上到下呈现先降低后略升高再降低的特点，0~20cm 土层盐分均值最大为 28.647g/kg，而荒地为 63.80g/kg，该层盐分并与其他土层均呈显著性差异；农田 20~60cm 土层盐分均值为 12.235g/kg，而同期荒地盐分均值为 21.72g/kg，0~20cm 和 20~60cm 土层相对荒地盐分均值分别降低 55.10% 和 43.67%；农田 60~100cm 土层盐分均值相对 20~60cm 有所升高，应该上层盐分不断向下迁移的结果，达到 13.261g/kg，而荒地此层盐分均值为 12.594g/kg，农田相对荒地盐分略增加 5.46%；农田 100~140cm 土层盐分含量均值在剖面上表现最低，为 11.5g/kg，而荒地该层盐分均值为 9.12g/kg，农田该层盐分相对荒地增加 26.08%，而整体盐分下降 38.77%，说明膜下滴灌农田土壤在 2009 年棉花生育期内，0~20cm 和 20~60cm 盐分显著下降，60~100cm 和 100~140cm 土层盐分不断升高，特别是 100~140cm 盐分升高显著，盐分整体由上向下迁移，上层脱盐、下层积盐、总体脱盐。

2008 地块 2013 年土壤含盐量分别按照水平位置（膜间、窄行、毛管）、生育阶段（初期、中期、后期）、垂直分层（0~20cm、20~60cm、60~100cm、100~140cm、140~200cm、200~300cm）3 种分组方式进行盐分特征值统计，结果见表 4-16，同时对盐分进行方差分析，水平分组均值方差齐性检验显著性 P 值为 0.924 大于 0.05，因此，采用 Tamhane

模型对该组含盐量均值方差进行多重比较。按生育阶段和垂直分层分组的均值方差齐性检验显著性 P 值分别 0.000 和 0.000 均小于 0.005，因此这两种分组方式均采用 LSD 模型对其含盐量均值方差进行多重比较，结果见表 4-17。

表 4-16　2008 地块土壤盐分统计特征值（2013 年）

统计范围	土样数	均值（g/kg）	标准差（g/kg）	极小值（g/kg）	极大值（g/kg）	峰度	偏度	总和的百分比（%）	变异系数 CV
毛管下	126	4.439	3.346	0.26	18.38	4.544	1.885	29.60	0.754
窄行间	126	5.099	3.140	0.95	17.57	3.13	1.54	34.00	0.616
膜间	126	5.457	3.293	1.06	18.28	2.509	1.513	36.40	0.603
合计	378	4.999	3.280	0.26	18.38	3.112	1.594	100.00	0.656
初期	108	7.274	4.040	1.27	18.38	0.667	1.162	41.60	0.555
中期	216	4.300	2.508	0.26	13.02	1.213	1.076	49.20	0.583
末期	54	3.242	1.541	1.02	6.58	−0.435	0.513	9.30	0.475
0~20cm	63	3.403	2.407	0.26	13.65	5.184	1.894	11.30	0.707
20~60cm	63	3.188	1.496	0.88	6.93	−0.878	0.333	10.60	0.469
60~100cm	42	3.026	1.472	0.92	6.77	−0.11	0.717	6.70	0.486
100~140cm	42	4.871	2.327	2.28	10.66	−0.061	0.914	10.80	0.478
140~200cm	63	4.889	2.224	1.47	10.52	−0.569	0.612	16.30	0.455
200~300cm	105	7.948	3.791	3.03	18.38	0.576	1.207	44.20	0.477

表 4-17　2008 地块土壤盐分方差多重比较（2013 年）

分组方差	分组比较	均值差（g/kg）	标准误	显著性	95% 置信区间	
					下限	上限
水平分组	毛管—窄行	−0.66	0.41	0.29	−1.64	0.32
	毛管—膜间	−1.02*	0.42	0.05	−2.02	−0.01
	窄行—膜间	−0.36	0.41	0.76	−1.33	0.62
阶段分组	初期—中期	2.97*	0.35	0.00	2.29	3.65
	初期—末期	4.032*	0.49	0.00	3.07	4.99
	中期—末期	1.06*	0.45	0.02	0.18	1.94

续表

分组方差	分组比较	均值差（g/kg）	标准误	显著性	95% 置信区间	
					下限	上限
垂直分层分组	(0~20)—(20~60)	0.22	0.47	0.65	−0.71	1.14
	(0~20)—(60~100)	0.38	0.53	0.48	−0.66	1.41
	(0~20)—(100~140)	−1.47*	0.53	0.01	−2.51	−0.43
	(0~20)—(140~200)	−1.49*	0.47	0.00	−2.41	−0.56
	(0~20)—(200~300)	−4.54*	0.42	0.00	−5.37	−3.71
	(20~60)—(60~100)	0.16	0.53	0.76	−0.88	1.20
	(20~60)—(100~140)	−1.68*	0.53	0.00	−2.72	−0.65
	(20~60)—(140~200)	−1.70*	0.47	0.00	−2.63	−0.77
	(20~60)—(200~300)	−4.76*	0.42	0.00	−5.59	−3.93
	(60~100)—(100~140)	−1.85*	0.58	0.00	−2.98	−0.71
	(60~100)—(140~200)	−1.86*	0.53	0.00	−2.90	−0.83
	(60~100)—(200~300)	−4.92*	0.48	0.00	−5.87	−3.97
	(100~140)—(140~200)	−0.02	0.53	0.97	−1.06	1.02
	(100~140)—(200~300)	−3.08*	0.48	0.00	−4.03	−2.13
	(140~200)—(200~300)	−3.06*	0.42	0.00	−3.89	−2.23

注：* 表示均值差的显著性水平为 0.05。水平分组采用 Tamhane 模型，阶段分组及垂直分层分组采用 LSD 模型

由表 4-16 及表 4-17 可以看出，在土壤盐分监测深度扩大到 0~300cm 的 2013 年，盐分水平方向变化特征与 2009 年类似，均为膜间盐分均值最高，毛管盐分均值最小，但变异系数却发生了变化，反而是毛管盐分的变异系数最大，膜间的变异系数最小，三者之间也仅在毛管与膜间盐分具有显著性差异，这可能与深度加到 300cm 后，膜间深层盐分相对稳定而毛管盐分受灌水影响显著等因素有关。在不同阶段，盐分均值的变化也与 2009 年明显不同，2013 年盐分均值随生育阶段而逐渐降低，在末期盐分均值最小，为 3.242g/kg，小于 5g/kg，而初期为 7.274g/kg，略高于 5g/kg。整个生育期内盐分均值为 4.3g/kg，略低于 5g/kg，3 个阶段的盐分均值相互之间均具有显著性差异，说明经过初期的灌水后，棉花田间整体盐分降低到比较适宜的含量水平，棉花生境得到显著改善，在生育期内不断灌水作用下，盐分呈现持续降低趋势，全面剖面 0~300cm 土

壤盐分整体脱盐。垂直方向不同土层，盐分均值呈现先降低后升高的变化特征，含盐量平均值最小的土层为60~100cm，盐分均值仅为3.026g/kg，而最深层的200~300cm土层盐分均值为7.948g/kg，高于全部均值的4.999g/kg，因此60~100cm和200~300cm这两个土层盐分与其他土层盐分均有显著性差异，说明盐分由上向下不断迁移，并在深层略有聚集，但总体仍是脱盐趋势，盐分向下进入地下水而降低。

二、不同深度范围土壤盐分变化特征

将2008地块2009年、2012年、2013年田间土壤盐分数据，按照不同深度剖面计算均值后与时间的变化关系见图4-12、图4-13和图4-14，不同剖面土壤盐分的统计特征值见表4-18。

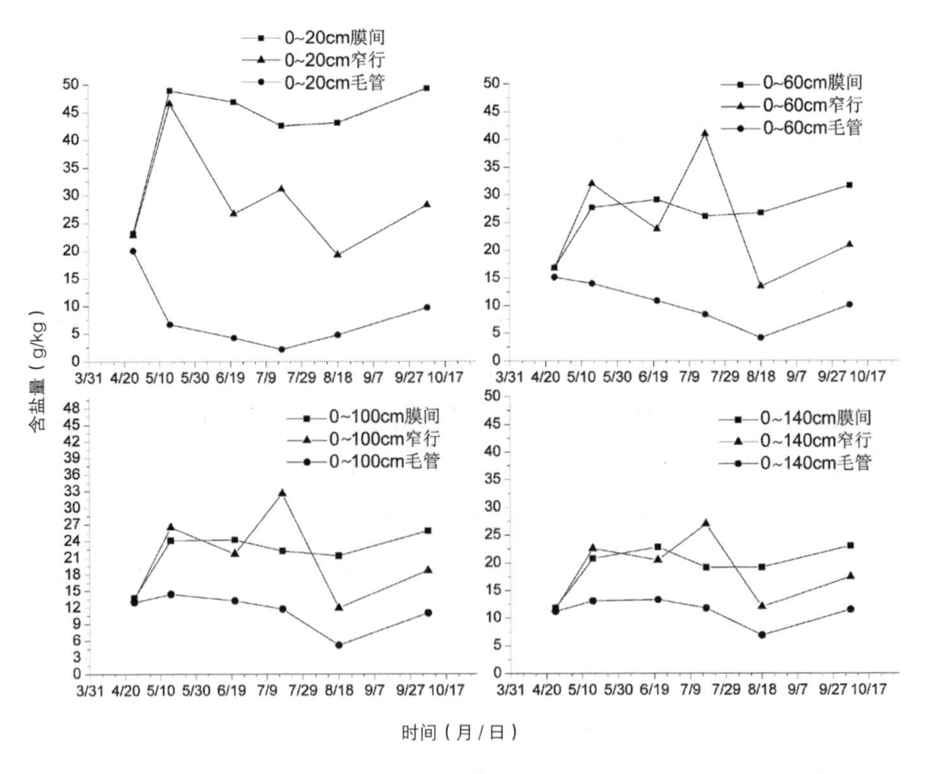

图4-12　2008地块不同土层土壤盐分变化（2009年）

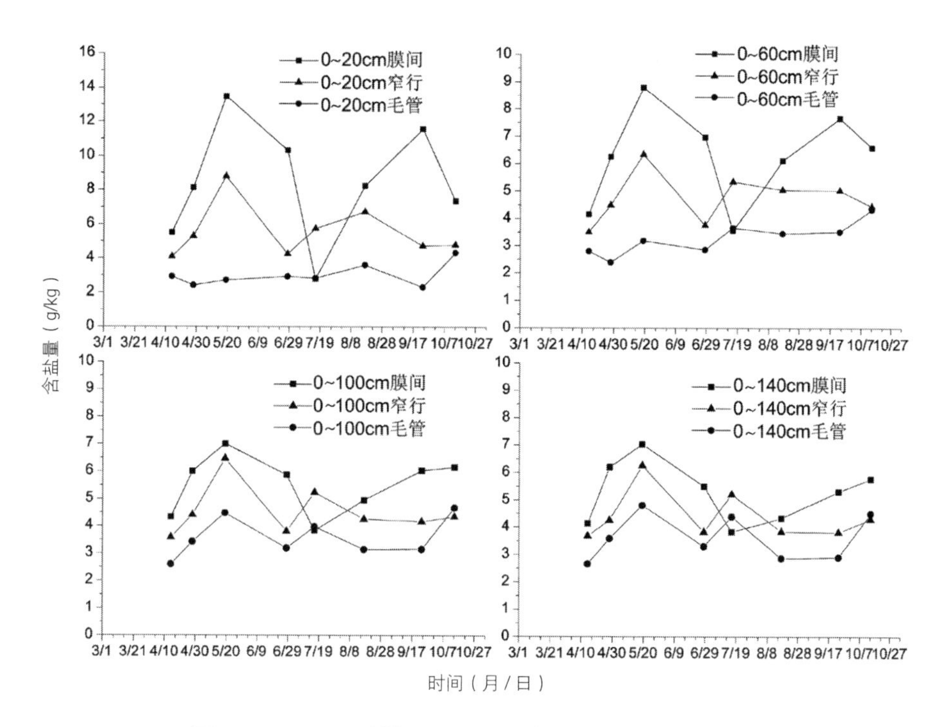

图 4-13　2008 地块不同土层土壤盐分变化（2012 年）

表 4-18　2008 地块土壤盐分统计特征值（2009 年）

统计范围（cm）	土样数	均值（g/kg）	标准差（g/kg）	极小值（g/kg）	极大值（g/kg）	峰度	偏度	总和的百分比（%）	变异系数 CV
0~20	36	28.647	25.791	1.6	108.57	1.51	1.324	43.60	0.900
0~60	72	20.441	20.248	1.6	108.57	5.73	2.272	62.30	0.991
0~100	108	18.047	17.057	1.6	108.57	9.852	2.872	82.50	0.945
0~140	144	16.411	15.143	1.6	108.57	13.747	3.349	100.00	0.923

由图 4-12 及表 4-18 可以看出，2008 地块在 2009 年 4~10 月，不同剖面深度范围内的盐分均值变化总体上呈现，随计算深度增加，盐分均值呈下降趋势，水平方向毛管盐分在不同深度范围相对膜间和窄行均为最低，且与膜间和窄行的差距随剖面深度增加而不断减小，在 0~20cm 范围，膜间盐分相对最高，在 0~60cm、0~100cm 和 0~140cm 三种剖面深度范围，膜间和窄行盐分均值在棉花生育前期 4~6 月差异不大，在后期

8~10 月份，表现为膜间盐分高于窄行；计算剖面深度越大，三者差异也越来越小。随生育阶段，上层土壤盐分总体呈现波动中略有降低趋势，下层土壤呈现先积盐后略脱盐的变化特点，在 2012 年 4~10 月（图 4–13）中亦有类似特征。

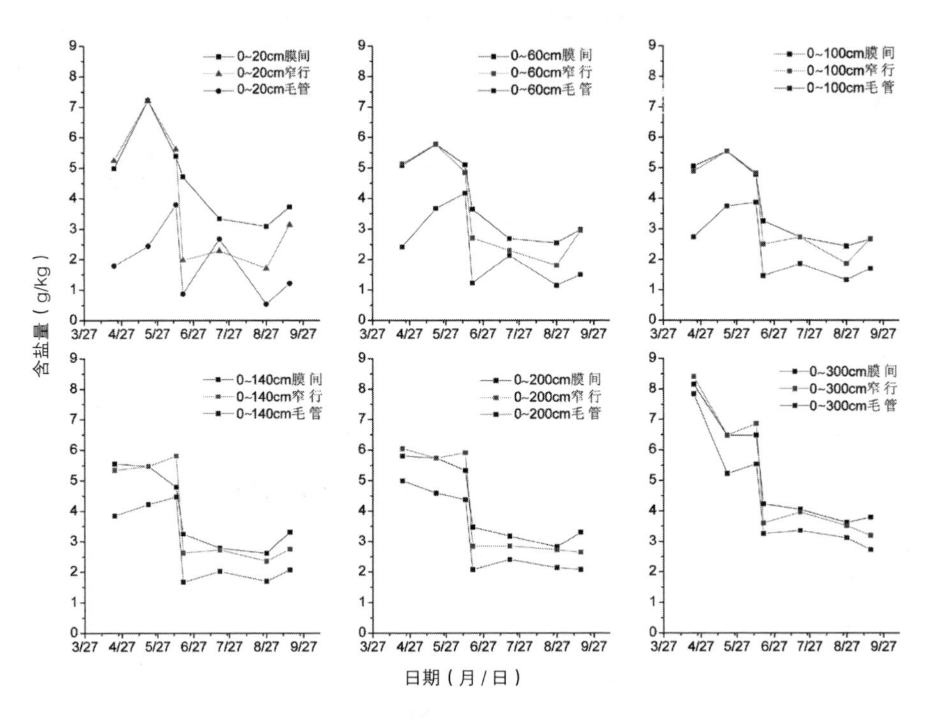

图 4–14　2008 地块不同土层土壤盐分变化（2013 年）

表 4–19　2008 地块土壤盐分统计特征值（2013 年）

统计范围（cm）	土样数	均值（g/kg）	标准差（g/kg）	极小值（g/kg）	极大值（g/kg）	峰度	偏度	总和的百分比（%）	变异系数 CV
0~20	63	3.403	2.407	0.26	13.65	5.184	1.894	11.30	0.707
0~60	126	3.295	1.999	0.26	13.65	5.902	1.754	22.00	0.607
0~100	168	3.228	1.880	0.26	13.65	5.89	1.695	28.70	0.582
0~140	210	3.557	2.079	0.26	13.65	3.295	1.448	39.50	0.584
0~200	273	3.864	2.183	0.26	13.65	1.679	1.164	55.80	0.565
0~300	378	4.999	3.280	0.26	18.38	3.112	1.594	100.00	0.656

在土壤盐分观测深度扩大到0~300cm的2013年（图4-14），盐分特征值见表4-19，可以看出，2008地块盐分在不同剖面深度范围总体呈降低趋势，并且毛管位置盐分均值始终较低，并且出现在5~6月出现一个陡然降低的情况，包括0~300cm范围均有类似特征，说明5~6月的某一次灌水定额可能非常大，出现了整体剖面土壤盐分被整体向深层淋洗迁移的现象，含水率变化图也可说明这一点。农田盐分的降低主要由灌水引起，并且在较大灌水定额时，盐分整体向下迁移，甚至进入地下水。2013年也即2008地块滴灌应用了6年，所有深度剖面范围的盐分均值均低于5g/kg，但随计算深度增加，盐分均值略有升高，说明此时农田盐分总体基本处于较低水平，但表层特别是膜间表层仍存在较大盐分含量（极大值为13.65g/kg），更深层的土壤盐分升高，可能是由于地下水中含有的盐分在上升迁移的影响结果，也即是说，深层土壤盐分受到灌溉从上向下的迁移运动影响，同时也受到地下水中的盐分由下向上迁移运动的影响，但对于上层土壤0~100cm土层盐分而言应该主要受灌水影响而不断降低。

第三节 典型膜下滴灌棉田土壤盐分年际变化特征

一、水平方向不同位置土壤盐分差异性

2008地块，2009—2013年连续5年土壤盐分按照水平方向（膜间、窄行和毛管）分组方式统计特征值及方差分析结果分别见表4-20和表4-21。

表4-20 2008地块土壤盐分统计特征值（2009—2013年）

统计范围	土样数	均值（g/kg）	标准差（g/kg）	极小值（g/kg）	极大值（g/kg）	峰度	偏度	总和的百分比（%）	变异系数CV
毛管下	386	5.736a	4.030	0.26	24.24	3.657	1.763	27.20	0.703
窄行间	386	6.998b	6.555	0.63	66.33	35.154	4.882	33.20	0.937
膜间	386	8.349c	9.737	0.87	108.57	45.233	5.785	39.60	1.166
合计	1 158	7.028	7.238	0.26	108.57	61.175	6.246	100.00	1.030

注：同列数字后小写字母不同表示具有显著性差异；显著性水平为0.05

由表 4-20 可以看出，全部统计数据中水平方向盐分均值仍表现为膜间最高，毛管下最低，变异系数也是膜间最大，毛管下最小，三者之间均具有显著性差异。

表 4-21　不同垂直分层水平位置盐分方差分析结果

垂直分层（cm）	水平位置	样本数	均值（g/kg）	标准差（g/kg）	95% 置信区间		变异系数 CV
					下限	上限	
0~20	毛管	88	4.159a	3.528	2.718	5.601	0.848
	窄行	88	8.999b	11.482	7.557	10.440	1.276
	膜间	88	13.993c	18.016	12.551	15.434	1.287
20~60	毛管	88	5.398	4.226	3.957	6.840	0.783
	窄行	88	5.607	3.928	4.166	7.049	0.701
	膜间	88	5.649	3.594	4.207	7.090	0.636
60~100	毛管	74	6.328	4.720	4.756	7.900	0.746
	窄行	74	6.455	4.421	4.883	8.026	0.685
	膜间	74	6.548	4.443	4.976	8.120	0.679
100~140	毛管	74	6.800	3.359	5.228	8.372	0.494
	窄行	74	6.950	3.740	5.378	8.522	0.538
	膜间	74	7.434	3.923	5.862	9.006	0.528
140~200	毛管	24	4.570	2.226	1.810	7.330	0.487
	窄行	24	4.907	2.291	2.147	7.667	0.467
	膜间	24	5.461	2.086	2.701	8.221	0.382
200~300	毛管	38	7.686	3.808	5.493	9.880	0.495
	窄行	38	8.052	3.562	5.859	10.246	0.442
	膜间	38	8.644	3.765	6.450	10.837	0.436

注：显著性水平为 0.05

由表 4-21，在不同土层中，水平方向盐分差异性仅在 0~20cm 土层出现，且膜间、窄行和毛管相互之间均具有显著性差异，而在 20~300cm 范围的各统计土层中，水平方向三者盐分均没有显著性差异，但盐分均值均表现为膜间最高、毛管最低，变异系数在不同土层表现得也均不一样，总体而言，越往深层，变异系数越小，膜间变异系数在表层最大，在 20~100cm 和 140~300cm 相对较小，毛管下方土壤盐分变异系数在表层相对膜间和窄行较小，但在垂直方向所有毛管的位置，则表层变异系数最大，越往深层变异系数越小，在 20~100cm 和 140~300cm 范围相对膜间和窄行较大，说明农田灌水对盐分水平方向的影响深度达到了观测的最底层 300cm。

二、不同观测年份及生育阶段土壤盐分差异性

2008 地块，2009—2013 年连续 5 年土壤盐分按照不同观测年份及不同生育阶段（初期、中期和末期）分组方式统计特征值及方差分析结果分别见表 4-22 和表 4-23。

由表 4-22 及表 4-23 可以看出，在棉花生育的 3 个阶段内土壤盐分均值比较接近，没有显著差别，并以中期（6~8 月）土壤盐分均值略高，初期略低。变异系数也在中期最大，初期最小，但三者变异系数总体均比较大，说明膜下滴灌棉田播种灌水后一直到棉花收获的全部生育阶段内（4~10 月）土壤盐分含量均具有比较大的时空变异，盐分在 0.26~108.57g/kg，范围较大，但均值总体在 7g/kg 左右，不同阶段均值之间差异性不显著。

表 4-22 2008 地块土壤盐分统计特征值（2009—2013 年）

统计范围	土样数	均值（g/kg）	标准差（g/kg）	极小值（g/kg）	极大值（g/kg）	峰度	偏度	总和的百分比（%）	变异系数 CV
初期	504	6.769	6.231	0.63	82.89	61.021	6.141	41.90	0.920
中期	456	7.265	8.244	0.26	108.57	60.846	6.365	40.70	1.135
末期	198	7.138	7.160	1.02	73.53	39.474	5.104	17.40	1.003
2009	144	16.411	15.143	1.6	108.57	13.747	3.349	29.00	0.923
2010	168	8.393	4.915	0.63	28.5	4.013	1.72	17.30	0.586
2011	168	6.262	3.332	0.87	31.36	21.097	3.377	12.90	0.532
2012	300	4.745	2.366	0.63	18.51	7.728	2.25	17.50	0.499
2013（0~140cm）	210	3.557	2.079	0.26	13.65	3.295	1.448	39.50	0.584
2013（0~300cm）	378	4.999	3.280	0.26	18.38	3.112	1.594	23.20	0.656
合计	1 158	7.028	7.238	0.26	108.57	61.175	6.246	100.00	1.030

表 4-23　2008 地块土壤盐分方差多重比较（2009—2013 年）

分组方差	分组比较	均值差（g/kg）	标准误	显著性	95% 置信区间	
					下限	上限
阶段分组	初期—中期	−0.50	0.48	0.65	−1.63	0.64
	初期—末期	−0.37	0.58	0.89	−1.76	1.02
	中期—末期	0.13	0.64	1.00	−1.40	1.66
按年分组	2009—2010 年	8.02*	0.70	0.00	6.63	9.40
	2009—2011 年	10.15*	0.70	0.00	8.77	11.53
	2009—2012 年	11.67*	0.63	0.00	10.43	12.90
	2009—2013 年	11.41*	0.61	0.00	10.22	12.60
	2010—2011 年	2.13*	0.68	0.00	0.80	3.46
	2010—2012 年	3.65*	0.60	0.00	2.47	4.82
	2010—2013 年	3.39*	0.58	0.00	2.27	4.52
	2011—2012 年	1.52*	0.60	0.01	0.34	2.69
	2011—2013 年	1.26*	0.58	0.03	0.13	2.39
	2012—2013 年	−0.25	0.48	0.60	−1.20	0.69

注：* 表示均值差的显著性水平为 0.05。生育阶段分组采用 Tamhane 模型，按年分组采用 LSD 模型

在不同观测年份之间，在 0~140cm 范围土壤均值总体随年份增加或滴灌应用年限增加而降低，2009 年即滴灌应用 2 年时盐分均值高达 16.411g/kg，到 2013 年，即滴灌应用 6 年时，盐分均值降低到 3.557g/kg，降幅达 78.33%，如果相对荒地 2009—2012 年连续 4 年 0~140cm 全部盐分均值 23.655g/kg 而言，滴灌 2 年盐分降幅为 30.62%，滴灌 3 年降幅为 64.52%，滴灌 4 年、5 年、6 年的降幅分别为 73.53%、79.94%、84.96%，即使 2013 年盐分统计范围扩大到 0~300cm 深度，盐分均值也仅为 4.999g/kg，比 2012 年盐分均值略高 5.35%，相对荒地而言降幅仍高达 78.87%，不同年份之间盐分除 2012 年和 2013 年外，其他各年份之间均具有显著性差异；盐分的极值及变异系数总体上也随滴灌年限增加而呈降低趋势，说明膜下滴灌农田土壤盐分总体随滴灌应用年限不断降低，滴灌应用 5 年和 6 年时，盐分均值降低到 5g/kg 以下，年际间盐分差异性逐渐降低，盐分变异程度也越来越小，变异程度逐渐由强变异到中等变异和弱变异变化。

三、不同土层土壤盐分变化特征

以 2008 地块 2009—2013 年连续 5 年的土壤盐分数据为例，垂直方向不同土层平均含盐量变化及统计特征值，分别见图 4-15、表 4-24 和表 4-25。

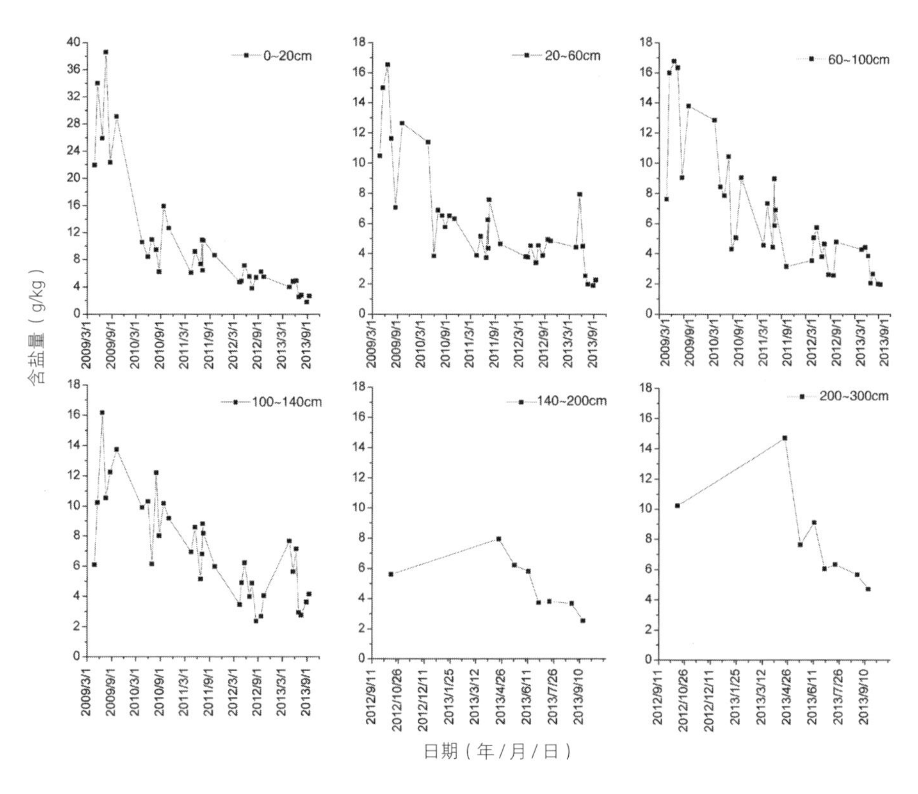

图 4-15　2008 地块不同土层盐分变化（2009—2013 年）

由图 4-15 可以看出，2008 地块连续 5 年的盐分观测数据在垂直方向不同土层含量均值总体上随滴灌年限增加呈降低趋势，且上层土壤盐分均值降低趋势最为显著，越往深层，土壤盐分降低趋势略微减缓；0~20cm 土层在 2009—2010 年盐分降低趋势最为显著，盐分降幅较大，在 2011—2013 年虽然仍不断降低，但相对降幅减小，逐渐平缓。20~140cm 三个土层盐分降低趋势及降低幅度等变化特征基本相似，

140~200cm 和 200~300cm 土层盐分主要是 2012 年年末和 2013 年的数据，总体也呈降低趋势。

在表 4-24 中可以看出，垂直方向，不同土层盐分均值在表层最高，为 9.050g/kg，其次为 200~300cm 土层盐分均值也比较高，在 20~60cm 和 140~200cm 两个土层盐分相对较低，特别是 20~60cm 深度范围数据包含 2009—2013 年连续 5 年数据，而 140~200cm 土层仅为 2012 年 10 月和 2013 年的数据，因此，在 0~140cm 范围内，20~60cm 土层盐分含量相对较低，变异系数也从上层到下层不断降低，表层变异最为强烈，变异系数高达 1.446，而 100~140cm 土层变异系数降到 0.520，相对较小，以下土层变异相差不大，最小的是 200~300cm 土层，仅为 0.455。表 4-25 中，0~20cm 土层盐分除了与 200~300cm 盐分没有显著性差异外，与其他各个土层盐分均具有显著性差异，20~60cm 土层与 60~100cm 和 140~200cm 没有显著性差异，与其他土层均具有显著性差异，60~100cm 土层盐分仅与 0~20cm 和 200~300cm 盐分具有显著性差异，说明垂直方向表层和深层盐分与中间土层差异最为显著，中间土层盐分之间差异相对不显著，表层和深层土壤盐分受外界影响最为显著。

与荒地对比而言，各个土层盐分均具有显著性降低，0~20cm、20~60cm、60~100cm、100~140cm 这 4 个土层盐分均值相对荒地分别降低 45.14%、79.19%、75.99%、73.07%，说明膜下滴灌农田在 0~140cm 范围能与荒地对比的现有观测数据情况下，各个土层盐分相对荒地均具有显著下降，在 20~140cm 三个土层盐分均值降低幅度均在 73% 以上，下降幅度最大的是 20~60cm，接近 80%；荒地不同土层盐分的变异系数相对变化不大，在 0.261~0.459，相对而言均属于弱变异，而 2008 地块农田不同土层盐分变异系数的变化范围为 0.455~1.446，相对荒地各个土层的盐分变异系数均显著增加，说明灌溉对农田各个深度土壤盐分的影响均非常显著。农田 200~300cm 土层盐分含量较高，可能是由上层盐分下降迁移和地下水盐分上升迁移共同作用引起的。

表 4-24 2008 地块不同土层土壤盐分统计特征值（2009—2013 年）

地块	统计范围（cm）	土样数	均值（g/kg）	标准差（g/kg）	极小值（g/kg）	极大值（g/kg）	峰度	偏度	总和的百分比（%）	变异系数 CV
2008 地块	0~20	264	9.050	13.087	0.26	108.57	20.988	4.106	29.40	1.446
	20~60	264	5.551	3.911	0.88	25.3	7.387	2.444	18.00	0.705
	60~100	222	6.444	4.511	0.92	21.51	1.293	1.383	17.60	0.700
	100~140	222	7.061	3.675	0.63	21.33	0.747	0.823	19.30	0.520
	140~200	90	4.714	2.163	1.47	10.52	−0.346	0.75	5.20	0.459
	200~300	114	8.127	3.702	3.03	18.38	0.408	1.074	11.40	0.455
荒地	0~20	59	16.497	7.564	0.56	34.5	−0.052	0.155	20.3	0.459
	20~60	56	26.676	6.368	13.29	36.98	−0.661	−0.467	31.1	0.239
	60~100	44	26.840	6.174	14.98	37.25	−1.022	−0.225	24.6	0.230
	100~140	44	26.222	6.846	12.33	47.07	0.89	0.331	24.0	0.261

表 4-25 2008 地块土壤盐分方差多重比较（2009—2013 年）

分组方差	分组比较	均值差（g/kg）	标准误	显著性	95% 置信区间	
					下限	上限
垂直分层分组	（0~20）—（20~60）	3.50*	0.62	0.00	2.28	4.72
	（0~20）—（60~100）	2.61*	0.65	0.00	1.33	3.88
	（0~20）—（100~140）	1.99*	0.65	0.00	0.72	3.26
	（0~20）—（140~200）	4.07*	0.95	0.00	2.21	5.93
	（0~20）—（200~300）	0.92	0.80	0.25	−0.64	2.49
	（20~60）—（60~100）	−0.89	0.65	0.17	−2.16	0.38
	（20~60）—（100~140）	−1.51*	0.65	0.02	−2.78	−0.24
	（20~60）—（140~200）	0.57	0.95	0.55	−1.29	2.43
	（20~60）—（200~300）	−2.58*	0.80	0.00	−4.14	−1.01
	（60~100）—（100~140）	−0.62	0.68	0.36	−1.94	0.71
	（60~100）—（140~200）	1.46	0.97	0.13	−0.43	3.36
	（60~100）—（200~300）	−1.69*	0.82	0.04	−3.29	−0.07
	（100~140）—（140~200）	2.08*	0.97	0.03	0.19	3.98
	（100~140）—（200~300）	−1.07	0.82	0.19	−2.68	0.54
	（140~200）—（200~300）	−3.15*	1.07	0.00	−5.25	−1.04

注：* 表示均值差的显著性水平为 0.05。垂直分层分组采用 LSD 模型

四、不同剖面土壤盐分变化特征

2008 地块 2009—2013 年连续 5 年不同剖面土壤范围的盐分统计特征值及均值变化曲线分别见表 4-26 和图 4-16。

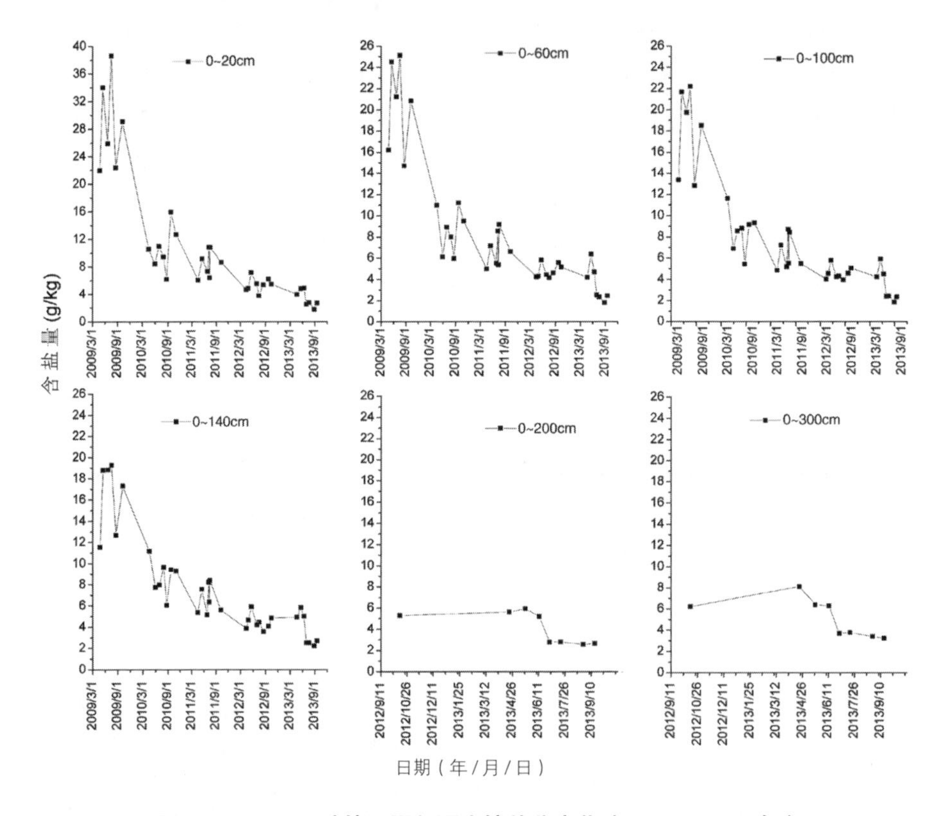

图 4-16　2008 地块不同剖面土壤盐分变化（2009—2013 年）

由图 4-16 可以看出，0~20cm、0~60cm、0~100cm 和 0~140cm 等不同剖面深度范围土壤盐分含量均值随滴灌应用时间均呈显著降低趋势，特别是 2009—2011 年连续 3 年内降低趋势和降低幅度非常显著，在 2012—2013 年连续 2 年仍呈下降趋势，但降低幅度减小，在 0~200cm 剖面和 0~300cm 剖面的盐分含量仅有 2012 年 10 月和 2013 年的数据，显现出总体变化不大，略有降低趋势。说明至少在 0~140cm 土层盐分含量随滴灌应用年限呈显著降低趋势。

表 4-26 2008 地块土壤盐分统计特征值（2009—2013 年）

地块	统计范围（cm）	土样数	均值（g/kg）	标准差（g/kg）	极小值（g/kg）	极大值（g/kg）	峰度	偏度	总和的百分比（%）	变异系数 CV
2008 地块	0~20	288	8.370	12.611	0.26	108.57	23.391	4.353	29.60	1.507
	0~60	528	7.301	9.807	0.26	108.57	38.322	5.363	47.40	1.343
	0~100	750	7.047	8.592	0.26	108.57	46.936	5.727	64.90	1.219
	0~140	972	7.050	7.747	0.26	108.57	55.207	6.042	84.20	1.099
	0~200	1 044	6.908	7.516	0.26	108.57	58.639	6.212	88.60	1.088
	0~300	1 158	7.028	7.238	0.26	108.57	61.175	6.246	100.00	1.030
荒地	0~20	59	16.497	7.564	0.56	34.5	−0.052	0.155	20.3	0.459
	0~60	115	21.454	8.648	0.56	36.98	−0.668	−0.224	51.4	0.403
	0~100	159	22.944	8.377	0.56	37.25	−0.501	−0.383	76.0	0.365
	0~140	203	23.655	8.167	0.56	47.07	−0.164	−0.351	100.0	0.345

在表 4-26 中，随着土壤剖面深度范围的加大，盐分均值基本呈降低趋势，其中，0~100cm 土层盐分均值相对较小，为 7.047g/kg，0~300cm 盐分均值为 7.028g/kg 相对 0~200cm 盐分均值略高，说明 200~300cm 盐分含量相对较高；不同深度范围的盐分极值均与 0~20cm 土层的极值相同，说明表层盐分变化及变异最为强烈，盐分变异系数随剖面深度加大而逐渐减小，但总体均比较大，均属于强变异范围；相对荒地相同剖面盐分而言，0~20cm、0~60cm、0~100cm 和 0~140cm 剖面土壤盐分均值均明显降低，降低幅度分别为 49.26%、65.97%、69.29% 和 70.2%，盐分变异系数相对荒地相同剖面深度增加 228.32%、233.25%、233.97% 和 218.55%，说明灌溉农田（滴灌 2~6 年）剖面土壤盐分相对荒地显著降低，剖面越深降低幅度越大，土壤盐分受灌溉等因素影响显著高于自然条件的影响，不同剖面土壤盐分变化强烈，变异系数显著增加，均呈现强烈变异。

第四节　多地块膜下滴灌棉田土壤盐分时空变化特征

一、水平方向不同位置土壤盐分差异性

1. 水平位置不同地块盐分的差异性

2008 地块、2006 地块、2004 地块、2002 地块和 1998 地块共 5 个相近的地块，2009—2013 年连续 5 年土壤盐分按照水平方向（膜间、窄行和毛管）分组方式不同地块盐分统计特征值及方差分析结果见表 4-27。

表 4-27 水平方向土壤盐分统计特征值（2009—2013 年）

水平位置	地块	N	均值（g/kg）	标准差（g/kg）	极小值（g/kg）	极大值（g/kg）	变异系数
毛管	合计	1 712	4.387a	3.856	0.05	24.24	0.879
窄行	合计	1 712	5.079b	4.646	0.08	66.33	0.915
膜间	合计	1 712	6.117c	6.267	0.02	108.57	1.024
总计		5 136	5.194	5.073 04	5.073	108.57	0.977
毛管	1998	338	2.482a	2.114	0.05	12.27	0.852
	2002	320	2.594 a	3.186	0.07	20.50	1.228
	2004	314	5.137 b	3.961	0.15	21.00	0.771
	2006	354	5.690 c	4.051	0.29	22.95	0.712
	2008	386	5.736 c	4.030	0.26	24.24	0.703
窄行	1998	338	3.029a	2.222	0.08	12.97	0.734
	2002	320	2.724a	3.140	0.08	23.10	1.153
	2004	314	5.559b	3.809	0.2	19.53	0.685
	2006	354	6.649c	3.938	0.63	22.91	0.592
	2008	386	6.998c	6.555	0.63	66.33	0.937
膜间	1998	338	3.571a	2.866	0.02	28.10	0.802
	2002	320	3.309a	3.503	0.08	19.49	1.059
	2004	314	6.829b	4.409	0.5	39.58	0.646
	2006	354	8.020c	5.281	1.63	50.70	0.658
	2008	386	8.349c	9.737	0.87	108.57	1.166
地块合计	1998	1 014	3.027a	2.462	0.02	28.10	0.813
	2002	960	2.876a	3.292	0.07	23.10	1.145

续表

水平位置	地块	N	均值（g/kg）	标准差（g/kg）	极小值（g/kg）	极大值（g/kg）	变异系数
	2004	942	5.842b	4.127	0.15	39.58	0.706
	2006	1 062	6.787c	4.562	0.29	50.70	0.672
	2008	1 158	7.028c	7.238	0.26	108.57	1.030

注：不同位置同列数字后小写字母不同表示具有显著性差异，显著性水平为 0.05

由图 4-27 可以看出，在 5 个地块连续 5 年全部 5 136 个盐分数据中，水平方向毛管、窄行和膜间 3 个位置盐分总体上具有显著性的差异，盐分均值以毛管最小、膜间最大，且窄行和毛管盐分均值均小于全部盐分平均值，盐分变异系数也是毛管最小、膜间最大，窄行和毛管的盐分变异系数均小于全部的变异系数，说明膜间盐分受到灌溉、蒸发等外界因素影响的程度最大。在水平方向各个地块中，毛管位置 1998 地块和 2002 地块、2006 地块和 2008 地块之间没有显著性差异，2004 地块与其他 4 个地块毛管盐分均具有显著性差异，窄行位置和膜间位置也具有相同特点，说明膜下滴灌应用年限越长的地块，其盐分均值相对越小，同时膜下滴灌应用年限最长和最短分别相近的地块盐分差异不显著，处于中间的地块与两端其他地块均具有显著性差异。

2. 不同地块水平方向不同位置盐分的差异性

每个地块水平方向盐分的统计特征值及方差分析结果见表 4-28。

表 4-28 不同地块水平方向土壤盐分统计特征值（2009—2013 年）

地块	位置	样品数量	均值（g/kg）	标准差（g/kg）	标准误	均值的 95% 置信区间		极小值（g/kg）	极大值（g/kg）	CV
						下限	上限			
1998 地块	毛管	338	2.482a	2.114	0.115	2.256	2.708	0.050	12.270	0.852
	窄行	338	3.029b	2.222	0.121	2.791	3.266	0.080	12.970	0.734
	膜间	338	3.571c	2.866	0.156	3.265	3.878	0.020	28.100	0.802
2002 地块	毛管	320	2.594a	3.186	0.178	2.244	2.945	0.070	20.500	1.228
	窄行	320	2.724a	3.140	0.176	2.379	3.070	0.080	23.100	1.153
	膜间	320	3.309b	3.503	0.196	2.924	3.694	0.080	19.490	1.059

续表

地块	位置	样品数量	均值（g/kg）	标准差（g/kg）	标准误	均值的 95% 置信区间		极小值（g/kg）	极大值（g/kg）	CV
						下限	上限			
2004 地块	毛管	314	5.137a	3.961	0.224	4.697	5.577	0.150	21.000	0.771
	窄行	314	5.559a	3.809	0.215	5.136	5.982	0.200	19.530	0.685
	膜间	314	6.829b	4.409	0.249	6.339	7.318	0.500	39.580	0.646
2006 地块	毛管	354	5.690a	4.051	0.215	5.267	6.114	0.290	22.950	0.712
	窄行	354	6.649b	3.938	0.209	6.237	7.061	0.630	22.910	0.592
	膜间	354	8.020c	5.281	0.281	7.468	8.572	1.630	50.700	0.658
2008 地块	毛管	386	5.736a	4.030	0.205	5.333	6.140	0.260	24.240	0.703
	窄行	386	6.998b	6.555	0.334	6.342	7.654	0.630	66.330	0.937
	膜间	386	8.349c	9.737	0.496	7.374	9.323	0.870	108.570	1.166

注：每个地块盐分均值同列数字后小写字母不同表示具有显著性差异；显著性水平为 0.05

由表 4–28 可以看出，5 个地块盐分在水平方向 3 个位置之间均有一定的差异性，其中，1998 地块、2006 地块和 2008 地块这 3 个地块水平方向 3 个位置盐分相互之间均具有显著性差异，2002 地块和 2004 地块水平方向盐分差异性相同，均为膜间与另外两个位置均有显著性差异，而窄行和毛管之间没有显著性差异。更为有趣的是，2002 地块、2004 地块和 2006 地块这 3 个地块水平方向盐分均值虽然也是膜间最大，但盐分均值最小的却均是窄行，这与这几个地块窄行中下层盐分较高有关（表 4–31）；在盐分变异系数上，2008 地块膜间盐分变异系数最大，毛管变异系数最小，而除 2008 地块外，其余 4 个地块盐分变异系数则均为毛管盐分变异系数最大，窄行和毛管各有两个地块变异系数最小。说明不同地块盐分在水平方向的变化总体规律相似，盐分运动是从膜内向膜间迁移积聚，不同位置盐分时空变异均比较显著，地块之间由于盐分空间变异性及其他原因盐分受到多方因素综合影响。

3. 不同观测年份水平方向盐分的差异

2009—2013 年各个观测年份水平方向盐分的统计特征值及方差分析结果见表 4–29。

表 4-29 不同观测年份土壤盐分统计特征值（2009—2013 年）

观测年份	位置	样品数量	均值（g/kg）	标准差（g/kg）	标准误	均值的 95% 置信区间		极小值（g/kg）	极大值（g/kg）	CV
						下限	上限			
2009 年	毛管	240	5.577a	5.523	0.357	4.874	6.279	0.090	24.240	0.990
	窄行	240	8.041b	8.503	0.549	6.960	9.122	0.120	66.330	1.057
	膜间	240	10.633c	12.535	0.809	9.039	12.227	0.230	108.570	1.179
2010 年	毛管	280	4.564a	3.917	0.234	4.103	5.025	0.050	16.260	0.858
	窄行	280	4.776a	4.058	0.243	4.299	5.254	0.080	21.980	0.850
	膜间	280	6.151b	5.207	0.311	5.538	6.763	0.020	28.500	0.847
2011 年	毛管	200	4.353a	2.797	0.198	3.963	4.743	0.210	11.990	0.643
	窄行	200	4.851a	2.795	0.198	4.461	5.241	0.290	13.310	0.576
	膜间	200	6.023b	4.202	0.297	5.437	6.609	0.380	31.360	0.698
2012 年	毛管	398	3.587a	2.258	0.113	3.364	3.809	0.630	16.600	0.629
	窄行	398	4.076b	2.436	0.122	3.836	4.316	0.630	16.620	0.598
	膜间	398	4.520c	2.735	0.137	4.251	4.790	1.060	18.510	0.605
2013 年	毛管	594	4.371a	4.040	0.166	4.046	4.697	0.110	21.000	0.924
	窄行	594	4.775a	3.797	0.156	4.469	5.081	0.110	23.100	0.795
	膜间	594	5.378b	3.971	0.163	5.058	5.698	0.180	28.100	0.738

注：每个年份盐分均值同列数字后小写字母不同表示具有显著性差异；显著性水平为 0.05

由表 4-29 可以看出，5 个地块全部盐分数据不同观测年份在水平方向 3 个位置之间也均有一定的差异性，其中，2009 年和 2012 年两年观测数据均表明水平方向 3 个位置盐分相互之间均具有显著性差异，而在 2010 年、2011 年和 2013 年这 3 个观测年份，水平方向盐分差异性相同，均为膜间与另外两个位置均有显著性差异，而窄行和毛管之间没有显著性差异。所有的年份观测数据均表明，膜间盐分均值最大，毛管盐分均值最小，结合表 4-28 数据说明 2008 地块和 1998 地块特别是 2008 地块对于盐分毛管最小贡献最大；盐分变异系数在 2009 年和 2011 年观测表明均为膜间最大，而毛管和窄行盐分变异系数分别在 2009 年和 2011 年表现最小；2010 年、2012 年和 2013 年盐分观测表明，盐分变异系数均为毛管位置最大，膜间在 2010 年和 2013 年最小，说明不同年份之间盐分在水平方向均表现为膜间均值最大、毛管均值最小，盐分从膜内毛管不断向膜间迁移聚集，窄行和毛管盐分均值更为接近，但不同位置在不同观测年份的时空变异大小又各不相同，受到多方面因素影响。

4. **不同生育阶段水平方向盐分的差异**

2009—2013 年不同生育阶段水平方向盐分的统计特征值及方差分析结果见表 4-30。

表 4-30　不同生育阶段水平方向土壤盐分统计特征值（2009—2013 年）

观测年份	位置	样品数量	均值（g/kg）	标准差（g/kg）	标准误	均值的 95% 置信区间		极小值（g/kg）	极大值（g/kg）	CV
						下限	上限			
初期	毛管	624	4.685a	3.789	0.152	4.387	4.983	0.100	24.240	0.809
	窄行	624	5.351b	4.614	0.185	4.989	5.714	0.150	66.330	0.862
	膜间	624	6.146c	5.570	0.223	5.708	6.584	0.200	82.890	0.906
中期	毛管	724	4.102a	3.850	0.143	3.821	4.383	0.050	21.580	0.939
	窄行	724	4.797b	4.798	0.178	4.447	5.147	0.080	64.170	1.000
	膜间	724	6.035c	6.837	0.254	5.536	6.534	0.080	108.570	1.133
末期	毛管	364	4.443a	3.948	0.207	4.036	4.850	0.090	22.950	0.889
	窄行	364	5.174b	4.366	0.229	4.724	5.624	0.200	39.200	0.844
	膜间	364	6.231c	6.222	0.326	5.589	6.872	0.020	73.530	0.999

注：每个生育阶段盐分均值同列数字后小写字母不同表示具有显著性差异；显著性水平为 0.05

由表 4-30 可以看出，5 个地块 5 年内全部盐分数据棉花生长发育的不同阶段在水平方向 3 个位置之间也均有显著的差异性，盐分均值和盐分变异系数表现规律均一致，盐分均值和盐分变异系数均为膜间最大、窄行次之、毛管最小，说明盐分在棉花生长初期（4~5 月）、中期（6~8 月）和末期（9~10 月）水平方向均具有显著性差异，盐分均表现从膜内毛管膜间迁移聚集，灌溉在棉花不同阶段对土壤盐分水平方向的影响规律一致。

5. **不同土层水平方向盐分的差异**

2009—2013 年不同土层水平方向盐分的统计特征值及方差分析结果见表 4-31。

由表 4-31 可以看出，5 个地块 5 年内全部盐分数据垂直方向各个土层在水平方向 3 个位置之间的差异性与土层深度有密切关系，在

0~20cm 和 20~60cm 两个土层水平方向 3 个位置之间的盐分相互之间均具有显著性的差异，而在 60~300cm 的 4 个土层水平方向盐分相互之间均没有显著性差异。盐分均值在 0~20cm、20~60cm、60~100cm 和 140~200cm 土层 4 个土层均表现为膜间最大、毛管最小，同时相互之间的差异在 0~20cm 最大、越往深处的土层水平方向盐分差距不断缩小；在 100~140m 土层水平方向 3 个位置盐分均值差别不大，仍是膜间最大，但这个土层毛管盐分均值高于窄行，在 200~300cm 土层则表现为毛管盐分均值最大，膜间最小；变异系数在表层 3 个位置均比较大，相对窄行最大，在 20~60cm、60~100cm、200~300cm 这 3 个土层变异系数均为毛管最大，膜间最小。说明膜下滴灌棉田垂直方向不同土层盐分在水平方向受到灌溉影响显著，特别是 0~20cm 和 20~60cm 两个土层，在 60~100cm、100~140cm 和 140~200cm 三个土层虽然盐分水平之间差异不显著，但均表现为膜间盐分均值最高，说明滴灌对土壤盐分水平方向的影响深度可达到 0~200cm 范围，在 200~300cm 土层毛管盐分均值和变异系数最高，说明最深的土层虽然也受到灌溉的影响，但主要是毛管下方垂直方向的影响相对显著些，水平方向影响相对较小，即膜下滴灌棉田盐分水平方向的影响深度主要是 0~60cm 内的土层，但最深可到 200cm，毛管下垂直方向影响深度可到 300cm 深度，滴灌对 200~300cm 土层盐分水平影响相对较小。

表 4-31 不同土层土壤盐分统计特征值（2009—2013 年）

观测土层（cm）	位置	样品数量	均值（g/kg）	标准差（g/kg）	标准误	均值的 95% 置信区间		极小值（g/kg）	极大值（g/kg）	CV
						下限	上限			
0~20	毛管	390	2.061a	2.343	0.119	1.827	2.294	0.090	22.620	1.137
	窄行	390	4.447b	6.573	0.333	3.792	5.101	0.110	66.330	1.478
	膜间	390	7.878c	10.858	0.550	6.797	8.959	0.080	108.570	1.378
20~60	毛管	390	3.564a	3.234	0.164	3.242	3.885	0.050	24.240	0.908
	窄行	390	4.122b	3.396	0.172	3.784	4.460	0.080	22.440	0.824
	膜间	390	4.619c	3.401	0.172	4.281	4.958	0.020	25.300	0.736

续表

观测土层（cm）	位置	样品数量	均值（g/kg）	标准差（g/kg）	标准误	均值的95%置信区间		极小值（g/kg）	极大值（g/kg）	CV
						下限	上限			
60~100	毛管	322	5.001a	3.833	0.214	4.581	5.421	0.140	22.950	0.767
	窄行	322	5.164a	3.708	0.207	4.757	5.570	0.160	21.510	0.718
	膜间	322	5.529a	3.819	0.213	5.111	5.948	0.160	20.280	0.691
100~140	毛管	322	5.788a	3.672	0.205	5.385	6.190	0.070	19.240	0.634
	窄行	322	5.735a	3.870	0.216	5.310	6.159	0.590	21.510	0.675
	膜间	322	6.061a	3.773	0.210	5.647	6.474	0.700	19.960	0.623
140~200	毛管	111	5.286a	3.574	0.339	4.614	5.958	0.660	15.330	0.676
	窄行	111	5.548a	3.369	0.320	4.914	6.182	0.600	13.930	0.607
	膜间	111	5.808a	3.985	0.378	5.059	6.558	0.180	15.600	0.686
200~300	毛管	177	7.101a	4.921	0.370	6.371	7.831	0.340	21.000	0.693
	窄行	177	6.942a	4.692	0.353	6.246	7.638	0.520	23.100	0.676
	膜间	177	6.901a	4.466	0.336	6.239	7.564	0.490	18.280	0.647

注：每个土层盐分均值同列数字后小写字母不同表示具有显著性差异；显著性水平为0.05

6. 不同剖面土壤水平方向盐分的差异

2009—2013年不同剖面土壤水平方向盐分的统计特征值及方差分析结果见表4-32。

由表4-32可以看出，不同剖面土壤盐分在水平方向3个位置相互之间均具有显著性差异，且盐分均值在不同深度范围的剖面土壤均表现为膜间盐分均值最大，毛管最小；变异系数则表现为0~20cm窄行最大，其余各深度的剖面土壤盐分变异系数均为膜间最大，毛管最小，结合表4-31数据，认为0~20cm土层盐分在水平方向的显著性差异及非常大的变异系数系数对0~300cm范围内所有包含0~20cm土层盐分的剖面盐分的水平时空变异均具有重要影响。

表 4-32 不同剖面土壤盐分统计特征值（2009—2013 年）

观测土层（cm）	位置	样品数量	均值（g/kg）	标准差（g/kg）	标准误	均值的 95% 置信区间		极小值（g/kg）	极大值（g/kg）	CV
						下限	上限			
0~20	毛管	390	2.061a	2.343	0.119	1.827	2.294	0.090	22.620	1.137
	窄行	390	4.447b	6.573	0.333	3.792	5.101	0.110	66.330	1.478
	膜间	390	7.878c	10.858	0.550	6.797	8.959	0.080	108.570	1.378
0~60	毛管	780	2.812a	2.920	0.105	2.607	3.017	0.050	24.240	1.039
	窄行	780	4.284b	5.231	0.187	3.917	4.652	0.080	66.330	1.221
	膜间	780	6.249c	8.204	0.294	5.672	6.825	0.020	108.570	1.313
0~100	毛管	1 102	3.452a	3.363	0.101	3.253	3.650	0.050	24.240	0.974
	窄行	1 102	4.541b	4.850	0.146	4.255	4.828	0.080	66.330	1.068
	膜间	1 102	6.038c	7.210	0.217	5.612	6.465	0.020	108.570	1.194
0~140	毛管	1 424	3.979a	3.570	0.095	3.794	4.165	0.050	24.240	0.897
	窄行	1 424	4.811b	4.672	0.124	4.568	5.054	0.080	66.330	0.971
	膜间	1 424	6.043c	6.590	0.175	5.701	6.386	0.020	108.570	1.091
0~200	毛管	1 535	4.074a	3.586	0.092	3.895	4.254	0.050	24.240	0.880
	窄行	1 535	4.864b	4.594	0.117	4.634	5.094	0.080	66.330	0.944
	膜间	1 535	6.026c	6.437	0.164	5.704	6.349	0.020	108.570	1.068
0~300	毛管	1 712	4.387a	3.856	0.093	4.204	4.570	0.050	24.240	0.879
	窄行	1 712	5.079b	4.646	0.112	4.859	5.299	0.080	66.330	0.915
	膜间	1 712	6.117c	6.267	0.151	5.820	6.414	0.020	108.570	1.024

注：每个剖面土壤盐分均值同列数字后小写字母不同表示具有显著性差异；显著性水平为 0.05

二、不同生育阶段土壤盐分差异性

1. 不同地块生育阶段盐分的差异性

2009—2013 年连续 5 年这 5 个地块不同生育阶段（初期、中期和末期）土壤盐分统计特征值及方差分析结果见表 4-33。

由表 4-33 可以看出，5 个地块中，1998 地块和 2008 地块土壤盐分在不同生育阶段相互之间没有显著性差异，而 2002 地块则是初期和末期盐分没有显著性差异，中期与初期和末期均有显著性差异，2004 地块和 2006 地块均表现出中期与末期具有显著性差异，其他阶段之间没有显著性差异，均值方面仅 2002 地块在中期盐分均值非常低（1.837g/kg），其他地块在不同生育阶段盐分均值相差总体均不大，2002 地块中期盐分均值偏低的原因，一方面由于该地块开荒及膜下滴灌应用时间较长，滴灌年限在 8~12 年，另一方面与该地块研究期间的承包户为该连队兼职水管员关系密切，在棉花生育阶段内该地块相对其他地块灌水定额相对较大，因此，该地块盐分含量相对较低，在表 4-27 中，该地块连续 5 年全部盐分均值仅为 2.876g/kg。盐分变异系数除 2006 地块是在末期最大外，其他 4 个地块盐分变异系数均在中期最大，说明不同地块对盐分时空变异的影响不显著，从 4 月到 10 月棉花整个生育阶段，不同时期灌水对土壤盐分均具有重要影响，所有阶段棉花土壤盐分均处于强烈的时空变异特点，各个阶段之间整体差异并不显著，在棉花生长中期，灌水频繁对土壤盐分时空变异影响最大，盐分均值相对最低，为 4.978g/kg，既低于全部盐分均值含量（5.194g/kg），也达到了棉花生长的适宜盐分范围以内，在初期和末期虽然相对中期盐分均值较高，但也仅略高于棉花适宜盐分含量 5g/kg 的 7.88% 和 5.65%。

表 4-33　不同地块生育阶段土壤盐分统计特征值（2009—2013 年）

地块	位置	样品数量	均值（g/kg）	标准差（g/kg）	标准误	均值的 95% 置信区间		极小值（g/kg）	极大值（g/kg）	CV
						下限	上限			
1998 地块	初期	342	2.949a	2.127	0.115	2.722	3.175	0.120	17.500	0.722
	中期	444	3.053a	2.684	0.127	2.803	3.304	0.050	28.100	0.879
	末期	228	3.095a	2.484	0.165	2.771	3.419	0.020	12.270	0.803
2002 地块	初期	342	3.495a	3.779	0.204	3.093	3.897	0.100	23.100	1.081
	中期	390	1.837b	2.531	0.128	1.585	2.089	0.070	19.490	1.378
	末期	228	3.724a	3.193	0.211	3.307	4.141	0.090	14.700	0.857
2004 地块	初期	342	5.869ac	3.848	0.208	5.460	6.278	0.410	39.580	0.656
	中期	390	6.109a	4.541	0.230	5.657	6.561	0.150	29.610	0.743
	末期	210	5.300c	3.702	0.256	4.796	5.804	0.190	17.090	0.699
2006 地块	初期	342	7.237a	4.104	0.222	6.801	7.674	0.920	31.260	0.567
	中期	492	6.188ac	4.238	0.191	5.813	6.564	0.290	39.040	0.685
	末期	228	7.402c	5.628	0.373	6.667	8.136	0.310	50.700	0.760

续表

地块	位置	样品数量	均值（g/kg）	标准差（g/kg）	标准误	均值的 95% 置信区间		极小值（g/kg）	极大值（g/kg）	CV
						下限	上限			
2008 地块	初期	504	6.769a	6.231	0.278	6.224	7.315	0.630	82.890	0.920
	中期	456	7.265a	8.244	0.386	6.507	8.024	0.260	108.570	1.135
	末期	198	7.138a	7.160	0.509	6.134	8.141	1.020	73.530	1.003
合计	初期	1 872	5.394a	4.749	0.110	5.179	5.609	0.100	82.890	0.880
	中期	2 172	4.978a	5.367	0.115	4.752	5.204	0.050	108.570	1.078
	末期	1 092	5.283a	4.995	0.151	4.986	5.579	0.020	73.530	0.946
总计		5 136	5.194	5.073	0.071	5.056	5.333	0.020	108.570	0.977

注：每个地块盐分均值同列数字后小写字母不同表示具有显著性差异；显著性水平为 0.05

2. 不同观测年份生育阶段盐分的差异

2009—2013 年连续 5 年各观测年份不同生育阶段（初期、中期和末期）土壤盐分统计特征值及方差分析结果见表 4-34。

表 4-34 不同观测年份生育阶段土壤盐分统计特征值（2009—2013 年）

观测年份	位置	样品数量	均值（g/kg）	标准差（g/kg）	标准误	均值的 95% 置信区间		极小值（g/kg）	极大值（g/kg）	CV
						下限	上限			
2009 年	初期	240	6.709a	7.403	0.478	5.768	7.651	0.090	50.700	1.103
	中期	360	8.234a	8.977	0.473	7.303	9.164	0.160	82.890	1.090
	末期	120	10.382c	13.617	1.243	7.920	12.843	0.090	108.570	1.312
2010 年	初期	240	4.630a	4.216	0.272	4.094	5.167	0.050	27.780	0.911
	中期	360	5.024a	3.965	0.209	4.613	5.435	0.080	21.980	0.789
	末期	240	5.906c	5.317	0.343	5.230	6.582	0.020	28.500	0.900
2011 年	初期	240	1.617a	0.711	0.046	1.526	1.707	1.000	3.000	0.440
	中期	240	2.292b	0.725	0.047	2.200	2.384	1.000	3.000	0.316
	末期	120	2.183b	0.889	0.081	2.023	2.344	1.000	3.000	0.407
2012 年	初期	612	3.650a	2.166	0.088	3.478	3.822	0.630	16.600	0.593
	中期	240	4.342b	2.598	0.168	4.011	4.672	1.040	16.620	0.598
	末期	342	4.599b	2.877	0.156	4.293	4.905	0.630	18.510	0.626
2013 年	初期	540	5.184a	4.200	0.181	4.829	5.539	0.220	23.600	0.810
	中期	972	4.546b	3.739	0.120	4.310	4.781	0.110	23.100	0.823
	末期	270	5.219a	4.144	0.252	4.723	5.716	0.110	28.100	0.794

注：每个年份盐分均值同列数字后小写字母不同表示具有显著性差异；显著性水平为 0.05

由表 4-34 可以看出，不同观测年份各个生育阶段盐分差异性略有不同，2009 年和 2010 年均表现末期与初期和中期具有显著性差异，其他阶段之间没有显著性差异，2011 年和 2012 年均表现为初期与中期和末期具有显著性差异，中期和末期之间均没有显著性差异，2013 年则是中期与初期和末期均具有显著性差异，而初期和末期之间没有显著性差异，说明尽管 5 年来所有数据表明不同阶段之间没有显著性差异，且各地块之间也基本一致，但在不同观测年份由于灌水制度执行的差异影响及观测数据是否包含灌水前的盐分而略有差异。在 2009 年和 2010 年初期盐分数据较低，主要是由于这两年的 4 月份盐分监测数据均在出苗水灌后进行，因此，在一定程度了影响了前期盐分数据，使得这两个观测年份初期土壤盐分均值相对最低，2011 年初期盐分较低主要是由于这一年出苗水灌水定额相对较大，影响了初期盐分的含量。

3. 水平方向不同生育阶段盐分的差异

2009—2013 年连续 5 年水平方向不同位置各生育阶段（初期、中期和末期）土壤盐分统计特征值及方差分析结果见表 4-35。

表 4-35　水平方向生育阶段土壤盐分统计特征值（2009—2013 年）

观测年份	位置	样品数量	均值（g/kg）	标准差（g/kg）	标准误	均值的 95% 置信区间		极小值（g/kg）	极大值（g/kg）	CV
						下限	上限			
毛管	初期	624	4.685a	3.789	0.152	4.387	4.983	0.100	24.240	0.809
	中期	724	4.102b	3.850	0.143	3.821	4.383	0.050	21.580	0.939
	末期	364	4.443ab	3.948	0.207	4.036	4.850	0.090	22.950	0.889
窄行	初期	624	5.351a	4.614	0.185	4.989	5.714	0.150	66.330	0.862
	中期	724	4.797a	4.798	0.178	4.447	5.147	0.080	64.170	1.000
	末期	364	5.174a	4.366	0.229	4.724	5.624	0.200	39.200	0.844
膜间	初期	624	6.146a	5.570	0.223	5.708	6.584	0.200	82.890	0.906
	中期	724	6.035a	6.837	0.254	5.536	6.534	0.080	108.570	1.133
	末期	364	6.231a	6.222	0.326	5.589	6.872	0.020	73.530	0.999

注：每个水平位置盐分均值同列数字后小写字母不同表示具有显著性差异；显著性水平为 0.05

由表 4-35 可以看出，水平方向不同位置各个生育阶段盐分差异性略有不同，在毛管位置初期盐分与中期具有显著性差异，其他阶段之间盐分没有显著性差异；窄行和膜间不同生育阶段之间盐分均没有显著性差异，毛管和窄行位置盐分均值均表现在初期较高，中期较低，而盐分变异系数均为中期最大，初期基本最小。说明膜下滴灌棉田水平方向 3 个位置毛管下方盐分不同阶段变化相对最为显著，窄行和膜间盐分在不同阶段没有显著性差异，这是由于膜下滴灌技术本身的水盐运动特点造成的，灌水后，对田间土壤盐分影响最大的就是距离滴头和毛管位置最近的土壤。中期各个位置变异系数较大，正是膜下滴灌棉田在棉花生育中期（6~8 月）灌水次数较多，灌水定额较大引起的土壤水分盐分运动和变化频繁的原因。

4. 不同土层生育阶段盐分的差异

2009—2013 年连续 5 年不同土层各生育阶段（初期、中期和末期）土壤盐分统计特征值及方差分析结果见表 4-36。

由表 4-36 可以看出，不同土层各个生育阶段盐分差异性从上到下大致分为 3 类，0~20cm 和 20~60cm 土层均为末期均值最高，并与初期和中期均有显著性差异，初期与中期盐分相对较低，特别是中期盐分均值最低，两者没有显著性差异；60~100cm 和 100~140cm 两个土层盐分在 3 个生育阶段之间均相互具有显著性差异，仍保持中期阶段盐分均值最小；140~200cm、200~300cm 则均表现为中期盐分均值最高，并与初期和末期均具有显著性差异，说明膜下滴灌棉田棉花生育阶段内，灌水对土壤盐分在垂直方向不断淋洗，盐分逐渐向深层迁移，在初期和前期主要使得 0~20cm 和 20~60cm 土层盐分显著降低并向下迁移，同时使 60~100cm 和 100~140cm 土层盐分在处于不断变化之中，不断增加上层土壤迁移下来的盐分同时也不断向更深层土壤继续迁移盐分，因此，这两个土层盐分在全生育阶段均处于显著性差异状态，最终在末期盐分均值处于最高，140~200cm 和 200~300cm 两个土层显然主要受到初期和中期灌水影响盐分发生显著变化，特别是初期这两个土层的盐分变异系数最大，说明初期灌水对深层土壤盐分影响显著，历经初期和中期灌水，使得深层土壤盐分不断升高。

表 4-36　不同土层生育阶段土壤盐分统计特征值（2009—2013 年）

观测土层（cm）	位置	样品数量	均值（g/kg）	标准差（g/kg）	标准误	均值的 95% 置信区间		极小值（g/kg）	极大值（g/kg）	CV
						下限	上限			
0~20	初期	450	4.796a	8.663	0.408	3.993	5.599	0.080	108.570	1.806
	中期	474	4.108a	5.163	0.237	3.642	4.574	0.090	50.700	1.257
	末期	246	6.117b	10.004	0.638	4.861	7.373	0.110	82.890	1.635
20~60	初期	450	3.993a	3.377	0.159	3.680	4.306	0.020	22.440	0.846
	中期	474	3.815a	3.072	0.141	3.538	4.093	0.050	17.800	0.805
	末期	246	4.852b	3.783	0.241	4.377	5.327	0.080	25.300	0.780
60~100	初期	366	5.315a	3.917	0.205	4.913	5.718	0.140	22.950	0.737
	中期	396	4.647b	3.214	0.162	4.329	4.964	0.160	19.490	0.692
	末期	204	6.215c	4.352	0.305	5.615	6.816	0.410	21.510	0.700
100~140	初期	366	5.934a	4.021	0.210	5.521	6.347	0.630	21.510	0.678
	中期	396	5.354b	3.512	0.176	5.007	5.701	0.070	18.050	0.656
	末期	204	6.715c	3.648	0.255	6.211	7.218	0.610	21.330	0.543
140~200	初期	90	4.190a	3.910	0.412	3.371	5.009	0.180	15.600	0.933
	中期	162	7.298b	3.390	0.266	6.772	7.824	0.660	15.250	0.465
	末期	81	3.554 5a	1.660	0.184	3.187	3.922	0.870	7.890	0.467
200~300	初期	150	5.153 2a	4.279	0.349	4.463	5.844	0.570	23.100	0.830
	中期	270	8.786 0b	4.855	0.295	8.204	9.368	0.340	21.000	0.553
	末期	111	5.061 6a	2.684	0.255	4.557	5.566	0.860	13.020	0.530

注：每个土层盐分均值同列数字后小写字母不同表示具有显著性差异；显著性水平为 0.05

5. 不同剖面土壤生育阶段盐分的差异

2009—2013 年连续 5 年不同剖面各生育阶段（初期、中期和末期）土壤盐分统计特征值及方差分析结果见表 4-37。

由表 4-37 可以看出，不同剖面各个生育阶段盐分差异性各不相同，从深度不同与不同土层盐分差异性特点类似可分为 3 类，0~20cm 和 0~60cm 均表现在末期盐分与初期和中期具有显著性差异，末期盐分均值最大，中期盐分均值最小；0~100cm 和 0~140cm 两个剖面盐分在 3 个阶段相互之间均具有显著性差异，但仍表现为中期盐分均值最小；0~200cm

和 0~300cm 均表现为末期盐分均值最高，且与前两个阶段均具有显著性差异；说明膜下滴灌农田灌水在全生育期对 0~300cm 土层均具有显著影响，而且盐分在垂直方向的变化是一个渐进和累积的过程，初期灌水首先起到了重要作用，初期灌水已经影响到了深层土壤的盐分动态，中期是一个不断叠加的过程，到后期处于一个全生育期盐分迁移和变化的最终体现，上层脱盐，深层积盐，但总体又脱盐。

表 4-37 不同剖面生育阶段土壤盐分统计特征值（2009—2013 年）

观测土层（cm）	位置	样品数量	均值（g/kg）	标准差（g/kg）	标准误	均值的 95% 置信区间		极小值（g/kg）	极大值（g/kg）	CV
						下限	上限			
0~20	初期	450	4.796a	8.663	0.408	3.993	5.599	0.080	108.570	1.806
	中期	474	4.108a	5.163	0.237	3.642	4.574	0.090	50.700	1.257
	末期	246	6.117b	10.004	0.638	4.861	7.373	0.110	82.890	1.635
0~60	初期	900	4.394a	6.583	0.219	3.964	4.825	0.020	108.570	1.498
	中期	948	3.962a	4.248	0.138	3.691	4.233	0.050	50.700	1.072
	末期	492	5.485b	7.581	0.342	4.813	6.156	0.080	82.890	1.382
0~100	初期	1 266	4.661a	5.950	0.167	4.333	4.989	0.020	108.570	1.277
	中期	1 344	4.164b	3.983	0.109	3.951	4.377	0.050	50.700	0.957
	末期	696	5.699c	6.800	0.258	5.193	6.205	0.080	82.890	1.193
0~140	初期	1 632	4.946a	5.600	0.139	4.674	5.218	0.020	108.570	1.132
	中期	1 740	4.435b	3.912	0.094	4.251	4.618	0.050	50.700	0.882
	末期	900	5.929c	6.240	0.208	5.521	6.337	0.080	82.890	1.052
0~200	初期	1 722	4.907a	5.526	0.133	4.645	5.168	0.020	108.570	1.126
	中期	1 902	4.678a	3.951	0.091	4.501	4.856	0.050	50.700	0.844
	末期	981	5.733b	6.031	0.193	5.355	6.111	0.080	82.890	1.052
0~300	初期	1 872	4.926a	5.436	0.126	4.680	5.173	0.020	108.570	1.103
	中期	2 172	5.189a	4.293	0.092	5.008	5.370	0.050	50.700	0.827
	末期	1 092	5.665b	5.783	0.175	5.321	6.008	0.080	82.890	1.021

注：每个剖面盐分均值同列数字后小写字母不同表示具有显著性差异；显著性水平为 0.05

三、不同观测年份土壤盐分差异性

1. 不同年份盐分总体差异及各地块不同年份盐分的差异性

2009—2013 年连续 5 年土壤盐分按照不同观测年份及各地块不同观测年份盐分的统计特征值及方差分析结果分别见表 4-38 和表 4-39。

表 4-38　各观测年份土壤盐分统计特征值（2009—2013 年）

年份	样品数量	均值（g/kg）	标准差（g/kg）	标准误	均值的 95% 置信区间		极小值（g/kg）	极大值（g/kg）	CV
					下限	上限			
2009	720	8.083a	9.522	0.355	7.387	8.780	0.090	108.570	1.178
2010	840	5.164b	4.482	0.155	4.860	5.467	0.020	28.500	0.868
2011	600	5.075b	3.399	0.139	4.803	5.348	0.210	31.360	0.670
2012	1 194	4.061c	2.511	0.073	3.918	4.204	0.630	18.510	0.618
2013	1 782	4.841b	3.957	0.094	4.657	5.025	0.110	28.100	0.817
合计	5 136	5.194	5.073	0.071	5.056	5.333	0.020	108.570	0.977

注：盐分均值同列数字后小写字母不同表示具有显著性差异；显著性水平为 0.05

由表 4-38 可以看出，2009—2013 年连续 5 年观测年内土壤盐分均值，从 2009—2013 年呈不断降低趋势，其中，2013 年盐分均值 4.841g/kg 是包含了 0~300cm 全部的盐分数据，如果去掉 140~300cm 范围的土壤盐分，其均值为 3.64g/kg，不同年份之间差异性各有不同，2009 年盐分均值最高，并与其他观测年份均具有显著性差异，2012 年及不包含 140~300cm 盐分的 2013 年盐分也均与其他年份具有显著性差异，2010 年和 2011 年及包含全部土层盐分的 2013 年 3 个观测年份之间盐分没有显著性差异；盐分变异系数也是从 2009—2013 年逐渐降低（如果扣除 2013 年 140~300cm 盐分），说明 5 个地块所有盐分均值总体上随膜下滴灌应用时间增长而呈降低趋势，并且盐分时空变异越来越小。

表 4-39 不同地块各观测年份土壤盐分统计特征值（2009—2013 年）

地块	年份	样品数量	均值（g/kg）	标准差（g/kg）	标准误	均值的 95% 置信区间		极小值（g/kg）	极大值（g/kg）	CV
						下限	上限			
1998 地块	2009	144	3.809a	2.866	0.239	3.337	4.281	0.230	14.740	0.752
	2010	168	2.347bc	2.319	0.179	1.994	2.700	0.020	10.980	0.988
	2011	96	3.477a	2.411	0.246	2.988	3.965	0.340	12.740	0.693
	2012	228	3.422a	1.979	0.131	3.163	3.680	1.040	12.270	0.578
	2013	378	2.680c	2.501	0.129	2.427	2.933	0.160	28.100	0.933
2002 地块	2009	144	2.743ab	3.010	0.251	2.247	3.239	0.090	14.700	1.097
	2010	168	2.732ab	3.579	0.276	2.187	3.277	0.070	13.780	1.310
	2011	96	2.294a	3.045	0.311	1.677	2.911	0.210	19.490	1.327
	2012	228	2.584ab	1.323	0.088	2.412	2.757	0.630	9.030	0.512
	2013	324	3.388b	4.140	0.230	2.935	3.840	0.110	23.100	1.222
2004 地块	2009	144	7.320a	6.063	0.505	6.321	8.319	0.160	39.580	0.828
	2010	168	4.132b	2.543	0.196	3.745	4.519	0.190	11.100	0.615
	2011	96	5.184c	2.588	0.264	4.659	5.708	0.430	17.090	0.499
	2012	210	3.887b	2.451	0.169	3.554	4.221	0.630	12.190	0.630
	2013	324	7.532a	4.021	0.223	7.093	7.972	0.150	21.000	0.534
2006 地块	2009	144	10.135a	7.127	0.594	8.961	11.309	0.550	50.700	0.703
	2010	168	8.214b	4.156	0.321	7.581	8.848	0.460	27.780	0.506
	2011	144	6.539c	3.197	0.266	6.013	7.066	0.360	23.090	0.489
	2012	228	5.437d	3.070	0.203	5.037	5.838	1.030	16.620	0.565
	2013	378	5.784cd	3.845	0.198	5.395	6.173	0.290	23.600	0.665
2008 地块	2009	144	16.411a	15.143	1.262	13.916	18.905	1.600	108.570	0.923
	2010	168	8.393b	4.915	0.379	7.644	9.142	0.630	28.500	0.586
	2011	168	6.262c	3.332	0.257	5.754	6.769	0.870	31.360	0.532
	2012	300	4.745d	2.366	0.137	4.476	5.014	0.630	18.510	0.499
	2013	378	4.999d	3.280	0.169	4.667	5.330	0.260	18.380	0.656

注：每个地块盐分均值同列数字后小写字母不同表示具有显著性差异；显著性水平为 0.05

表 4-39 表明，1998 地块、2002 地块和 2004 地块在连续 5 年观测中，均至少有 3 年观测盐分均值没有显著性差异，特别是 2002 地块 4 年盐分均值没有显著性差异；2006 地块和 2008 地块均有 4 年观测的盐分均值具有显著性差异，且盐分均值均随观测年份的增加而降低，说明不同观

测年份之间盐分均值降低主要由 2006 地块和 2008 地块引起，其他几个地块盐分均值变化不明显。

2. **水平方向不同观测年份盐分的差异**

2009—2013 年连续 5 年水平方向不同观测年份盐分的统计特征值及方差分析结果分别见表 4-40。

表 4-40　水平方向各观测年份土壤盐分统计特征值（2009—2013 年）

水平位置	年份	样品数量	均值（g/kg）	标准差（g/kg）	标准误	均值的 95% 置信区间		极小值（g/kg）	极大值（g/kg）	CV
						下限	上限			
毛管	2009	240	5.577a	5.523	0.357	4.874	6.279	0.090	24.240	0.990
	2010	280	4.564b	3.917	0.234	4.103	5.025	0.050	16.260	0.858
	2011	200	4.353b	2.797	0.198	3.963	4.743	0.210	11.990	0.643
	2012	398	3.587c	2.258	0.113	3.364	3.809	0.630	16.600	0.629
	2013	594	4.371b	4.040	0.166	4.046	4.697	0.110	21.000	0.924
窄行	2009	240	8.041a	8.503	0.549	6.960	9.122	0.120	66.330	1.057
	2010	280	4.776b	4.058	0.243	4.299	5.254	0.080	21.980	0.850
	2011	200	4.851b	2.795	0.198	4.461	5.241	0.290	13.310	0.576
	2012	398	4.076b	2.436	0.122	3.836	4.316	0.630	16.620	0.598
	2013	594	4.775b	3.797	0.156	4.469	5.081	0.110	23.100	0.795
膜间	2009	240	10.633a	12.535	0.809	9.039	12.227	0.230	108.570	1.179
	2010	280	6.151b	5.207	0.311	5.538	6.763	0.020	28.500	0.847
	2011	200	6.023b	4.202	0.297	5.437	6.609	0.380	31.360	0.698
	2012	398	4.520c	2.735	0.137	4.251	4.790	1.060	18.510	0.605
	2013	594	5.378bc	3.971	0.163	5.058	5.698	0.180	28.100	0.738

注：每个水平位置盐分均值同列数字后小写字母不同表示具有显著性差异；显著性水平为 0.05

表 4-40 表明，水平方向不同位置盐分在 2009—2013 年连续 5 年观测中也具有一定的变化，总体上毛管和膜间盐分均有 3 年观测数据具有显著性差异，而窄行则有 4 年盐分观测表明没有显著性差异，说明年际间窄行盐分相对稳定，毛管和膜间盐分受灌水、蒸发等因素影响显著，年际间变化较大。

3. 不同生育阶段不同年份盐分的差异

2009—2013 年连续 5 年不同生育阶段在各观测年份盐分的统计特征值见表 4-41。

表 4-41　各生育阶段观测年份土壤盐分统计特征值（2009—2013 年）

生育阶段	年份	样品数量	均值（g/kg）	标准差（g/kg）	标准误	均值的 95% 置信区间		极小值（g/kg）	极大值（g/kg）	CV
						下限	上限			
初期	2009	240	5.205a	3.765	0.243	4.727	5.684	0.190	23.600	0.723
	2010	240	5.620a	6.264	0.404	4.824	6.417	0.120	82.890	1.114
	2011	240	5.281a	3.965	0.256	4.777	5.785	0.150	25.300	0.751
	2012	612	5.289a	4.223	0.171	4.954	5.624	0.100	31.260	0.798
	2013	540	5.546a	5.230	0.225	5.104	5.988	0.120	66.330	0.943
中期	2009	360	5.101a	5.678	0.299	4.512	5.689	0.080	59.200	1.113
	2010	360	5.508a	7.194	0.379	4.762	6.254	0.070	108.570	1.306
	2011	240	5.115a	5.709	0.368	4.390	5.841	0.160	64.170	1.116
	2012	240	5.030a	5.689	0.367	4.306	5.753	0.090	56.350	1.131
	2013	972	4.690a	4.144	0.133	4.429	4.951	0.050	39.040	0.884
末期	2009	120	4.926a	4.274	0.390	4.154	5.699	0.160	22.950	0.868
	2010	240	4.828a	5.885	0.380	4.080	5.577	0.210	73.530	1.219
	2011	120	5.324a	4.195	0.383	4.566	6.082	0.090	23.980	0.788
	2012	342	5.484a	5.242	0.283	4.927	6.042	0.020	50.700	0.956
	2013	270	5.571a	4.398	0.268	5.044	6.098	0.190	31.360	0.789

注：每个生育阶段盐分均值同列数字后小写字母不同表示具有显著性差异；显著性水平为 0.05

表 4-41 表明，在膜下滴灌棉田棉花生长发育初期、中期和末期的盐分在 2009—2013 年连续 5 年观测中没有显著性差异，说明膜下滴灌棉田的土壤盐分影响是全生育期周期性灌水制度引起的，各个观测年份规律一致。

4. 不同土层不同年份盐分的差异

2009—2013 年连续 5 年不同生育阶段在各个观测年份盐分的统计特征值及方差分析结果分别见表 4-42。

表 4-42 不同土层各观测年份土壤盐分统计特征值（2009—2013 年）

土层	年份	样品数量	均值（g/kg）	标准差（g/kg）	标准误	均值的 95% 置信区间		极小值（g/kg）	极大值（g/kg）	CV
						下限	上限			
0~20	2009	180	10.929a	16.425	1.224	8.514	13.345	0.090	108.570	1.503
	2010	210	3.980b	5.305	0.366	3.259	4.702	0.080	28.500	1.333
	2011	150	4.409b	4.465	0.365	3.689	5.130	0.250	31.360	1.013
	2012	333	3.723b	2.591	0.142	3.444	4.002	0.630	18.510	0.696
	2013	297	3.050b	3.622	0.210	2.637	3.464	0.110	28.100	1.188
20~60	2009	180	6.587a	5.406	0.403	5.792	7.382	0.090	24.240	0.821
	2010	210	4.064b	3.788	0.261	3.549	4.580	0.020	25.300	0.932
	2011	150	4.194b	2.538	0.207	3.785	4.604	0.210	10.320	0.605
	2012	333	3.578bc	1.765	0.097	3.388	3.768	1.060	9.400	0.493
	2013	297	3.162c	2.312	0.134	2.898	3.426	0.120	11.500	0.731
60~100	2009	180	7.160a	5.292	0.394	6.382	7.938	0.270	22.950	0.739
	2010	210	6.019b	4.053	0.280	5.468	6.571	0.140	16.540	0.673
	2011	150	5.418b	3.064	0.250	4.924	5.912	0.360	19.490	0.566
	2012	228	3.911c	2.005	0.133	3.649	4.172	0.630	12.270	0.513
	2013	198	4.022c	2.858	0.203	3.621	4.422	0.160	14.950	0.711
100~140	2009	180	7.658a	5.076	0.378	6.911	8.405	0.590	21.510	0.663
	2010	210	6.591b	4.042	0.279	6.041	7.140	0.070	18.540	0.613
	2011	150	6.280b	2.804	0.229	5.828	6.733	0.870	13.310	0.446
	2012	228	4.344c	2.262	0.150	4.048	4.639	0.630	12.830	0.521
	2013	198	4.883c	3.132	0.223	4.444	5.322	0.290	13.250	0.641
140~200	2012	36	6.460a	3.482	0.580	5.282	7.638	2.360	15.040	0.539
	2013	297	5.437a	3.657	0.212	5.019	5.854	0.180	15.600	0.673
200~300	2012	36	8.417a	4.571	0.762	6.870	9.964	2.240	16.620	0.543
	2013	495	6.877a	4.684	0.211	6.463	7.291	0.340	23.100	0.681

注：各土层盐分均值同列数字后小写字母不同表示具有显著性差异；显著性水平为 0.05

表 4-42 表明，0~20cm 和 20~60cm 土层盐分在 2009—2013 年连续 5 年监测中至少有 3 年观测数据之间没有显著性差异，盐分均值均呈下降趋势，2009 年观测的盐分均值最高，与其他年份观测的盐分均值差异比较显著，盐分变异系数也基本呈降低趋势；60~100cm 和 100~140cm 土层也均呈现 2009 年盐分均值数据最大，且与其他观测年份具有显著性差

异，2010 年和 2011 年之间、2012 年和 2013 年之间均没有显著性差异，盐分变异系数也不断降低；140~200cm 和 200~300cm 土层在 2012 年 10 月观测的 1 次数据与 2013 年的数据盐分均值之间没有显著性差异，但盐分均值均有所降低。说明膜下滴灌棉田盐分受灌溉等因素影响，垂直方向在 0~300cm 各个土层盐分均值及盐分变异系数在 2009—2013 年观测过程中均不断降低，不同观测年份之间具有不同程度的差异。

5. 不同剖面不同年份盐分的差异

2009—2013 年连续 5 年不同剖面在各个观测年份盐分的统计特征值及方差分析结果分别见表 4-43。

表 4-43 不同剖面各观测年份土壤盐分统计特征值（2009—2013 年）

剖面	年份	样品数量	均值（g/kg）	标准差（g/kg）	标准误	均值的 95% 置信区间		极小值（g/kg）	极大值（g/kg）	CV
						下限	上限			
0~20	2009	180	10.929a	16.425	1.224	8.514	13.345	0.090	108.570	1.503
	2010	210	3.980b	5.305	0.366	3.259	4.702	0.080	28.500	1.333
	2011	150	4.409b	4.465	0.365	3.689	5.130	0.250	31.360	1.013
	2012	333	3.723b	2.591	0.142	3.444	4.002	0.630	18.510	0.696
	2013	297	3.050b	3.622	0.210	2.637	3.464	0.110	28.100	1.188
0~60	2009	360	4.053a	5.471	0.288	3.486	4.620	0.050	66.330	1.350
	2010	420	4.599a	6.449	0.315	3.980	5.218	0.080	82.890	1.402
	2011	300	3.713a	4.180	0.241	3.238	4.188	0.020	28.500	1.126
	2012	666	4.631a	5.729	0.222	4.195	5.067	0.110	73.530	1.237
	2013	594	4.748a	7.054	0.289	4.179	5.316	0.080	108.570	1.486
0~100	2009	540	4.382a	4.986	0.215	3.961	4.804	0.050	66.330	1.138
	2010	630	4.798a	5.738	0.229	4.349	5.247	0.080	82.890	1.196
	2011	450	4.185a	4.116	0.194	3.804	4.567	0.020	28.500	0.983
	2012	894	4.892a	5.314	0.178	4.543	5.241	0.110	73.530	1.086
	2013	792	4.819a	6.376	0.227	4.374	5.264	0.080	108.570	1.323
0~140	2009	720	4.768a	4.769	0.178	4.419	5.117	0.050	66.330	1.000
	2010	840	5.045a	5.350	0.185	4.682	5.407	0.070	82.890	1.061
	2011	600	4.548a	4.081	0.167	4.221	4.875	0.020	28.500	0.897
	2012	1 122	5.132a	5.031	0.150	4.837	5.427	0.110	73.530	0.980
	2013	990	5.017a	5.965	0.190	4.645	5.389	0.080	108.570	1.189

续表

剖面	年份	样品数量	均值（g/kg）	标准差（g/kg）	标准误	均值的 95% 置信区间		极小值（g/kg）	极大值（g/kg）	CV
						下限	上限			
0~200	2009	720	4.768a	4.769	0.178	4.419	5.117	0.050	66.330	1.000
	2010	840	5.045a	5.350	0.185	4.682	5.407	0.070	82.890	1.061
	2011	600	4.548a	4.081	0.167	4.221	4.875	0.020	28.500	0.897
	2012	1 158	5.149a	4.978	0.146	4.862	5.436	0.110	73.530	0.967
	2013	1 287	5.136a	5.534	0.154	4.833	5.438	0.080	108.570	1.078
0~300	2009	720	4.768ab	4.769	0.178	4.419	5.117	0.050	66.330	1.000
	2010	840	5.045ab	5.350	0.185	4.682	5.407	0.070	82.890	1.061
	2011	600	4.548b	4.081	0.167	4.221	4.875	0.020	28.500	0.897
	2012	1 194	5.180a	4.962	0.144	4.898	5.462	0.110	73.530	0.958
	2013	1 782	5.665c	5.385	0.128	5.414	5.915	0.080	108.570	0.951

注：各剖面盐分均值同列数字后小写字母不同表示具有显著性差异；显著性水平为 0.05

表 4-43 表明，0~20cm 土层盐分在 2009 年盐分均值最高，与其他年份具有显著性差异，其他 4 个观测年份盐分均值之间均没有显著性差异，0~60cm、0~100cm、0~140cm、0~200cm 这 4 种深度的剖面全部盐分在 2009—2013 年连续 5 年观测中均值均没有显著性差异，0~300cm 剖面在 2009—2011 年连续 3 年之间没有显著性差异，仅 2013 年与其他观测年份之间具有显著性差异，显然与其盐分观测深度增加到 300cm 有关。盐分变异系数在不同深度的剖面各年之间均比较大，均处于强变异程度，说明所监测的 5 个地块全部盐分均值在 2009—2013 年连续 5 年的研究期间盐分总量处于一种动态平衡状态，有些地块（如 2008 地块和 2006 地块）盐分总量在降低。

四、不同土层土壤盐分变化特征

1. 不同土层盐分全部均值的变化特征

2009—2013 年连续 5 年的所有地块不同土层盐分均值及各地块不同土层盐分的平均含盐量统计特征值见表 4-44。

表 4-44 各土层土壤盐分统计特征值（2009—2013 年）

土层	样品数量	均值（g/kg）	标准差（g/kg）	标准误	均值的 95% 置信区间		极小值（g/kg）	极大值（g/kg）	CV
					下限	上限			
0~20	1 170	4.795a	7.819	0.229	4.347	5.244	0.080	108.570	1.631
20~60	1 170	4.102b	3.370	0.099	3.908	4.295	0.020	25.300	0.822
60~100	966	5.231ac	3.790	0.122	4.992	5.471	0.140	22.950	0.724
100~140	966	5.861c	3.771	0.121	5.623	6.099	0.070	21.510	0.643
140~200	333	5.547c	3.647	0.200	5.154	5.941	0.180	15.600	0.657
200~300	531	6.981d	4.689	0.203	6.582	7.381	0.340	23.100	0.672
合计	5 136	5.194	5.073	0.071	5.056	5.333	0.020	108.570	0.977

注：盐分均值同列数字后小写字母不同表示具有显著性差异；显著性水平为 0.05

表 4-44 表明，膜下滴灌棉田 5 个地块 2009—2013 年连续 5 年不同土层全部盐分的平均值在垂直方向总体呈现由表层向深层两降两升的变化特点，盐分含量呈现高低高低高的分布特点，即表层（0~20cm）盐分较高，中上层即棉花主要根系层（20~60cm）盐分最低，中层（60~100cm 和 100~140cm 土层）盐分不断升高，中下层（140~200cm）盐分略降低，深层（200~300cm）盐分最高；0~20cm 和 20~60cm 土层盐分含量低于全部盐分的平均值，也低于棉花适宜耐盐指标 5g/kg，说明膜下滴灌棉田在 0~60cm 以内土层的盐分含量在现有灌溉制度下调控的是比较适宜棉花生长的，尤其是 20~60cm 土层盐分含量仅为 4.102g/kg，与其他各层土壤盐分均具有显著性差异。在 60~300cm 各土层盐分含量均值均高于全部盐分的均值（5.194g/kg），也高于棉花适宜盐分阈值（5g/kg），膜下滴灌对农田 0~60cm 深度根区范围的土壤盐分具有重要影响和显著调控作用。200~300cm 土层盐分含量均值为 6.981g/kg，在整个剖面上处于最高状态，高于全部均值的 34.41%，且与其他各土层盐分均值具有显著性差异，说明膜下滴灌农田盐分不断向深层迁移并累积。

如果将 0~300cm 剖面分为 3 个土层的话，0~20cm 土层盐分均值 4.795g/kg 和 20~140cm 盐分均值 5.065g/kg，140~300cm 土层盐分均值

6.444g/kg，可见盐分总体也呈现上低下高的分布特点。这个分布及变化特点，充分体现了膜下滴灌对荒地及农田盐分垂直方向影响进而不断垂向迁移的规律。干旱区农田或荒地自然状态下盐分呈现表层高、深层低，由上向下陡然降低后再缓慢下降类似鸡尾酒酒杯侧缘形状的分布特点，应用膜下滴灌以后，一次灌水及周期性的灌水使得盐分不断由表层向下运动和迁移，理论上应呈现上低下高的分布和变化特点，但由于农田棉花周围土壤表层覆盖了薄膜，虽然在很大程度了减缓或阻滞了因土壤水分蒸发而向上运移的盐分，但因膜间裸地及膜内棉株膜孔的存在，田间土壤水分仍存在不断向上运动散失的水力联系通道，因此，表层土壤盐分在受滴灌灌水向下迁移的同时，也受到因土壤蒸发而不断向上迁移并积累的影响，因此，最终膜下滴灌农田土壤盐分在垂直方向上呈现表层略高、中间低、深层高的分布特点。

2. 不同地块各土层盐分的变化特征

2009—2013 年连续 5 年各地块不同土层盐分的平均含盐量统计特征值见表 4-45，各地块盐分连续 5 年全部数据在垂直方向及不同土层的均值分布变化分别见图 4-17 和图 4-18。

表 4-45　不同地块各土层土壤盐分统计特征值（2009—2013 年）

地块	土层	样品数量	均值（g/kg）	标准差（g/kg）	标准误	均值的 95% 置信区间		极小值（g/kg）	极大值（g/kg）	CV
						下限	上限			
1998 地块	0~20	228	2.577a	3.035	0.201	2.181	2.973	0.090	28.100	1.178
	20~60	228	2.642a	2.322	0.154	2.339	2.945	0.020	14.740	0.879
	60~100	186	3.559b	2.410	0.177	3.210	3.908	0.140	12.270	0.677
	100~140	186	3.440b	2.124	0.156	3.133	3.747	0.290	11.180	0.617
	140~200	72	3.192ab	2.048	0.241	2.711	3.673	0.660	7.890	0.642
	200~300	114	3.053ab	1.994	0.187	2.683	3.424	0.520	7.360	0.653

续表

地块	土层	样品数量	均值（g/kg）	标准差（g/kg）	标准误	均值的95%置信区间		极小值（g/kg）	极大值（g/kg）	CV
						下限	上限			
2002地块	0~20	219	2.022a	2.362	0.160	1.707	2.336	0.080	14.700	1.168
	20~60	219	1.766a	1.830	0.124	1.522	2.010	0.080	9.060	1.036
	60~100	180	3.337b	3.475	0.259	2.825	3.848	0.160	19.490	1.042
	100~140	180	3.572b	3.073	0.229	3.120	4.024	0.070	12.900	0.860
	140~200	63	3.802bc	4.309	0.543	2.717	4.887	0.180	15.600	1.133
	200~300	99	4.529c	5.113	0.514	3.509	5.549	0.490	23.100	1.129
2004地块	0~20	219	4.019a	4.894	0.331	3.367	4.671	0.150	39.580	1.218
	20~60	219	4.048a	2.437	0.165	3.724	4.373	0.200	12.970	0.602
	60~100	180	5.506b	2.878	0.214	5.083	5.930	0.450	14.950	0.523
	100~140	180	7.344c	3.517	0.262	6.826	7.861	0.590	18.050	0.479
	140~200	54	9.340d	2.501	0.340	8.658	10.023	5.220	15.250	0.268
	200~300	90	10.207d	3.743	0.395	9.423	10.991	3.550	21.000	0.367
2006地块	0~20	240	5.460a	6.494	0.419	4.634	6.286	0.290	50.700	1.189
	20~60	240	6.074ab	3.441	0.222	5.636	6.511	0.840	17.800	0.567
	60~100	198	6.916bc	3.616	0.257	6.409	7.422	1.830	22.950	0.523
	100~140	198	7.522bc	3.707	0.263	7.003	8.042	1.640	21.510	0.493
	140~200	72	7.154c	3.171	0.374	6.409	7.899	2.790	15.040	0.443
	200~300	114	9.345d	3.955	0.370	8.612	10.079	0.340	18.260	0.423
2008地块	0~20	264	9.050a	13.087	0.805	7.464	10.636	0.260	108.570	1.446
	20~60	264	5.551b	3.911	0.241	5.077	6.025	0.880	25.300	0.705
	60~100	222	6.444bc	4.511	0.303	5.847	7.040	0.920	21.510	0.700
	100~140	222	7.061bc	3.675	0.247	6.575	7.547	0.630	21.330	0.520
	140~200	72	4.979b	2.203	0.260	4.462	5.497	1.470	10.520	0.442
	200~300	114	8.127ac	3.702	0.347	7.441	8.814	3.030	18.380	0.455

注：每个地块盐分均值同列数字后小写字母不同表示具有显著性差异；显著性水平为0.05

在分析全部地块的盐分垂直分布特点后，由于研究区所观测的各个地块在膜下滴灌应用时间即荒地开垦年限上各不相同，应具体分析各个地块的盐分垂直分布及变化对总体盐分垂直分布及变化的影响情况，表4–45

表明，膜下滴灌棉田 5 个地块 2009—2013 年连续 5 年不同土层盐分大小及变化各不相同，其中，1998 地块和 2002 地块，所有土层盐分含量在 2009—2013 年连续 5 年中的观测值均低于全部盐分的平均值（5.194g/kg），最高的盐分含量仅 4.529g/kg，各土层盐分之间总体没有显著性差异，虽然这两个地块盐分均值均低于棉花适宜范围 5g/kg，但从各个土层盐分的极值来看，各个土层盐分最大值基本超过 10g/kg，最高可达 28.10g/kg，说明 1998 地块和 2002 地块尽管膜下滴灌应用时间在 8~16 年，盐分总体均值不高，但在部分时候仍然面临盐碱的威胁，特别是在 200~300cm 土层不断受到高矿化度地下水的影响情况下，农田灌溉措施一旦不得当，仍有盐碱重新急剧升高严重威胁作物生长的可能。

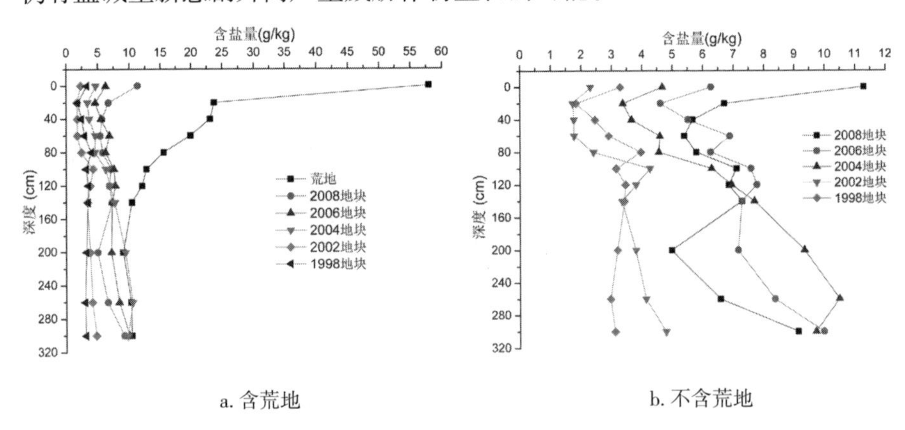

a. 含荒地　　b. 不含荒地

图 4-17　各地块垂直盐分均值分布

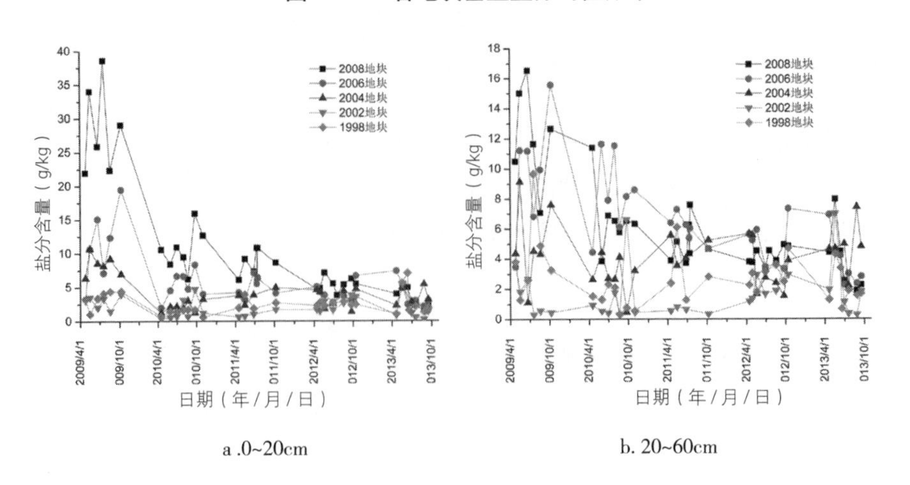

a .0~20cm　　b. 20~60cm

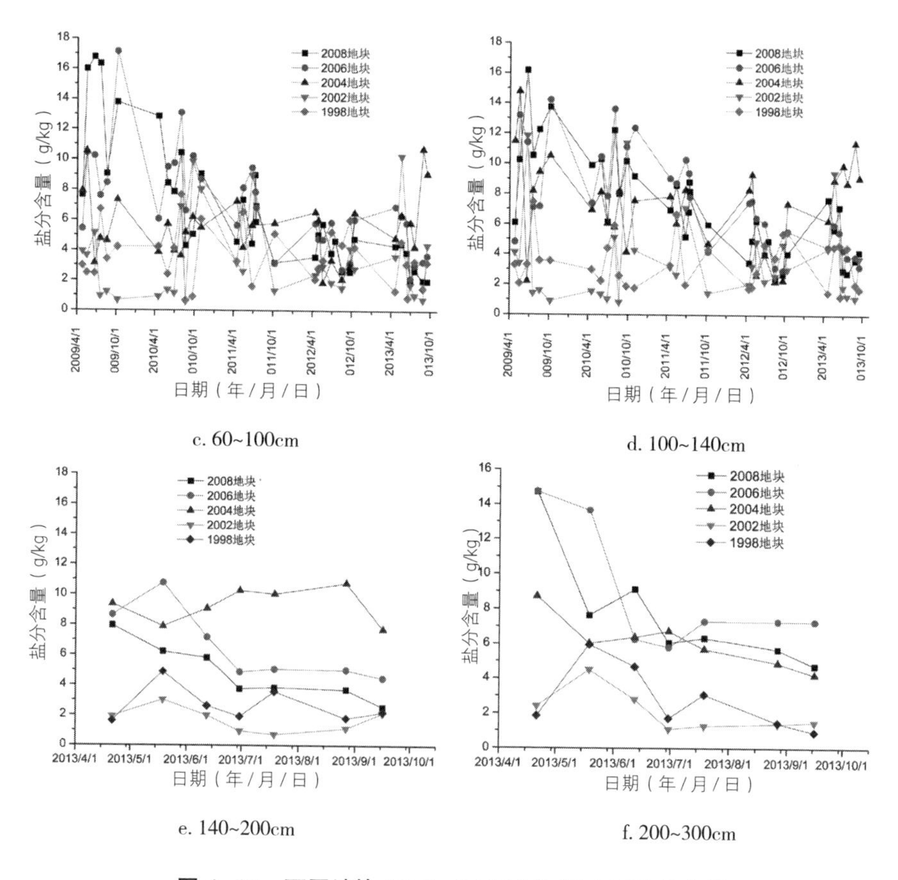

c. 60~100cm

d. 100~140cm

e. 140~200cm

f. 200~300cm

图 4-18 不同地块 2009—2013 年不同土层盐分含量

表 4-45 和图 4-18 可以看出，2006 地块和 2008 地块基本上所有的土层盐分均值高于全部地块盐分的均值（5.194g/kg），也高于棉花生长的适宜盐分值 5g/kg，各个土层盐分均值及极大值都比较高，由于这两个地块膜下滴灌应用时间不长，在 2~8 年，盐分含量虽然相对荒地显著降低，但相对应用时间 8~16 年的 1998 地块和 2002 地块，盐分含量明显高很多，说明膜下滴灌应用时间较短的农田垂直方向各个土层盐分含量较高，对作物影响仍然较大，对研究区全部盐分的垂直分布具有重要影响，应重点关注和调控膜下滴灌应用时间较短的农田盐分。2004 地块膜下滴灌应用时间在 6~10 年，不同土层盐分含量低于 2008 地块和 2006 地块，但又高于 1998 地块和 2002 地块，在 0~20cm 和 20~60cm 两个土层盐分含

量低于全部盐分的均值，而60~300cm各个土层盐分含量又均高于全部盐分均值，呈现典型的上低下高的膜下滴灌农田盐分分布特点。说明膜下滴灌农田盐分垂直分布的特点是一个多年周期性灌水不断累积渐进变化的过程，在没有应用膜下滴灌时，荒地盐分上高下低，应用膜下滴灌时间不长时，呈现上层、中层和下层均高（如2008地块），再到上层略低，中层和下层较高的分布特点（如2006地块），然后到上低下高的分布特点（如2004地块），再到上层和中层都低，深层略高的分布特点（如2002地块），最后到上中下深层均低的分布特点，处于和正常非盐碱农田类似的分布特点（如1998地块）。从图4-17各地块盐分垂直分布图可以很清楚地看到这一点，5个研究地块盐分在与荒地盐分对比时，在0~140cm土层盐分相对荒地均显著降低，在200~300cm深度范围除2004地块与荒地盐分接近外，其余各地块盐分均低于荒地盐分，特别是2002地块和1998地块，充分说明，膜下滴灌农田经过若干年的灌溉种植棉花剖面土壤盐分相对荒地显著降低，尤其是0~140cm范围土层盐分平均降低到10g/kg以下，灌溉年限越长的地块盐分降低程度越大，深度也越大。

3。**各观测年份不同土层盐分的差异**

2009—2013年连续5年的所有地块在不同观测年份各土层盐分统计特征值见表4-46，5个地块不同年份垂直方向的盐分含量及与荒地盐分的垂直分布对比情况分别见图4-19、图4-20和图4-21。

表4-46 不同观测年份各土层土壤盐分统计特征值（2009—2013年）

年份	土层	样品数量	均值（g/kg）	标准差（g/kg）	标准误	均值的95%置信区间		极小值（g/kg）	极大值（g/kg）	CV
						下限	上限			
2009	0~20	180	10.929a	16.425	0.220	3.113	3.981	0.090	14.740	1.503
	20~60	180	6.587b	5.406	0.304	3.274	4.474	0.090	18.050	0.821
	60~100	180	7.160b	5.292	0.442	8.102	9.847	0.550	39.580	0.739
	100~140	180	7.658b	5.076	1.060	13.846	18.030	1.600	108.570	0.663
2010	0~20	210	3.980a	5.305	0.159	1.814	2.442	0.020	11.500	1.333
	20~60	210	4.064a	3.788	0.236	2.955	3.887	0.080	13.780	0.932
	60~100	210	6.019b	4.053	0.254	5.816	6.816	0.200	18.540	0.673
	100~140	210	6.591b	4.042	0.333	8.134	9.445	0.630	28.500	0.613

续表

年份	土层	样品数量	均值（g/kg）	标准差（g/kg）	标准误	均值的95%置信区间		极小值（g/kg）	极大值（g/kg）	CV
						下限	上限			
2011	0~20	150	4.409a	4.465	0.206	2.530	3.346	0.210	12.740	1.013
	20~60	150	4.194a	2.538	0.253	3.973	4.972	0.290	19.490	0.605
	60~100	150	5.418b	3.064	0.256	6.033	7.045	0.360	23.090	0.566
	100~140	150	6.280c	2.804	0.281	5.798	6.908	0.870	31.360	0.446
2012	0~20	333	3.723a	2.591	0.100	2.887	3.281	0.630	12.270	0.696
	20~60	333	3.578a	1.765	0.120	3.243	3.716	0.630	12.190	0.493
	60~100	228	3.911a	2.005	0.203	5.037	5.838	1.030	16.620	0.513
	100~140	228	4.344a	2.262	0.142	4.338	4.898	0.630	18.510	0.521
	140~200	36	6.460b	3.482	0.384	4.148	5.706	2.190	14.350	0.539
	200~300	36	8.417c	4.571	0.579	4.189	6.541	2.400	17.750	0.543
2013	0~20	297	3.050a	3.622	0.154	2.451	3.059	0.160	28.100	1.187
	20~60	297	3.162a	2.312	0.215	2.654	3.499	0.110	23.100	0.731
	60~100	198	4.022b	2.858	0.333	4.500	5.814	0.150	21.000	0.711
	100~140	198	4.883bc	3.132	0.265	6.803	7.847	0.600	19.530	0.641
	140~200	297	5.437c	3.657	0.235	5.478	6.404	0.290	18.850	0.673
	200~300	495	6.877d	4.684	0.155	5.068	5.676	0.260	23.600	0.681

注：每个观测年份盐分均值同列数字后小写字母不同表示具有显著性差异；显著性水平为0.05

表4-46及图4-19表明，膜下滴灌棉田5个地块2009—2013年连续5年不同土层全部盐分的平均值在垂直方向变化各年之间具有区别，2009年呈现从上到下（观测深度0~140cm）先降低后升高的变化特点，表层0~20cm盐分含量最高（10.93g/kg），并与其他土层均有显著性差异，2010年各土层盐分含量相对2009年明显降低特别是0~80cm深度范围的土层，并呈现上低下高的变化特点，2011年与2010年特点类似，2012年和2013年均呈现上低下高的分布特点，2009—2013年连续5年的数据表明，在0~140cm深度范围土壤盐分均显著低于荒地相同土层的盐分含量，并且呈逐年由上到下逐层降低趋势，在140~300cm深度范围，2012年和2013年数据表明，深层的土壤盐分相对荒地土壤盐分亦呈降低趋势，但降低幅度相对0~140cm土层要小的多。从图4-20和图

4-21，又可看出，荒地垂直方向盐分逐年变化不大，而农田盐分相对荒地显著降低，说明膜下滴灌农田受灌溉影响剖面土壤盐分逐年降低，由上到下不断迁移，最终迁移进入地下水而使土层盐分降低，上层土壤盐分时空变异较大，深层土壤盐分时空变异相对较小。

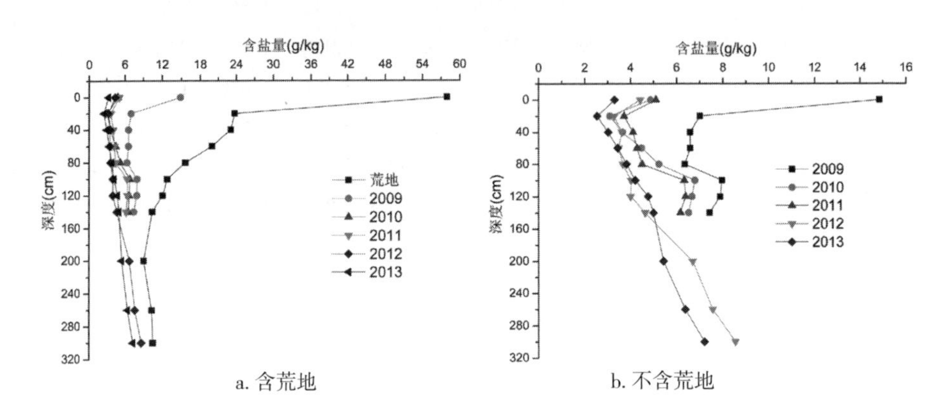

图 4-19　荒地垂直盐分均值 2009—2013 年分布

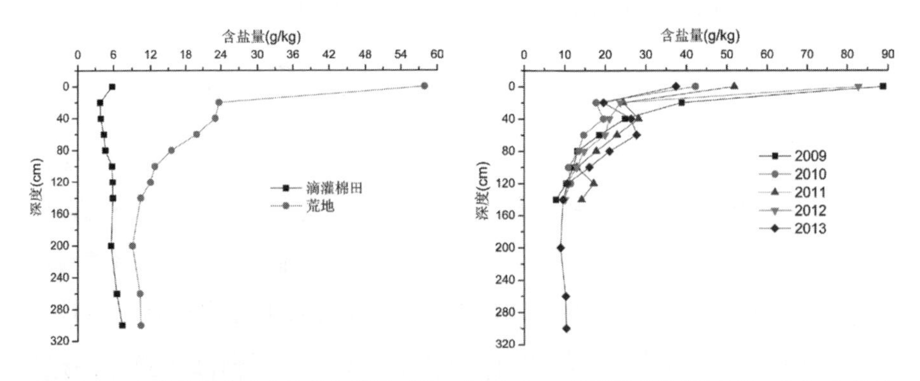

图 4-20　各地块垂直盐分均值与荒地对比　图 4-21　垂直盐分均值 2009—2013 年分布

4. 各生育阶段不同土层盐分的差异

2009—2013 年连续 5 年的所有地块在不同生育阶段各土层盐分统计特征值见表 4-47，5 个地块不同阶段垂直方向的盐分含量及荒地盐分垂直分布对比分别见图 4-22 和图 4-23。

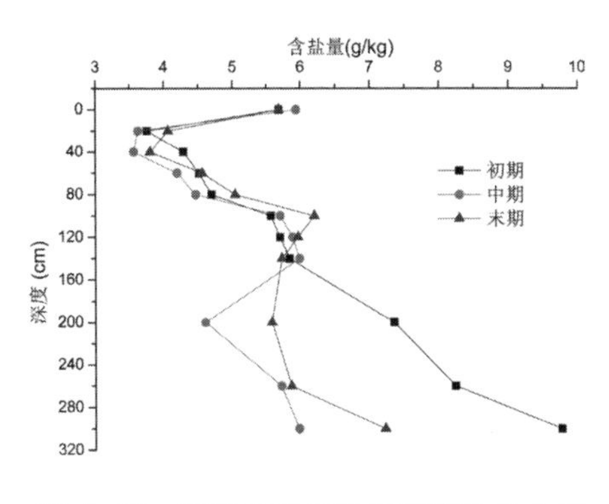

图 4-22 滴灌农田各阶段垂直盐分含量

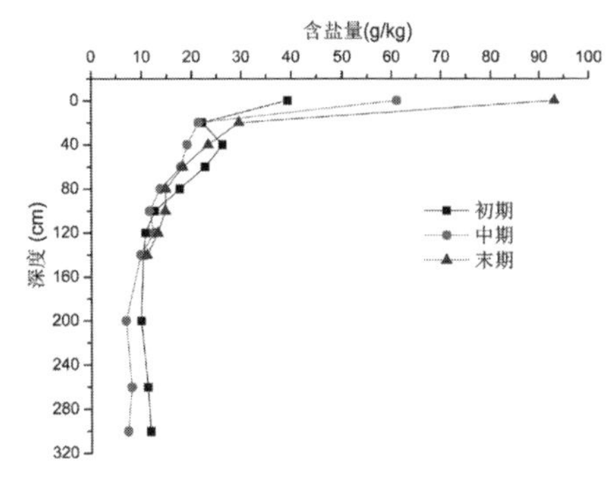

图 4-23 荒地各阶段垂直盐分含量

表 4-47 及图 4-22 表明，膜下滴灌棉田在不同阶段各土层全部盐分的平均值在垂直方向变化差别并不显著，特别是在 0~160cm 土层范围，各阶段盐分差别不大，仅在中期略低一点，但在 160~300cm 范围不同阶段差别比较显著，初期各深度盐分含量最高，中期各深度盐分含量最低，说明膜下滴灌农田灌溉在不同阶段对上层土壤盐分的影响类似，对深层土壤盐分的影响则是一个渐进的过程，即在生育初期，滴灌 1~2 水后，上层土壤盐分迁移到深层土壤，在生育阶段中期多次的灌水作用下，深层盐分不断向更深的地方（地下水）迁移而使得深层盐分含量不断降低，到了生育末期，灌水停止后，深层盐分出现小幅回升并逐渐上移。而荒地盐分（图 4-23）则是不同阶段没有显著差别，更进一步说明滴灌农田盐分的变化是灌溉等引起的。

表 4-47 不同生育阶段各土层土壤盐分统计特征值（2009—2013 年）

地块	土层（cm）	样品数量	均值（g/kg）	标准差（g/kg）	标准误	均值的 95% 置信区间		极小值（g/kg）	极大值（g/kg）	CV
						下限	上限			
初期	0~20	450	4.669	6.834	0.085	2.391	2.723	0.100	12.740	1.464
	20~60	450	4.380	3.195	0.159	4.358	4.983	0.150	23.100	0.730
	60~100	366	5.130	3.220	0.208	5.274	6.091	0.410	39.580	0.628
	100~140	366	5.771	3.370	0.365	7.035	8.472	0.960	82.890	0.584
	140~200	90	7.352	3.925	0.426	6.799	8.492	0.920	18.260	0.534
	200~300	150	9.161	5.243	0.364	7.546	8.985	1.270	23.600	0.572

续表

地块	土层（cm）	样品数量	均值（g/kg）	标准差（g/kg）	标准误	均值的95%置信区间		极小值（g/kg）	极大值（g/kg）	CV
						下限	上限			
中期	0~20	474	4.855	8.810	0.137	2.900	3.438	0.050	28.100	1.815
	20~60	474	3.828	3.441	0.130	2.371	2.881	0.070	16.430	0.899
	60~100	396	5.085	4.054	0.249	5.729	6.709	0.150	39.040	0.797
	100~140	396	5.938	3.935	0.437	8.458	10.177	0.600	108.570	0.663
	140~200	162	4.602	3.373	0.198	4.020	4.801	0.290	11.700	0.733
	200~300	270	5.874	4.112	0.146	4.152	4.728	0.260	13.020	0.700
末期	0~20	246	4.909	7.500	0.168	2.784	3.447	0.020	12.270	1.528
	20~60	246	4.121	3.508	0.204	3.315	4.117	0.190	14.700	0.851
	60~100	204	5.696	4.169	0.394	5.913	7.467	0.360	50.700	0.732
	100~140	204	5.874	4.127	0.503	7.536	9.521	0.930	73.530	0.703
	140~200	81	5.433	3.112	0.382	4.691	6.210	0.310	14.490	0.573
	200~300	111	6.730	4.217	0.258	4.372	5.395	1.020	12.900	0.627

注：每个阶段盐分均值同列数字后小写字母不同表示具有显著性差异；显著性水平为 0.05

5. 各水平方向位置不同土层盐分的差异

2009—2013 年连续 5 年的所有地块在不同水平位置各土层盐分统计特征值见表 4-48，5 个地块不同水平位置垂直方向的盐分含量及与荒地盐分垂直分布对比见图 4-24。

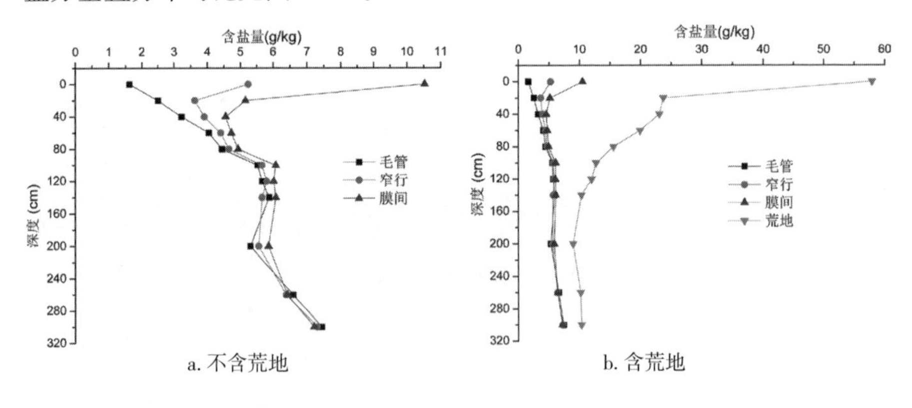

图 4-24　不同水平位置垂直盐分含量

表 4-48 及图 4-24 表明，膜下滴灌棉田在不同水平位置各土层全部

盐分的平均值在垂直方向呈现上层差别显著、下层差别不显著的特征，在0~100cm深度范围，膜间盐分均高于相同深度的窄行及毛管位置盐分均值含量，垂直方向3个位置的0~20cm、20~60cm和60~100cm 3个土层盐分之间均无显著性差异，在100~300cm深度范围，膜间、窄行和毛管位置的盐分均值比较接近。膜间、窄行和毛管的分布及变化特点明显不同，膜间表层盐分最高，降低后又升高，窄行和毛管均整体上呈现上低下高的分布特点，但窄行表层盐分又高于毛管位置的盐分，所有位置的盐分均值均低于荒地相同深度的盐分含量均值，说明膜下滴灌棉田整体上盐分呈现降低趋势，水平方向之间的差异是滴灌水分运动特点引起的，即使膜间盐分也呈整体降低趋势，再次说明田间灌水定额有所偏高。

表4-48　不同水平位置各土层土壤盐分统计特征值（2009—2013年）

水平位置	土层（cm）	样品数量	均值（g/kg）	标准差（g/kg）	标准误	均值的95%置信区间		极小值（g/kg）	极大值（g/kg）	CV
						下限	上限			
毛管	0~20	390	4.425a	3.745	0.190	4.052	4.798	0.090	22.950	0.846
	20~60	390	4.562a	3.967	0.201	4.167	4.957	0.050	21.580	0.870
	60~100	322	4.588a	3.959	0.221	4.154	5.022	0.090	20.500	0.863
	100~140	322	4.923a	4.450	0.248	4.435	5.411	0.140	24.240	0.904
	140~200	111	2.905b	2.068	0.196	2.517	3.294	0.250	8.760	0.712
	200~300	177	3.508b	2.918	0.219	3.075	3.941	0.190	16.980	0.832
窄行	0~20	390	5.172a	5.041	0.255	4.670	5.674	0.120	66.330	0.975
	20~60	390	5.142a	4.160	0.211	4.728	5.556	0.080	22.910	0.809
	60~100	322	5.837a	6.105	0.340	5.168	6.507	0.110	64.170	1.046
	100~140	322	5.195a	4.244	0.237	4.730	5.661	0.190	21.510	0.817
	140~200	111	4.058b	2.393	0.227	3.608	4.508	0.300	10.380	0.590
	200~300	177	3.787b	2.754	0.207	3.378	4.195	0.120	13.400	0.727
膜间	0~20	390	6.325ab	6.392	0.324	5.689	6.961	0.080	82.890	1.011
	20~60	390	6.018ab	4.925	0.249	5.528	6.508	0.110	39.040	0.818
	60~100	322	7.397a	9.868	0.550	6.315	8.479	0.020	108.570	1.334
	100~140	322	5.970ab	4.206	0.234	5.508	6.431	0.160	19.960	0.705
	140~200	111	5.801b	4.418	0.419	4.970	6.632	0.510	31.360	0.762
	200~300	177	4.013c	2.849	0.214	3.590	4.436	0.320	14.070	0.710

注：每个水平位置盐分均值同列数字后小写字母不同表示具有显著性差异；显著性水平为0.05

五、不同剖面土壤盐分变化特征

2009—2013 年连续 5 年不同剖面土壤范围的盐分统计特征值及均值变化曲线分别见表 4-49、表 4-50 和图 4-25。

表 4-49　不同阶段各剖面土壤盐分统计特征值（2009—2013 年）

土层（cm）	样品数量	均值（g/kg）	标准差（g/kg）	标准误	均值的 95% 置信区间		极小值（g/kg）	极大值（g/kg）	CV
					下限	上限			
0~20	1 294	4.578a	7.433	0.207	4.172	4.983	0.080	108.570	1.624
0~60	2 340	4.448a	6.029	0.125	4.204	4.693	0.020	108.570	1.355
0~100	3 306	4.677ab	5.482	0.095	4.490	4.864	0.020	108.570	1.172
0~140	4 272	4.945bc	5.168	0.079	4.790	5.100	0.020	108.570	1.045
0~200	4 605	4.988bc	5.076	0.075	4.842	5.135	0.020	108.570	1.017
0~300	5 136	5.194c	5.073	0.071	5.056	5.333	0.020	108.570	0.977

注：盐分均值同列数字后小写字母不同表示具有显著性差异；显著性水平为 0.05

表 4-49 表明，膜下滴灌棉田在不同剖面全部盐分的平均值 0~20cm、0~60cm 和 0~100cm 三个剖面差别均不显著，0~140cm、0~200cm 和 0~300cm 三个剖面盐分均值差别也不显著，但与 0~20cm 和 0~60cm 均具有显著性差别，总体随统计剖面深度的加大，盐分均值升高，变异系数逐渐降低。说明膜下滴灌农田土壤盐分上层时空变异较大，越往深层土壤盐分时空变异越小。

表 4-50　不同地块各剖面土壤盐分统计特征值（2009—2013 年）

地块	土层（cm）	样品数量	均值（g/kg）	标准差（g/kg）	标准误	均值的 95% 置信区间		极小值（g/kg）	极大值（g/kg）	CV
						下限	上限			
1998 地块	0~20	252	2.564a	2.872	0.181	2.207	2.920	0.090	28.100	1.120
	0~60	456	2.609ab	2.700	0.126	2.361	2.858	0.020	28.100	1.035
	0~100	642	2.885ab	2.652	0.105	2.679	3.090	0.020	28.100	0.920
	0~140	828	3.009b	2.553	0.089	2.835	3.184	0.020	28.100	0.848
	0~200	900	3.024b	2.515	0.084	2.860	3.189	0.020	28.100	0.832
	0~300	1 014	3.027b	2.462	0.077	2.876	3.179	0.020	28.100	0.813

续表

地块	土层（cm）	样品数量	均值（g/kg）	标准差（g/kg）	标准误	均值的 95% 置信区间		极小值（g/kg）	极大值（g/kg）	CV
						下限	上限			
2002 地块	0~20	243	1.962a	2.156	0.138	1.689	2.234	0.080	14.700	1.099
	0~60	438	1.894a	2.114	0.101	1.695	2.092	0.080	14.700	1.116
	0~100	618	2.314b	2.665	0.107	2.104	2.525	0.080	19.490	1.152
	0~140	798	2.598bc	2.810	0.099	2.403	2.793	0.070	19.490	1.082
	0~200	861	2.686bc	2.959	0.101	2.488	2.884	0.070	19.490	1.102
	0~300	960	2.876c	3.292	0.106	2.668	3.085	0.070	23.100	1.145
2004 地块	0~20	247	3.915a	4.668	0.297	3.330	4.500	0.150	39.580	1.192
	0~60	438	4.034a	3.861	0.185	3.671	4.396	0.150	39.580	0.957
	0~100	618	4.463a	3.662	0.147	4.173	4.752	0.150	39.580	0.821
	0~140	798	5.112b	3.823	0.135	4.847	5.378	0.150	39.580	0.748
	0~200	852	5.380bc	3.891	0.133	5.119	5.642	0.150	39.580	0.723
	0~300	942	5.842c	4.127	0.134	5.578	6.105	0.150	39.580	0.706
2006 地块	0~20	264	5.390a	6.206	0.382	4.638	6.142	0.290	50.700	1.151
	0~60	480	5.767ab	5.200	0.237	5.301	6.233	0.290	50.700	0.902
	0~100	678	6.102bc	4.818	0.185	5.739	6.466	0.290	50.700	0.790
	0~140	876	6.423bc	4.627	0.156	6.116	6.730	0.290	50.700	0.720
	0~200	948	6.479bc	4.535	0.147	6.190	6.768	0.290	50.700	0.700
	0~300	1 062	6.787c	4.562	0.140	6.512	7.061	0.290	50.700	0.672
2008 地块	0~20	288	8.370a	12.611	0.743	6.908	9.833	0.260	108.570	1.507
	0~60	528	7.301b	9.807	0.427	6.462	8.139	0.260	108.570	1.343
	0~100	750	7.047b	8.592	0.314	6.431	7.663	0.260	108.570	1.219
	0~140	972	7.050b	7.747	0.249	6.563	7.538	0.260	108.570	1.099
	0~200	1 044	6.908b	7.516	0.233	6.451	7.364	0.260	108.570	1.088
	0~300	1 158	7.028b	7.238	0.213	6.610	7.445	0.260	108.570	1.030

注：每个地块盐分均值同列数字后小写字母不同表示具有显著性差异；显著性水平为 0.05

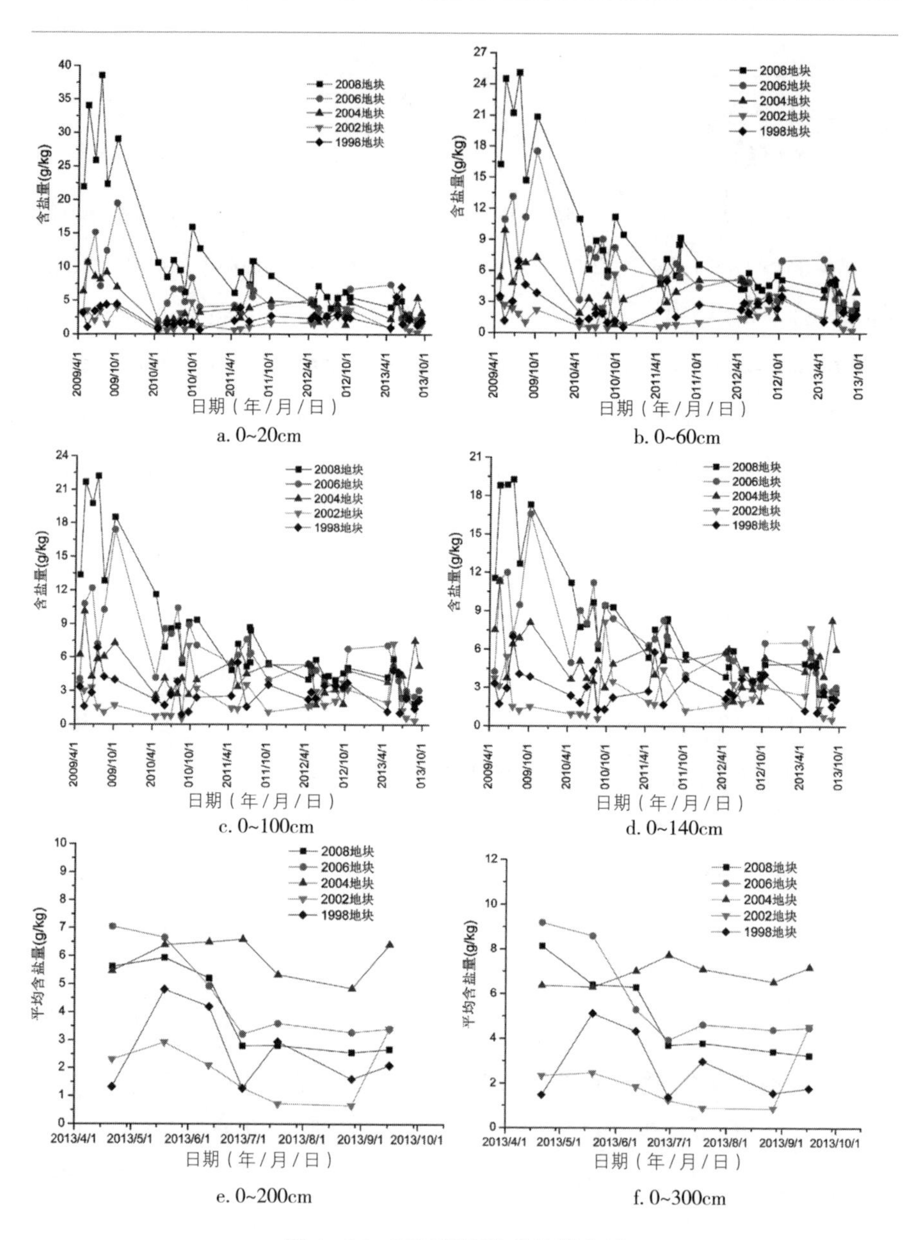

图 4-25　不同剖面盐分均值含量

表 4-50 及图 4-25 表明，不同膜下滴灌棉田在不同剖面全部盐分的平均值总体呈现在 0~20cm 和 0~60cm 两个剖面深度中 2008 地块盐分均值相对最高，2006 地块次之，2002 地块和 1998 地块相对较低；在

2009—2013 年连续 5 年中，2008 地块和 2006 地块逐年呈降低趋势，2004 地块也略有降低趋势，2002 地块和 1998 地块呈稳定波动变化特点；0~100cm 和 0~140cm 两个剖面深度盐分含量仍呈现 2008 地块和 2006 地块相对较高，且随观测年份呈降低趋势，盐分总量低于 0~20cm 和 0~60cm 剖面，2004 地块在这两个剖面盐分均值波动较大，但盐分含量均低于 2008 地块和 2006 地块，又高于 2002 地块和 1998 地块，2002 地块和 1998 地块在 0~100cm 和 0~140cm 两个剖面盐分变化波动起伏较上层要大些，盐分均值也比上层盐分较高；0~200cm 和 0~300cm 两个较深剖面土壤盐分含量在各个地块内总体比较接近，但不同地块之间差别比较大，总体呈现 2004 地块盐分最高，其次为 2006 地块和 2008 地块，2002 地块相对最低，1998 地块波动较大，随观测年份各个地块总体总量稳定并略有降低。

第五节 长期膜下滴灌棉田土壤盐分演变规律

一、各生育阶段不同滴灌年限盐分的变化特点

2009—2013 年连续 5 年不同滴灌年限所有盐分均值在不同阶段的统计特征值及随滴灌年限的变化曲线分别见表 4-51 和图 4-26、图 4-27。

表 4-51 不同滴灌年限各生育阶段平均盐分含量

滴灌年限（年）	N	初期		中期		末期		平均	
		均值（g/kg）	CV	均值（g/kg）	CV	均值（g/kg）	CV	均值（g/kg）	CV
2	144	15.177	0.941	16.933	0.959	13.795	0.797	16.410a	0.923
3	168	9.467	0.575	7.714	0.591	4.781	0.573	8.393b	0.586
4	312	7.110	0.634	7.715	0.626	9.106	0.821	8.049b	0.714
5	468	4.903	0.542	8.551	0.543	3.520	0.471	5.990c	0.591
6	666	7.610	0.603	5.186	0.726	3.319	0.727	5.834c	0.711
7	396	5.065	0.434	3.966	0.527	3.960	0.702	4.884d	0.599
8	618	6.700	0.663	4.201	0.670	3.292	0.836	4.982d	0.744

续表

滴灌年限（年）	N	初期		中期		末期		平均	
		均值（g/kg）	CV	均值（g/kg）	CV	均值（g/kg）	CV	均值（g/kg）	CV
9	378	3.365	0.830	2.379	1.001	3.636	0.790	3.374e	0.906
10	420	4.929	0.698	7.930	0.594	4.160	0.778	6.335c	0.696
11	228	2.329	0.515	1.985	0.552	1.284	0.384	2.584ef	0.512
12	468	5.205	0.917	2.121	1.181	3.183	0.735	3.517e	1.079
13	168	2.106	0.715	2.897	0.938	2.193	1.244	2.347f	0.988
14	96	4.257	0.648	1.673	0.661	1.581	0.425	3.477e	0.693
15	228	2.437	0.436	3.626	0.555	2.238	0.509	3.421e	0.578
16	378	3.362	0.775	2.565	0.987	1.711	0.964	2.680e	0.933
总计	5 136	5.394	0.880	4.978	1.078	4.995	0.946	5.194f	0.977

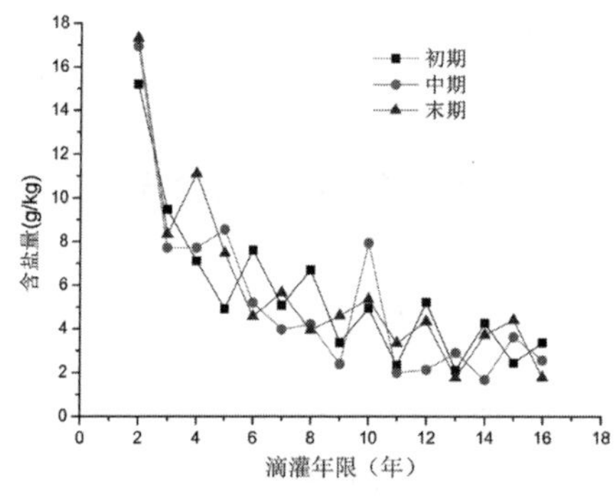

图 4-26　不同阶段盐分均值随滴灌年限变化

$Y=27.304\,3x^{-0.864\,3}$　$R^2=0.895\,9$

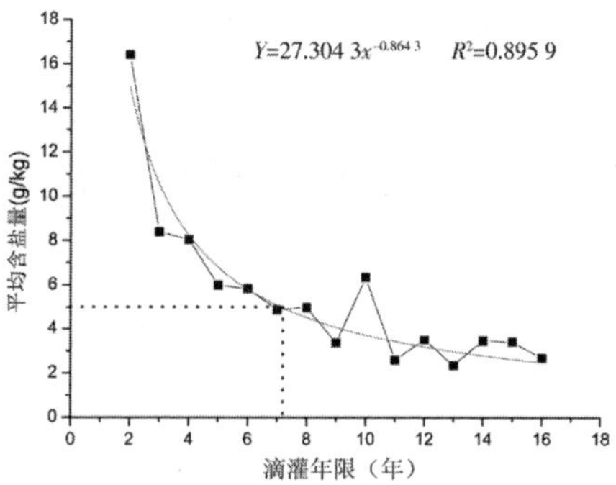

图 4-27　所有地块盐分均值随滴灌年限变化

从表 4-51 和图 4-26、图 4-27 可以看出，膜下滴灌棉田土壤盐分在棉花不同生育阶段随滴灌应用年限总体均呈降低趋势，相同滴灌年限不同阶段盐分均值相差不显著，盐分全部均值随滴灌年限呈幂函数前快后慢的降低趋势，滴灌 7 年以后盐分降至 5g/kg 以下，在滴灌应用 7~16 年盐分均值降低缓慢，滴灌应用 16 年时，盐分均值在 3g/kg 以下，说明膜下滴灌应用年限对农田 0~300cm 范围土壤盐分均值具有显著影响，使滴灌农田盐分不断降低，特别是在滴灌 0~7 年盐分降低显著，能从荒地的 21.17g/kg 降低到 5g/kg，年均降低 2.31g/kg，年均降低幅度 10.91%；

在滴灌应用7~16年，盐分均值从5g/kg降低至2.68g/kg，年均降低0.258g/kg，年均降低幅度5.16%，相对荒地年均降低幅度1.22%，盐分降低幅度和深度均显著下降。

既然膜下滴灌棉田土壤盐分在灌溉制度作用下主要随滴灌应用年限而降低，在棉花生长的不同阶段差别不大，棉花生育期末的盐分更能真正代表相应滴灌应用年限后的棉田盐分数据，而生育初期和中期某一个阶段的盐分数据并非真正意义刚好是滴灌应用相应年份的数据，而应是介于前一个滴灌年限和后一个滴灌应用年限之间的某个非整数滴灌应用年限数据，因此，下面重点以棉花生育期末的盐分变化为例说明滴灌棉田土壤随滴灌应用年限的变化特点。图4-28和图4-29分别是生育期末（9月和10月）所有观测地块不同土层和不同剖面土壤盐分随滴灌应用年限的变化图，表4-52是生育期末对图4-28和图4-29相应土层或剖面土壤盐分

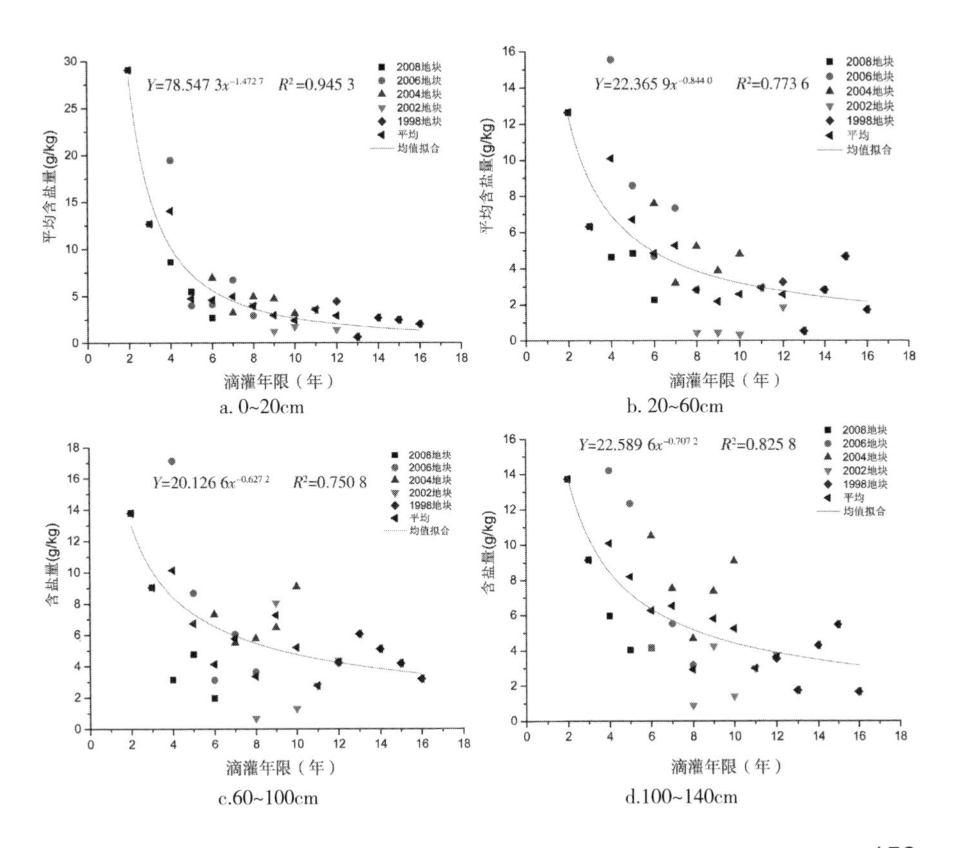

a. 0~20cm
b. 20~60cm
c.60~100cm
d.100~140cm

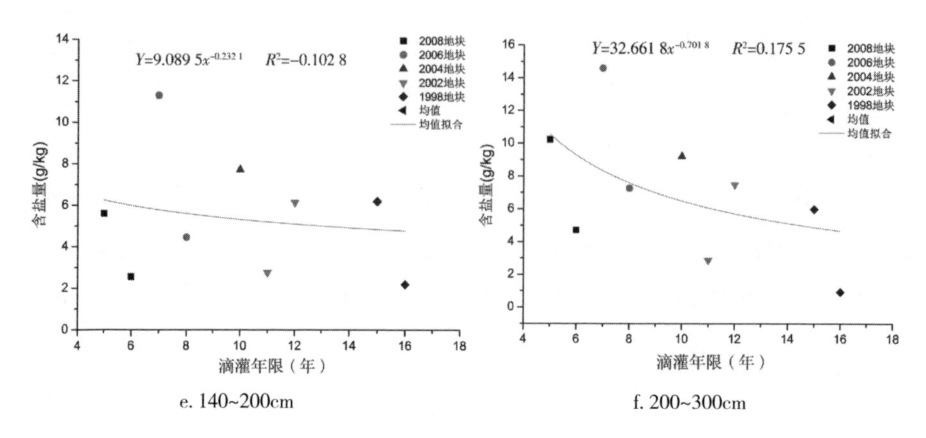

e. 140~200cm　　f. 200~300cm

图 4-28　所有地块盐分均值随滴灌年限变化

均值随滴灌年限的拟合方程汇总表。

由图 4-28 可以看出，所有观测地块不同土层土壤盐分随滴灌应用年限的变化趋势总体下降但又有所不同，0~20cm、20~60cm、60~100cm 和 100~140cm 这 4 个土层盐分随滴灌应用年限均以幂函数形式呈显著的降低趋势，拟合方程的决定系数（R^2）均大于 0.75，而 140~200cm 土层盐分随滴灌应用年限变化趋势不明显，一方面由于观测数据相对有限，另一方面从前文分析得知，该部分土层盐分与荒地相比虽也有下所降低，但降低幅度有限。在不同地块又表现的不尽相同，滴灌应用年限少的地块这部分土层由于受到上层盐分的不断迁入而呈升高趋势，滴灌应用年限较长的地块这部分土层盐分变化不显著，因此该土层盐分随滴灌应用年限略有降低趋势，200~300cm 土层盐分随滴灌应用年限变化趋势和 140~200cm 土层类似，但随滴灌应用年限降低趋势较 140~200cm 又比较明显一些，从拟合的幂函数方程的决定系数可以看出。

由图 4-29 可以看出，所有观测地块 0~20cm、0~60cm、0~100cm 和 0~140cm 几个剖面土壤盐分随滴灌应用年限均以幂函数形式呈显著的降低趋势，拟合方程的决定系数（R^2）均大于 0.91，而 0~200cm 和 0~300cm 剖面由于仅在 2012 年和 2013 年生育期末进行了盐分监测，因此数据量较少，但这两年 5 个地块的剖面盐分数据显示，0~200cm 和

0~300cm 剖面盐分随滴灌应用年限仍呈降低趋势。

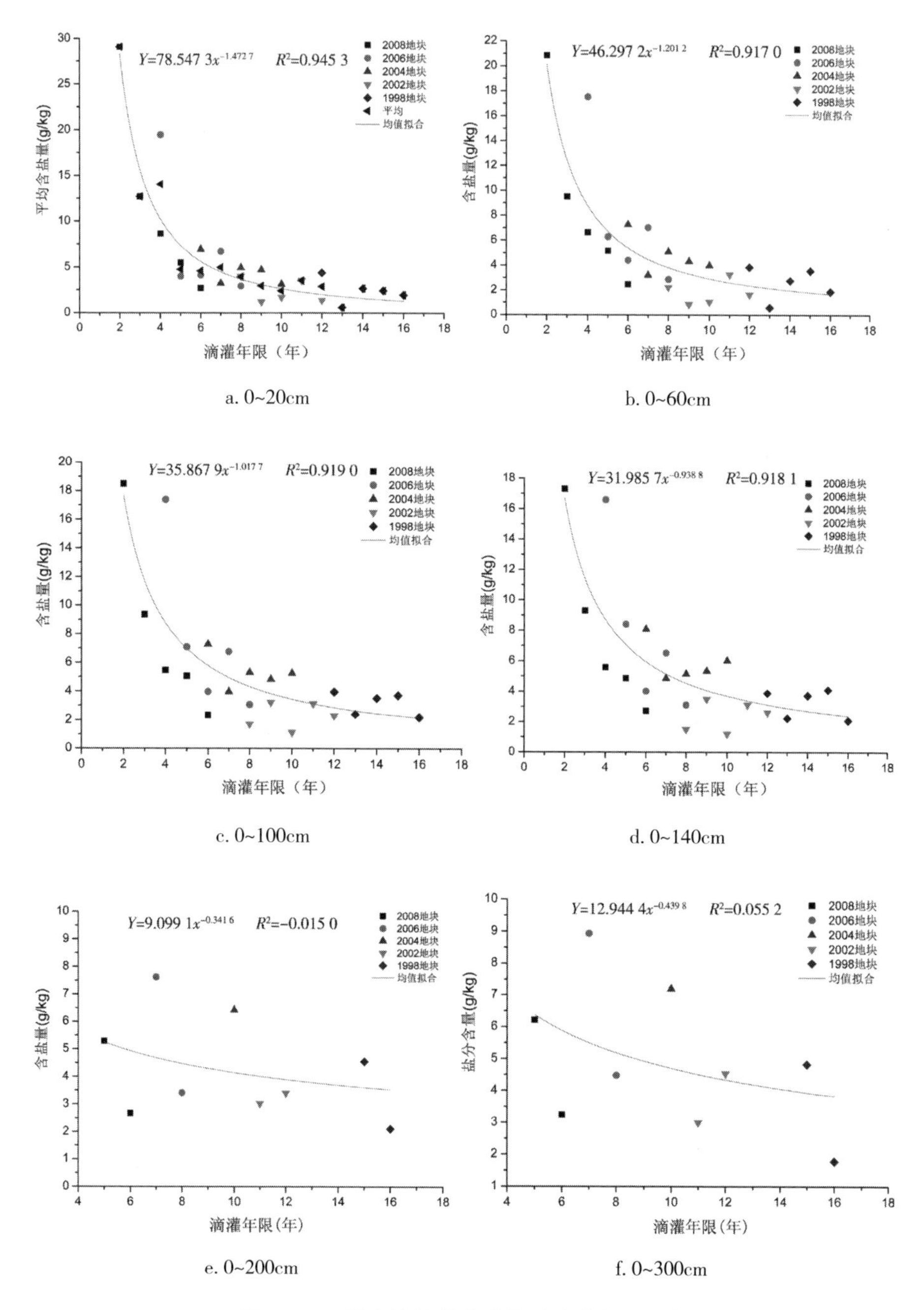

图 4-29 所有地块盐分均值随滴灌年限变化

表 4-52 生育期末不同土层或剖面盐分随滴灌应用年限演变方程

土层或剖面	范围（cm）	盐分随滴灌应用年限演变方程		盐分含量 5g/kg 时滴灌年限（年）	盐分含量 3g/kg 时滴灌年限(年）
土层	0~20	Y=78.547 3$x^{-1.4727}$	R^2=0.945 3	6.49	9.18
	20~60	Y=22.365 9$x^{-0.8440}$	R^2=0.773 6	5.90	10.81
	60~100	Y=20.126 6$x^{-0.6272}$	R^2=0.750 8	9.21	20.80
	100~140	Y=22.589 6$x^{-0.7072}$	R^2=0.825 8	8.44	17.37
剖面	0~60	Y=46.297 2$x^{-1.2012}$	R^2=0.917 0	6.38	9.76
	0~100	Y=35.867 9$x^{-1.0177}$	R^2=0.919 0	6.93	11.45
	0~140	Y=31.985 7$x^{-0.9388}$	R^2=0.918 1	7.22	12.44

注：Y 代表盐分含量，x 代表滴灌应用年限，且 $1< x <17$

从表 4-52 可以看出，膜下滴灌棉田生育期末土壤盐分均值降低到 5g/kg 时所对应的滴灌应用年限均不相同，0~20cm 土层盐分平均值降低到 5g/kg 时需要 6.49 年，而棉花根系比较集中的 20~60cm 土层则需要 5.90 年，60~100cm 土层盐分降至 5g/kg 时需要 9.21 年，均高于 0~20cm、20~60cm 和 100~140cm 土层相应的年份，而更深的 140~200cm 和 200~300cm 土层盐分均值降至 5g/kg 则需要更长的滴灌年限，分别达到 13.13 年和 14.50 年。说明在 0~140cm 土层中，60~100cm 土层需要滴灌应用更多的时间盐分才能降低到适宜作物生长的条件，0~300cm 土层中，土层越深需要的滴灌年限越长。在不同剖面中，0~60cm 剖面土壤盐分降至 5g/kg 需要 6.38 年，0~100cm 剖面土壤需要 6.93 年，0~140cm 剖面土壤需要 7.22 年，剖面深度加大到 0~200cm 和 0~300cm 盐分均值降至 5g/kg 则分别需要 5.77 年和 8.70 年，说明不同深度剖面土壤盐分降至作物适宜的盐分阈值 5g/kg 需要的滴灌应用年限差别不大，平均在 6~9 年，而如果 0~140cm 各剖面土壤生育期末盐分降至 3g/kg 则需要的滴灌应用年限至少在 9.76~12.44 年。

二、各水平方向位置不同滴灌年限农田盐分的变化特点

2009—2013 年连续 5 年不同滴灌年限所有盐分均值在水平方向不同位置的统计特征值及随滴灌年限的变化曲线分别见表 4-53 和图 4-30、图

4-31。

表 4-53 不同滴灌年限各水平位置平均盐分含量

滴灌年限（年）	N	毛管		窄行		膜间		平均	
		均值（g/kg）	CV	均值（g/kg）	CV	均值（g/kg）	CV	均值（g/kg）	CV
2	144	11.266	0.539	17.283	0.740	20.682	1.026	16.410	0.923
3	168	7.187	0.432	7.421	0.547	10.570	0.598	8.393	0.586
4	312	6.452	0.594	7.722	0.551	9.973	0.781	8.049	0.714
5	468	5.233	0.621	5.902	0.526	6.836	0.590	5.990	0.591
6	666	4.671	0.754	5.758	0.618	7.071	0.689	5.834	0.711
7	396	4.327	0.702	4.810	0.611	5.514	0.488	4.884	0.599
8	618	4.277	0.876	4.776	0.722	5.894	0.636	4.982	0.744
9	378	2.929	0.948	3.214	0.934	3.979	0.827	3.374	0.906
10	420	6.011	0.793	6.103	0.709	6.891	0.592	6.335	0.696
11	228	2.435	0.505	2.423	0.389	2.895	0.574	2.584	0.512
12	468	2.955	1.256	3.533	1.055	4.063	0.957	3.517	1.079
13	168	2.285	1.109	2.242	1.008	2.514	0.868	2.347	0.988
14	96	3.107	0.802	3.225	0.642	4.098	0.632	3.477	0.693
15	228	3.070	0.626	3.602	0.606	3.593	0.498	3.421	0.578
16	378	2.171	0.856	2.638	0.745	3.231	1.025	2.680	0.933
总计	5 136	4.387	0.879	5.079	0.915	6.117	1.024	5.194	0.977

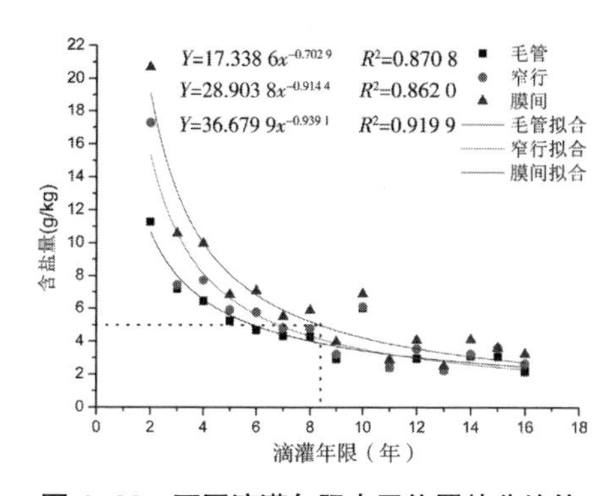

图 4-30 不同滴灌年限水平位置盐分均值

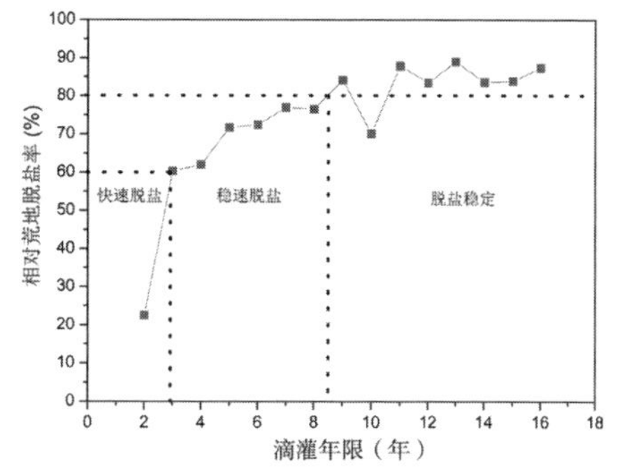

图 4-31 不同滴灌年限盐分均值相对荒地脱盐率

从表 4-53 和图 4-30 可以看出，膜下滴灌棉田水平方向不同位置土壤盐分均值随滴灌应用年限均呈降低趋势，在相同滴灌应用年限膜间盐分均值最高，毛管盐分均值最低，平均盐分变异系数也是膜间最大，毛管最小，且毛管和窄行盐分平均变异系数均低于全部盐分平均变异系数。分别对不同水平位置盐分均值和滴灌年限之间的关系按照幂函数拟合方程，并计算盐分均值降至 5g/kg 时分别对应的滴灌应用年限为 5.87 年、6.81 年和 8.35 年，而全部平均是 7.13 年，也说明膜下滴灌棉田毛管位置盐分随滴灌年限降低最为显著，相同滴灌年限降低最多，达到作物适宜盐分阈值需要的滴灌年限相对最短，但也需 5.87 年，膜间盐分亦随滴灌年限呈显著降低趋势，降至 5g/kg 时需要 8.35 年，农田盐分整体呈降低趋势。图 4-31 为盐分均值相对荒地的脱盐率随滴灌年限的变化趋势，滴灌应用 3 年时脱盐率为 60%，滴灌应用到 8 年以后，脱盐率升高到 80% 以上。说明在滴灌应用前 3 年农田盐分迅速降低，属于快速脱盐阶段，在滴灌应用 3~8 年脱盐率呈线性增加，属于稳速脱盐阶段，在滴灌应用 8~16 年，脱盐在 80%~90% 波动，属于脱盐稳定阶段。

三、不同土层土壤盐分演变特征

全部地块 2009—2013 年连续 5 年垂直方向不同土层含盐量随滴灌应用年限的变化及演变方程汇总表分别见图 4-32 和表 4-54。

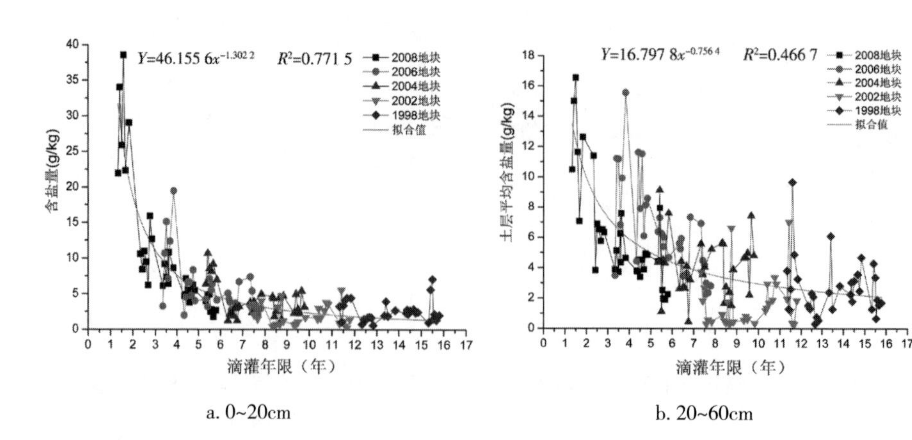

a. 0~20cm　　b. 20~60cm

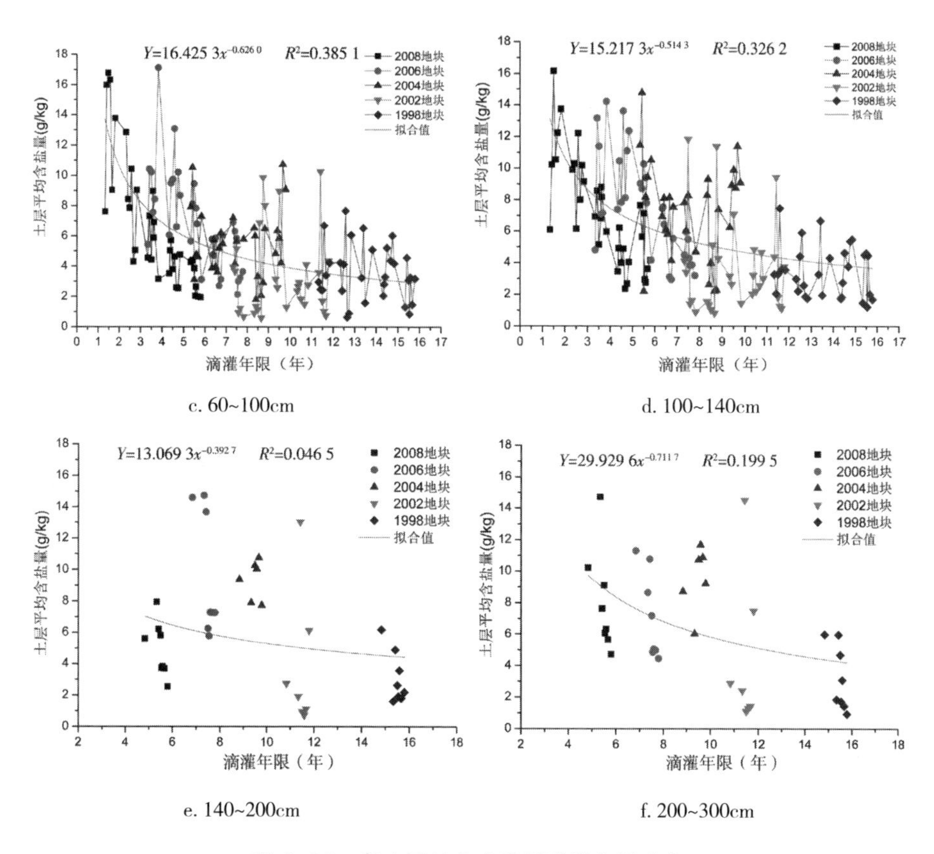

c. 60~100cm　　d. 100~140cm

e. 140~200cm　　f. 200~300cm

图 4-32 各土层盐分含量随滴灌年限变化

表 4-54 全部地块不同土层或剖面所有盐分数据随滴灌应用年限演变方程

土层或剖面	范围（cm）	盐分随滴灌应用年限演变方程	盐分含量 5g/kg 时滴灌年限（年）	盐分含量 3g/kg 时滴灌年限（年）
土层	0~20	$Y=46.155\,6x^{-1.302\,2}$ $R^2=0.771\,5$	5.51	8.16
	20~60	$Y=16.797\,8x^{-0.756\,4}$ $R^2=0.466\,7$	4.96	9.75
	60~100	$Y=16.425\,3x^{-0.626\,0}$ $R^2=0.385\,1$	6.69	15.12
	100~140	$Y=15.217\,3x^{-0.514\,3}$ $R^2=0.326\,2$	8.71	23.51
剖面	0~60	$Y=30.123\,1x^{-1.068\,2}$ $R^2=0.718\,2$	5.37	8.67
	0~100	$Y=25.059\,6x^{-0.929\,2}$ $R^2=0.666\,1$	5.67	9.82
	0~140	$Y=21.981\,2x^{-0.817\,2}$ $R^2=0.622\,0$	6.12	11.44

注：Y 代表盐分含量，x 代表滴灌应用年限，且 $1<x<17$

由图 4-32 可以看出，膜下滴灌农田不同土层盐分随滴灌应用年限的演变在 0~140cm 各土层均呈比较显著的降低趋势，特别是 0~20cm 土层盐分呈幂函数随滴灌应用年限降低最为显著，拟合的幂函数方程的决定系数最高（0.771 5），其他土层虽然也呈幂函数降低，但拟合的方程决定系数均不高；140~300cm 两个土层范围盐分随滴灌应用年限略呈降低趋势。表 4-54 中，对其拟合方程计算得知，当盐分含量降至 5g/kg 时所需要的滴灌应用年限，其中，20~60cm 土层需要的滴灌应用年限最小，为 4.96 年，200~300cm 土层需要的年限最长，为 12.36 年，由于这两个土层的拟合方程决定系数不是很高，其可靠性受限，决定系数最高的是 0~20cm 土层，盐分降至 5g/kg 时需要滴灌应用年限为 5.51 年。

四、不同剖面土壤盐分演变特征

全部地块 2009—2013 年连续 5 年垂直方向不同土层含盐量随滴灌应用年限的变化及演变方程汇总表分别见图 4-33 和表 4-54。

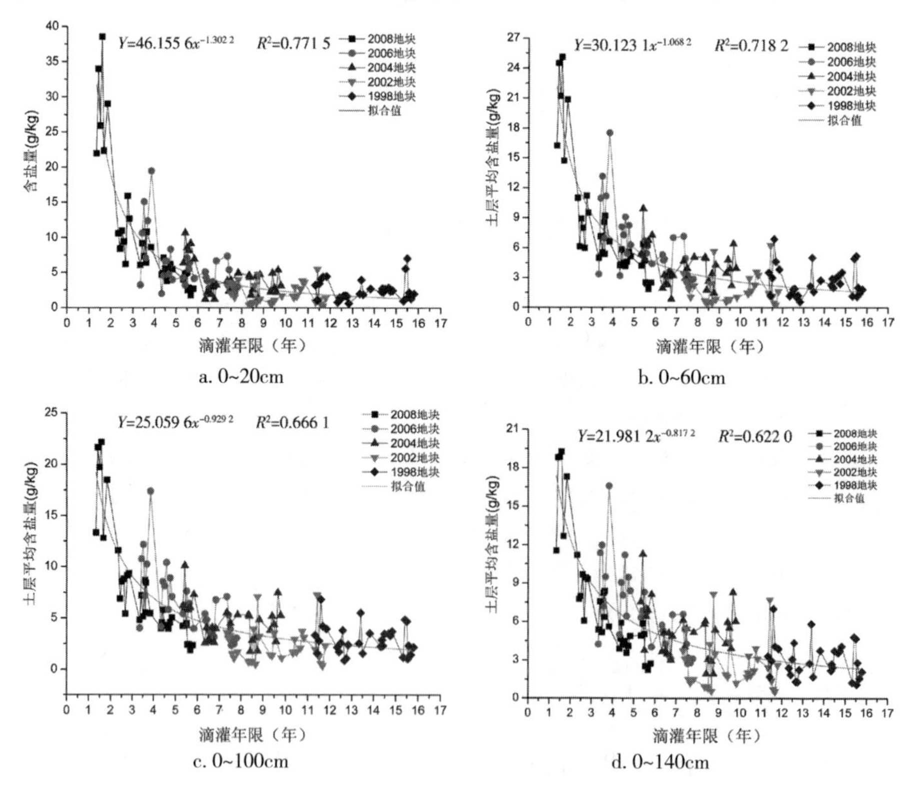

a. 0~20cm　b. 0~60cm

c. 0~100cm　d. 0~140cm

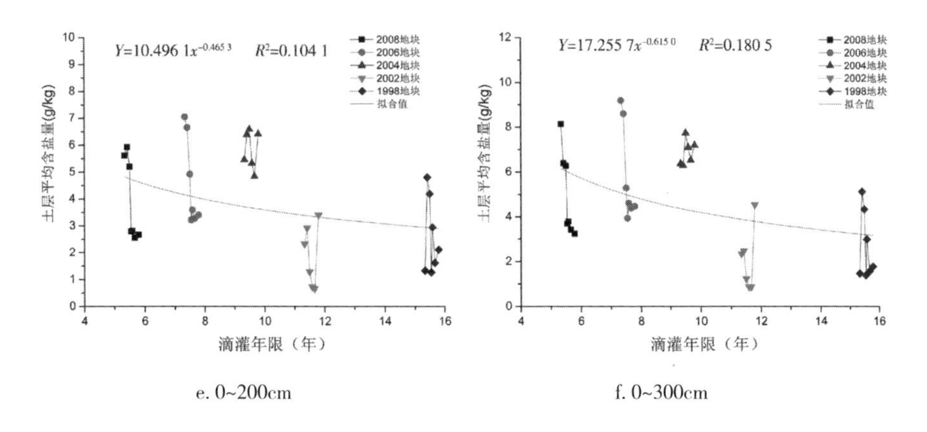

e. 0~200cm　　f. 0~300cm

图 4-33 各土层盐分含量随滴灌年限变化

由图 4-33 可以看出，膜下滴灌农田不同剖面土壤盐分随滴灌应用年限的演变在 0~20cm、0~60cm、0~100cm 和 0~140cm 各剖面均呈比较显著的降低趋势，运用幂函数拟合的盐分随滴灌应用年限的演变方程决定系数相对较高，介于 0.62~0.77，相应的相关系数则介于 0.79~0.88，相关系数均高于 0.75，说明不同剖面的盐分随滴灌应用年限的演变方程具有较高的统计学意义和重要的参考价值，通过对拟合方程在盐分含量降至 5g/kg 时对应的滴灌年限的计算（表 4-54），膜下滴灌棉田对应作物生长影响比较关键的几个剖面范围的适宜滴灌应用年限分别是，0~60cm 需滴灌应用 5.37 年，0~100cm 土层需要滴灌应用 5.67 年，0~140cm 土层需要滴灌应用 6.12 年；而 0~200cm 和 0~300cm 两个观测较深的剖面由于观测数据相对较少，拟合的幂函数方程决定系数均比较低，所计算的盐分降至 5g/kg 时对应的滴灌应用年限分别为 4.92 年和 7.49 年的可靠性相对较低。因此，在 0~140cm 范围拟合的盐分演变方程还是具有重要参考价值的，总体上膜下滴灌棉田土壤盐分达到作物适宜的含量（<5g/kg），至少需要 5.37~6.12 年，当盐分含量降至 3g/kg 时，需要的滴灌应用年限至少为 8.67~11.44 年，膜下滴灌应用年限越长，田间盐分相对越低，但随滴灌应用年限的增长，盐分降低的幅度及越来越小，盐分将处于一种动态平衡状态。

五、全部土壤盐分均值随滴灌应用年限演变特征

考虑荒地盐分不同土层或剖面的全部均值在内，全部地块 2009—2013 年连续 5 年所有盐分均值随滴灌应用年限的变化及演变方程汇总表分别见图 4-34、图 4-35 和表 4-55，不同土层及剖面相对荒地脱盐率随滴灌年限的变化趋势见图 4-36 和图 4-37。

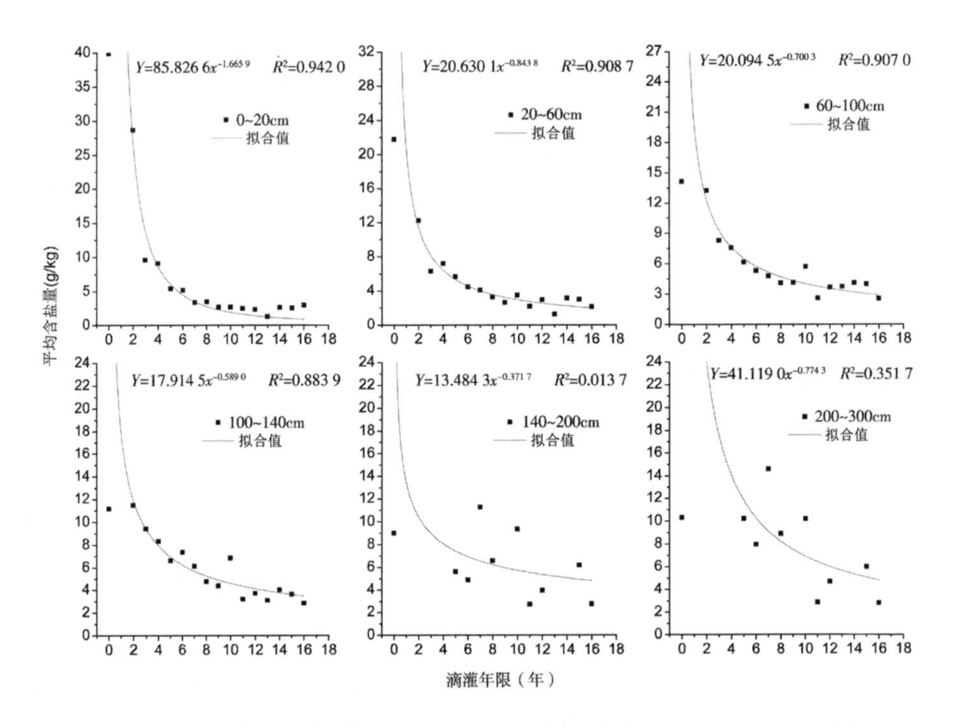

图 4-34　各土层盐分含量均值随滴灌年限变化

由图 4-34 可以看出，膜下滴灌农田不同土层土壤盐分均值随滴灌应用年限的演变除 140~200cm 和 200~300cm 土层外，其他土层盐分均值随滴灌年限均呈显著的幂函数降低趋势，且所拟合的幂函数方程决定系数均大于 0.88，对应其相关系数均高于 0.94，说明 0~20cm、20~60cm、60~100cm 和 100~140cm 土层盐分均值随滴灌年限的演变拟合方程具有较高的统计学意义和重要的参考价值，可以在一定程度上运用该拟合方程

估算类似膜下滴灌棉田土壤盐分的演变规律。140~200cm 和 200~300cm 土层盐分均值随滴灌应用年限亦呈降低趋势，但所拟合的幂函数盐分演变方程决定系数比较小，因此，其盐分拟合方程的参考价值有限。

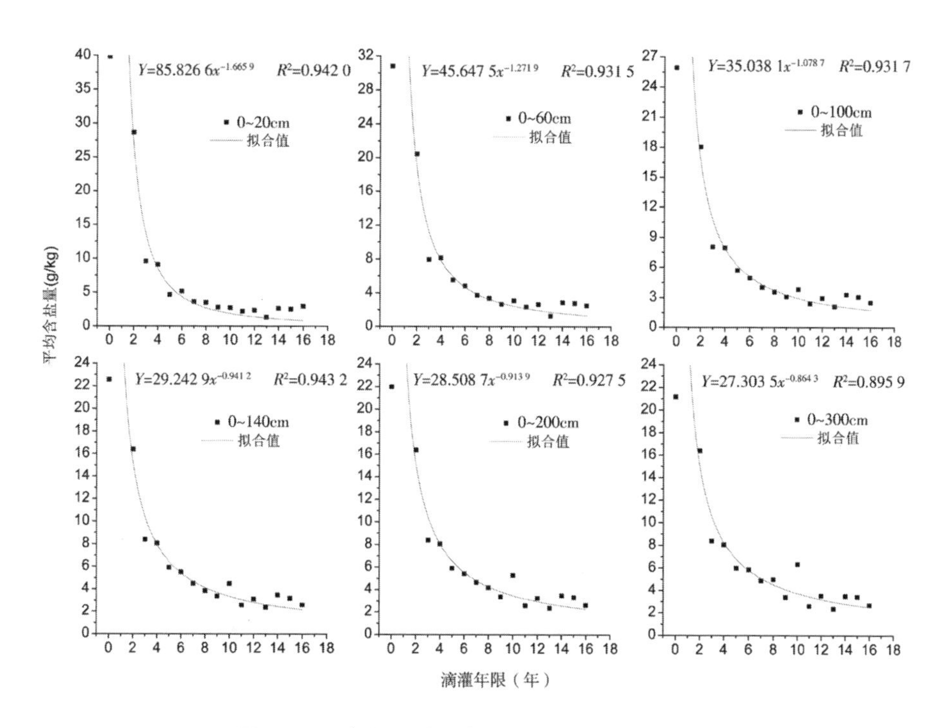

图 4-35　各剖面盐分含量均值随滴灌年限变化

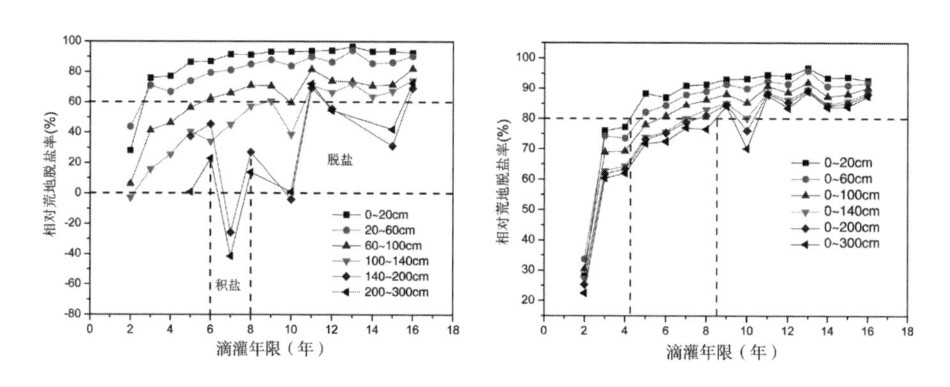

图 4-36　各滴灌年限不同土层盐分均值脱盐率

图 4-37　各滴灌年限不同剖面盐分均值脱盐率

结合图4-36不同土层土壤盐分均值相对荒地脱盐率的变化曲线，所有土层盐分相对荒地脱盐率在不同滴灌年限差别较大，0~20cm和20~60cm两个土层盐分均值在滴灌应用3年相对荒地相同土层盐分均值脱盐率即可达到70%以上，滴灌应用6年时，这两个土层盐分相对荒地脱盐率即可达到80%以上，以后脱盐率均维持在较高水平；60~100cm和100~140cm土层盐分均值脱盐率达到60%以上所需要的滴灌年限分别为6年和11年，滴灌10年以后脱盐率也趋于稳定，保持在70%左右变化。140~200cm和200~300cm土层盐分均值在滴灌应用0~4年没有观测数据，无法判别是否脱盐，在滴灌应用5~6年盐分均值相对荒地具有小幅的脱盐率，其中，140~200cm土层脱盐率不超过50%，200~300cm土层脱盐率不超过20%，在滴灌应用6~8年，140~200cm和200~300cm土层均具有积盐现象，滴灌7年时，相对荒地积盐率可到40%左右，滴灌应用8~10年处于略微脱盐和积盐的动态平衡状态，滴灌10~16年，这两个土层又处于波动脱盐状态，脱盐率在30%~70%变化。说明膜下滴灌农田深层土壤在滴灌应用10年以前处于先积盐后平衡再缓慢脱盐的变化状态，在滴灌应用10年以上，才处于全面的脱盐状态。

结合表4-55数据，在盐分演变方程决定系数较高的0~140cm深度范围内，要使农田不同土层盐分平均值降至5g/kg以下，0~20cm、20~60cm、60~100和100~140cm不同土层需要的滴灌应用年限分别为5.51年、5.36年、7.29年和8.37年，若盐分均值降至3g/kg，则0~20cm、20~60cm、60~100cm和100~140cm不同土层需要的滴灌应用年限分别为7.49年、9.83年、15.12年和20.78年，其中，100~140cm土层所计算的滴灌年限超出了0~16年实测资料的年限区间之外，可靠性较低，其他土层的滴灌年限均在实测资料滴灌年限区间之内，还是具有一定的参考价值的。140~200cm和200~300cm由于所拟合的盐分演变方程决定系数较低，其计算的滴灌年限数据参考价值有限。

表 4-55 全部地块不同土层或剖面所有盐分平均值随滴灌应用年限演变方程

土层或剖面	范围（cm）	盐分随滴灌应用年限演变方程	盐分含量 5g/kg 时滴灌年限（年）	盐分含量 3g/kg 时滴灌年限（年）
土层	0~20	$Y=85.8266x^{-1.6659}$ $R^2=0.9420$	5.51	7.49
	20~60	$Y=20.6301x^{-0.8438}$ $R^2=0.9087$	5.36	9.83
	60~100	$Y=20.0945x^{-0.7003}$ $R^2=0.9070$	7.29	15.12
	100~140	$Y=17.9145x^{-0.5890}$ $R^2=0.8839$	8.73	20.78
	140~200	$Y=13.4843x^{-0.3717}$ $R^2=-0.0137$	14.43	57.02
	200~300	$Y=41.1190x^{-0.7743}$ $R^2=0.3517$	15.20	29.40
剖面	0~60	$Y=45.6475x^{-1.2719}$ $R^2=0.9315$	5.69	8.50
	0~100	$Y=35.0381x^{-1.0787}$ $R^2=0.9327$	6.08	9.76
	0~140	$Y=29.2429x^{-0.9412}$ $R^2=0.9432$	6.53	11.24
	0~200	$Y=28.5087x^{-0.9139}$ $R^2=0.9275$	6.72	11.75
	0~300	$Y=27.3035x^{-0.8643}$ $R^2=0.8959$	7.13	12.87

注：Y 代表盐分含量，x 代表滴灌应用年限，且 $1<x<17$

由图 4-35 可以看出，膜下滴灌农田不同剖面土壤盐分均值随滴灌应用年限的演变均呈显著的幂函数降低趋势，且所拟合的幂函数方程决定系数均大于 0.89，对应其相关系数均高于 0.95，说明 0~20cm、0~60cm、0~100cm、0~140cm、0~200cm 和 0~300cm 等所有的剖面盐分均值随滴灌年限的演变拟合方程均具有较高的统计学意义和重要的参考价值，可以在一定程度上运用相关拟合方程估算类似膜下滴灌棉田土壤盐分的演变规律。结合图 4-37 剖面土壤盐分均值相对荒地脱盐率的变化曲线，所有剖面土壤盐分相对荒地脱盐率达到 80% 以上需要 4~8 年的滴灌应用年限，在滴灌应用 8 年以上，基本所有剖面土壤盐分均值相对荒地脱盐率均在 80% 以上，结合表 4-55 数据，要使农田盐分平均值降至 5g/kg 以下，0~60cm、0~100cm、0~140cm、0~200cm 和 0~300cm 不同剖面需要的滴灌应用年限分别为 5.69 年、6.08 年、6.53 年、6.72 年和 7.13 年；若盐分均值降至 3g/kg，则 0~60cm、0~100cm、0~140cm、0~200cm 和 0~300cm 不同剖面需要的滴灌应用年限分别为 8.50 年、9.76 年、11.24 年、11.75 年和 12.87 年，所计算的年限均在 0~16 年实测资料的年限区间之内，说明还是具有一定的参考价值的。

第六节 长期膜下滴灌棉田根区土壤盐分及离子演变特征

根区土壤盐分状况对于作物生长极为关键，本书将膜下滴灌棉花根区范围定义为膜内垂直方向 0~60cm，水平方向从膜内滴灌带到外行棉花 0~44cm，因两滴灌带之间的两行棉花生境较好，本书重点分析滴灌带到膜间的 2 行棉花所在根区总盐及各离子含量变化情况。

一、膜内根区总盐变化特征

膜内根区棉花全生育期内及生育期末不同时间测得的土壤总盐的全部数据及相对荒地脱盐率随滴灌应用年限的变化，分别见图 4-38 和图 4-39。为直观反映根区总盐或离子随滴灌应用年限变化的总体趋势，获得具有一定统计意义上的变化规律，用 Y=f（x）分别对试验数据进行了随滴灌应用年限的函数拟合，其中，Y 表示总盐或离子含量，g/kg，x 表示滴灌应用年限，年，且 $1 < x < 16$。

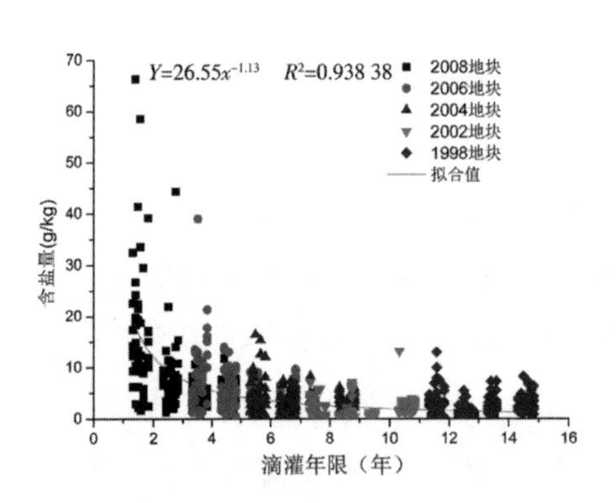

图 4-38 膜内根区含盐量

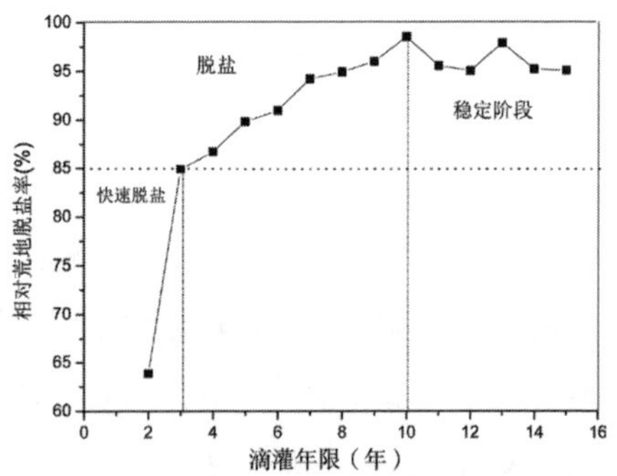

图 4-39 膜内根区平均含盐量相对荒地脱盐率

图 4-38 和图 4-39 表明，膜下滴灌根区土壤盐分随滴灌应用年限总体呈降低趋势，在滴灌 1~4 年根区总盐变化幅度及降低幅度均较大，盐分最高可接近 70g/kg，滴灌 5~7 年盐分继续小幅降低，滴灌 8~15 年盐

分趋于稳定，总盐含量基本低于 10g/kg。

2008 滴灌地块，根区各点盐分平均值从滴灌 1 年后的 25g/kg 降至滴灌 5 年的 5g/kg，而荒地 0~60cm 土壤盐分基本稳定在 45g/kg，滴灌 2 年后平均盐分降至 17.5g/kg，盐分降低 27.5g/kg，占荒地初始值的 61.1%；滴灌 3 年平均盐分降至 7.3g/kg，降低 10.2g/kg，滴灌 5 年平均盐分降至 4.1g/kg。根区盐分在滴灌前 3 年盐分降低幅度较大，年际间降低 50% 以上，滴灌 4~5 年盐分降低幅度减小并趋于稳定，滴灌 4 年后盐分平均值在 5g/kg 以下，理论上对棉花生长影响较小。

2006 滴灌地块根区盐分变化总体趋势与 2008 地块类似，在 2009—2012 年盐分总量随滴灌年限总体呈降低趋势，但在 2010 年即滴灌 5 年后盐分趋于稳定，降低幅度趋于平缓。盐分均值年际间降低 1.1~2.2g/kg，降低幅度占前一年度的比例在 21.3%~27.6%，盐分最大值、盐分方差和标准差也随滴灌年限减小，但相对 2008 滴灌地块相同年份数据及变化幅度均偏小。2004 地块在 2009—2012 年根区盐分总体在 3.2g/kg 左右变化，最大值仅在 2009 年出现为 16.43g/kg，而在 2010—2012 连续 3 年的最大值为 8.27g/kg，平均值均低于 6g/kg，均值和方差及标准差略呈降低趋势，2004 地块对于棉花作物而言盐分的抑制作用相对较小。2002 地块根区盐分均值连续 4 年均低于 3g/kg，4 年内的盐分最大值仅为 6.09g/kg，平均为 1.38g/kg，盐分变化幅度较小，处于稳定状态，2002 地块对于棉花作物而言几乎完全没有盐分的抑制危害。

造成以上盐分及离子变化的主要原因在于，研究区降水量不足 200mm，而蒸发量在 2 000mm 左右，根区土壤盐分呈上述分布与研究区气候条件和灌溉制度直接相关，根区土壤非饱和带内水分运动在非灌水作用下总体呈由下向表层运动的趋势，盐分也随之向上层迁移并积累。在自然状态下，随着表层水分的蒸发，盐分被留在表层土壤中，表层土壤盐分往往高于底层土壤盐分含量，但灌水改变了盐分的这一自然分布，特别是较大定额的灌水（研究区灌水定额基本在 120~150mm），在研究区这种沙壤土的条件下，使得土壤水分垂直运动比较强烈，从土壤水动力学角度来看，根区土壤水力传导度在滴灌灌水和蒸发的联合作用下随着含水率的波动而变化，由于覆膜滴灌中的塑料薄膜覆盖在很大程度上限制或减缓了蒸发的作用，因此，根区土壤水分运动的驱动力土水势中重力分势往往起到主导作用，在灌水期，根区土壤含水率较大，水力传导度较大，土壤水分可以快速地向下运动，由此带动土壤中可溶性盐分以对流作用不断向下迁移，根区土壤盐分含量随之降低，加之研究区地下水埋深较浅（棉花生育期内主要时段不足 2m），上层土壤盐分极有可能不断迁移进入地下水，从而使得根区土壤盐分不断被淋洗降低；蒸发期，虽然在根系耗水作用下根区土壤水分不断减小，水力传导度也随之减小，由于覆膜的作用，膜内土壤水分向上层迁移受到很大限制，土壤水分仅在膜间裸地一定范围内向上运动强烈，因此，盐分随着水分进入根区的总量相对有限，在整个生育期灌溉制度周期性灌水作用下，根区土壤盐分总量呈降低趋势，即使在非灌溉季节，由于蒸发作用不强，使得因蒸发作用向上迁移的盐分总量将变得有限，一般也仅在生育期灌水结束后的 9 月底和 10 月上旬有小幅累积升高，在经过越冬期后，新疆冬季的降水及开春后融雪使得根区盐分亦呈淋洗向下迁移趋势，至 4 月中下旬以后，进入新的一轮灌溉季节，因此，长期膜下滴灌农田根区土壤盐分在灌溉作用下周而复始不断向下迁移而呈降低趋势，但在生育期内又在蒸发、施肥及根系吸水作用下呈小幅波动上移变化特点。

膜下滴灌根区土壤盐分随滴灌应用年限总体呈降低趋势，根区盐分总体随膜下滴灌应用年限在滴灌 5 年内降低幅度较大，特别是滴灌应用 1~3 年，属于快速脱盐响应阶段，相对荒地脱盐率可达 85% 左右。滴灌应用 3~10 年盐分降低趋势依然明显，相对荒地脱盐率呈线性升高，到滴灌应用 10 年时脱盐率基本达到最大，盐分均值最低仅为 0.71g/kg，脱盐率为 98.54%，滴灌年限在 10~15 年盐分含量趋于稳定，相对荒地脱盐率稳定在 95% 左右，随灌水、施肥、蒸发等影响略有波动或偶有积盐，属于脱盐稳定阶段。总体上看，在膜下滴灌应用 7~15 年根区总盐平均含量基本低于 5g/kg，相对荒地脱盐率稳定在 94% 以上，盐分变化趋于稳定。

根区盐分降低的原因主要在于当地的灌溉制度。当地膜下滴灌棉田灌水次数一般 8 次左右，灌水定额较大，每年生育期第 1 次灌水定额基本在 150mm 左右，之后的灌水定额也保持在 90mm 左右，灌水后土壤湿润锋深度一般在 1.5m 以上，甚至达到 3m，与饱和带相接在生育期内灌水后 0~60cm 根区土壤水分一般超过田间持水量的 90% 以上，盐分向膜间和深层迁移明显，垂直方向盐分被淋洗出根区 60cm 以下至深处，根区土壤呈脱盐状态，即使停水后，在蒸发和根系耗水影响下，盐分有所上升，但由于地表薄膜覆盖盐分随水分上移受到抑制，因此，在各年生育期内根区盐分含量相对较低，由于年际间膜间膜内土壤混翻，覆膜及滴灌位置逐年不定，根区盐分在生育期初仍会小幅升高，在灌水作用下再逐渐降低，周而复始，根区盐分在灌溉制度作用下，总体仍呈降低趋势。

二、膜内根区离子变化特征

经对全部根区土壤 8 种主要盐分离子测试分析，其中，Na^+ 含量相对最大，CO_3^{2-} 含量极低，因此，研究区盐分离子组分主要有 Na^+、Ca^{2+}、K^+、SO_4^{2-}、Cl^-、HCO_3^-、Mg^{2+} 7 种离子，膜内根区棉花全生育期内及生育期末不同时间测得的土壤总盐及上述 7 种离子及相对荒地离子脱盐率随滴灌应用年限的变化分别见图 4-40 至图 4-51。

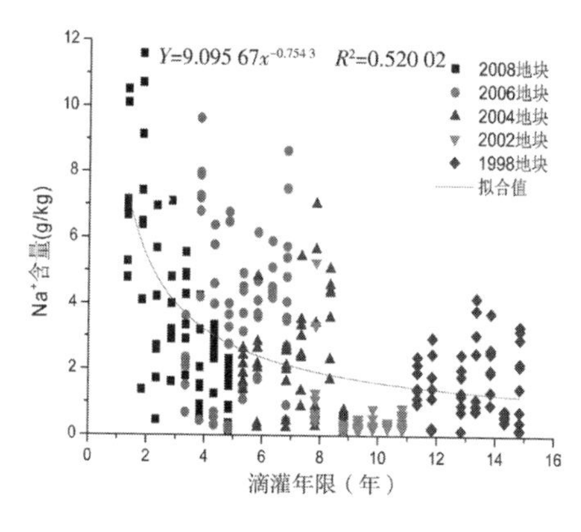

图 4-40 膜内根区 Na^+ 含量

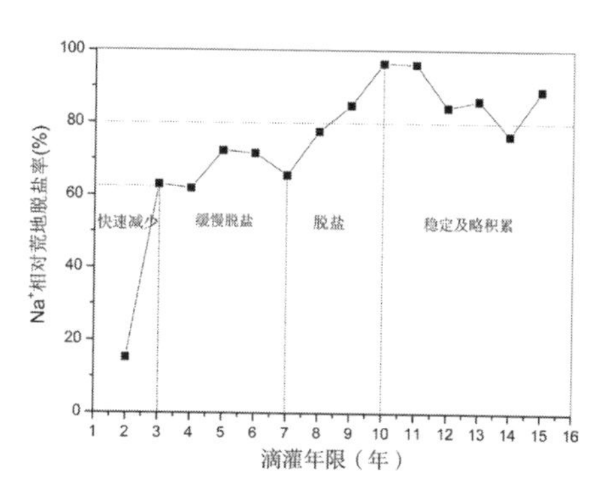

图 4-41 膜内根区平均 Na^+ 相对荒地脱盐率

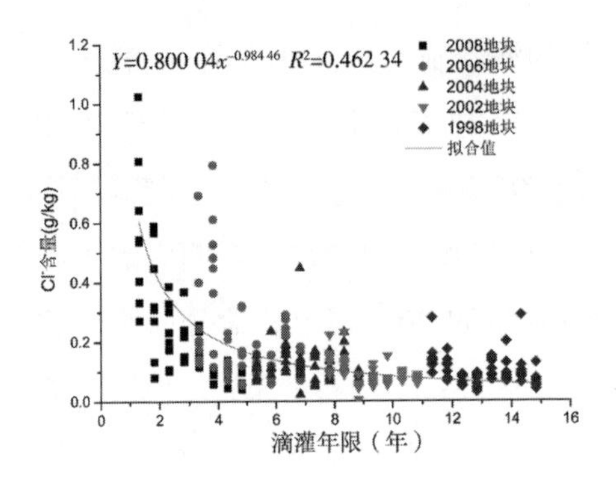

图 4-42　膜内根区 Cl^- 含量

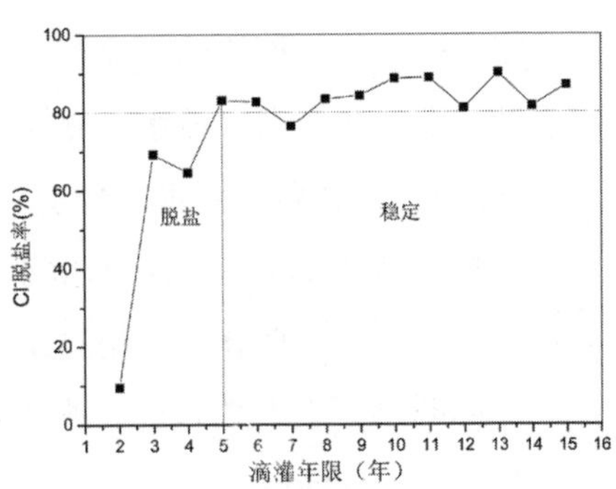

图 4-43　膜内根区平均 Cl^- 相对荒地脱盐率

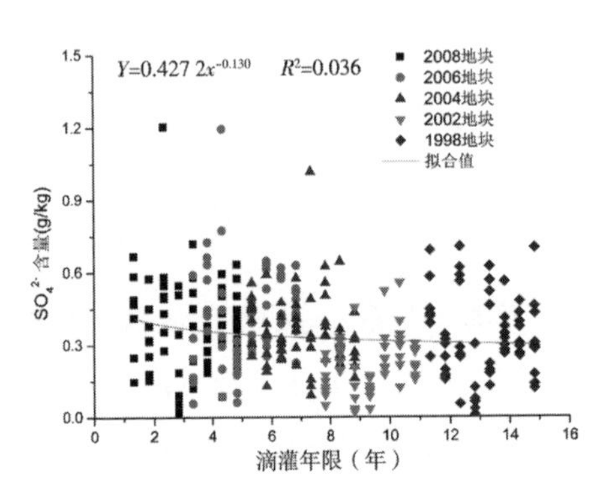

图 4-44　膜内根区 SO_4^{2-} 含量

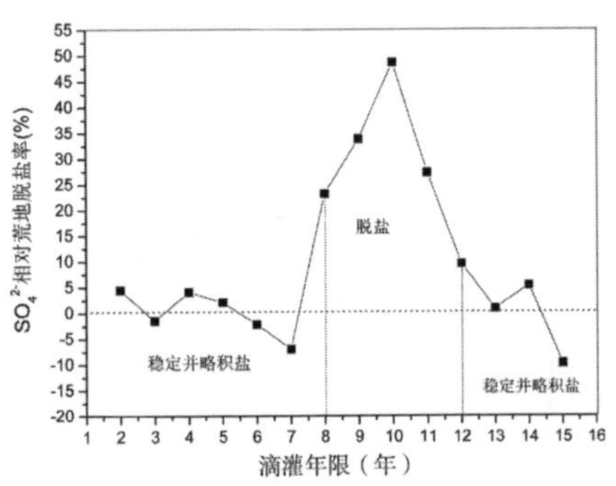

图 4-45　膜内根区平均 SO_4^{2-} 相对荒地脱盐率

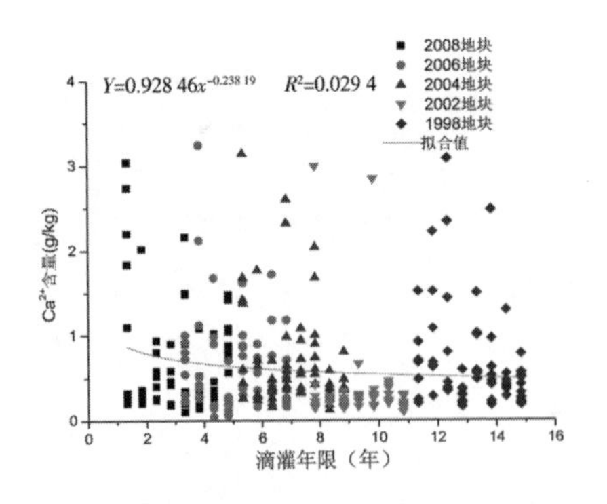

图 4-46 膜内根区 Ca^{2+} 含量

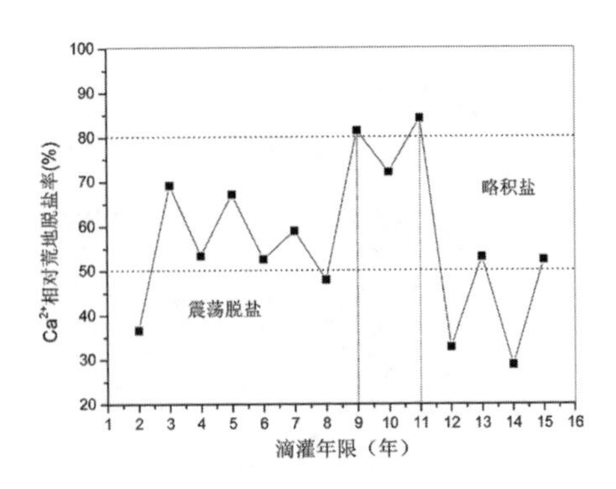

图 4-47 膜内根区平均 Ca^{2+} 相对荒地脱盐率

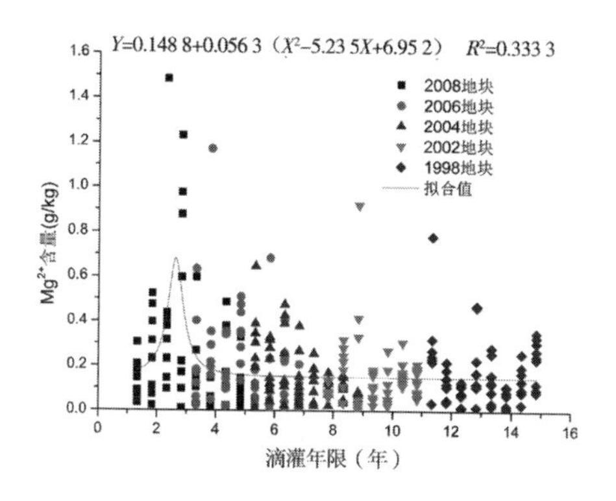

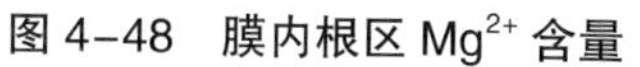
图 4-48　膜内根区 Mg^{2+} 含量

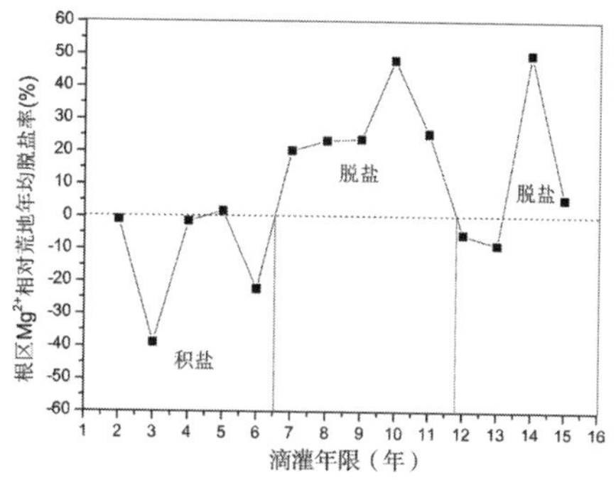

图 4-49　膜内根区平均 Mg^{2+} 相对荒地脱盐率

由图 4-40 至图 4-51 可以看出，在 7 种盐分离子中，Na^+ 含量最高，K^+ 含量最低，根区土壤盐分中 Na^+ 与 Cl^- 两种离子随滴灌年限降低趋势明显，由于 Cl^- 性质稳定，在土壤中很少被吸附，也较难与其他离子形成稳定的化合物，土壤 Cl^- 的迁移主要受土壤水分驱动 [109]，因此，Cl^- 在当前滴灌灌溉制度情况下随滴灌应用年限呈降低趋势，表现为 Cl^- 在滴灌前 4 年内降低显著，滴灌 5 年以后降低缓慢，滴灌 8~15 年相对稳定，总体变化趋势与根区总盐类似，均呈明显的指数函数降低；Na^+ 则在滴灌 8 年以后降低幅度较大，在滴灌 1~8 年含量波动幅度较大，平均值不断降低，滴灌 8~11 年相对较低，滴灌 12~15 年又有所升高；Ca^{2+} 在观测期内虽然变化幅度较大，特别是在滴灌 11~15 年表现为普遍增加，这可能是由于土壤中的难溶性的 $CaCO_3$ 和 $CaSO_4$ 物质随着滴灌年限的增加，土壤微生物环境得到明显改善，由于植物根系活动所释放的有机酸和酶类物质对土壤中 $CaCO_3$ 的活化作用，使得土壤中的 Ca^{2+} 含量不断增加 [109]，但总体仍随滴灌年限呈缓慢降低趋势。滴灌应用年限对 SO_4^{2-} 在土壤根区的分布影响并不显著，一方面可能是因为在新疆荒漠碱土中硫酸盐类含量较高的原因，另一方面可能是农业耕作向土壤中施入化肥和有机肥，大量的硝酸盐、氯化钾和过磷酸钙等酸性单质肥料，使土壤中的 Cl^- 和 SO_4^{2-} 转化形成 $CaCl_2$、$NaCl$ 等可溶物淋失，而 $CaSO_4$ 或 Na_2SO_4 较不易溶的物质得以保留，但总体仍随滴灌年限呈缓慢降低趋势；Mg^{2+} 呈现先升高后降低的变化趋势，在滴灌 3 年时最高，之后降低并在约滴灌 8 年以后趋于稳定；K^+ 总量较低，总体上变化稳定，基本在 0.1g/kg 以内波动，随滴灌年限无明显变化趋势，仅平均值随滴灌年限略有升高；HCO_3^- 在滴灌 15 年以内亦无明显变化特征，不同滴灌年限在 0.2g/kg 以内变化幅度较大。因此，可以认为，根区盐分随滴灌年限降低，主要是其中 Na^+ 与 Cl^- 降低，其次是 Ca^{2+}、SO_4^{2-}、Mg^{2+} 3 种离子，其他离子亦随滴灌年限无明显变化特征。

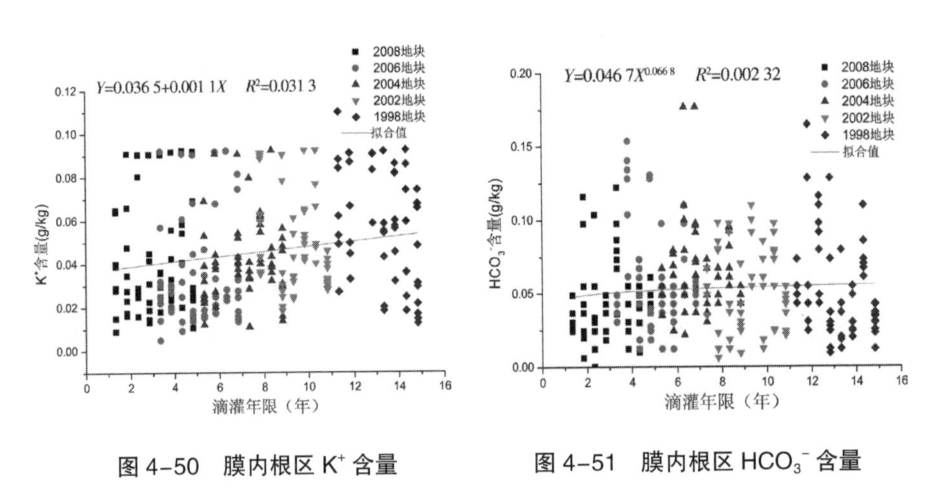

图 4-50　膜内根区 K^+ 含量　　　图 4-51　膜内根区 HCO_3^- 含量

根区总盐及 Cl^- 随滴灌应用年限的变化趋势所拟合的函数关系其相关系数相对较高，均可用 Allometric1 模型表示盐分含量与滴灌年限之间的相关关系。

$$Y=Ax^B \tag{4-1}$$

式中，Y 表示盐分或离子含量，g/kg；x 表示膜下滴灌应用年限，年；A 与 B 均为拟合参数。其中总盐拟合方程为：

$$Y=26.556x^{-1.133}\qquad R^2=0.938\,38 \tag{4-2}$$

Cl^- 拟合方程为：

$$Y=0.800\,04x^{-0.984\,46}\qquad R^2=0.462\,34 \tag{4-3}$$

如果根区平均盐分含量达到 5g/kg 时，通过对公式（4-2）的计算可得需要的膜下滴灌年限为 6.63 年，此时通过公式（4-3）计算得到根区

平均 Cl^- 含量为 0.124g/kg。

图 4-40~ 图 4-51 表明，Na^+ 在滴灌 3 年以上脱盐率均超过 60%，大致分三个阶段，滴灌 3~7 年缓慢脱盐，滴灌 7~10 年呈现快速脱盐，并在滴灌 10a 时脱盐率达到最高点为 96.46%，滴灌年限 >10~15 年处于稳定阶段。Cl^- 则在滴灌 5 年以上年均含量均低于 0.15g/kg，脱盐率基本稳定在 80%~90%。Ca^{2+} 在滴灌 3~8 年脱盐率在 50%~70% 呈震荡波动变化，滴灌 9~11 年脱盐率升高并稳定在 70%~85%，之后在滴灌 12~15 年脱盐率有所下降，Ca^{2+} 含量有所升高。SO_4^{2-} 在滴灌 2~7 年相对荒地含量变化不大，均值介于 0.36~0.41g/kg，滴灌 7~10 年脱盐率逐渐上升，之后在滴灌 10~15 年脱盐率又逐渐下降，SO_4^{2-} 含量逐渐升高，但未超过 0.42g/kg，总体均值相对荒地变化不是很大。Mg^{2+} 相对荒地在 6 年以内呈升高趋势，含量增加，在滴灌 7~11 年才有所降低，但脱盐率最高不超过 50%，之后处于震荡状态，总之相对荒地含量变化也不是很大。因此，认为盐分均值随滴灌年限下降主要是由其中的 Na^+、Cl^-、Ca^{2+}、SO_4^{2-}4 种离子引起的。

三、关于长期膜下滴灌棉田根区盐分及离子变化的讨论

由于滴灌技术理论上具有“浅灌、勤灌、湿润范围小”的特点，被认为不能够排除田间土壤盐分，但通过长时间田间走访调查、实验分析发现现行的轮灌制度及灌溉定额与大部分专家学者所制定的膜下滴灌棉花轮灌制度 5~7d 或者全生育期 12 次左右及灌溉定额 345~390 mm 不大相符；因此，近年来关于长期膜下滴灌条件下田间土壤盐分演变问题受到关注。本书通过对试验点 5 个不同应用膜下滴灌地块连续 4 年的定点观测，认为根区盐分总量及 Na^+、Cl^-、Ca^{2+}、SO_4^{2-}、Mg^{2+}5 种离子随滴灌应用年限呈降低趋势，根区盐分并未累积，滴灌应用 8 年以后盐分趋于稳定，根区平均含盐量低于 3 g/kg，且 Cl^- 含量低于 0.12 g/kg。这一结果与文献 [28] 在同一地块，滴灌棉花灌水定额 45~52.5 mm，灌溉定额 585 mm，间断观测 13 年的膜下滴灌技术应用地块土壤盐分含量下降的结果类似，与文献 [24]

对使用滴灌技术种植玉米的盐荒地初次灌水定额 30~35 mm，后期灌水定额 70~100 mm，连续 4 年研究结果也相近，不过，文献 [28] 的研究对象仅为一块地，且数据并不连续，间隔较大，虽然总体上具有滴灌应用 13 年的数据，但其中滴灌 4~11 年的数据缺失，难以说明这期间盐分的变化情况，后期的盐分变化与其中的关系也很难解释。文献 [24] 的研究对象仅有 4 年的滴灌技术应用历史，作者仅得到了土壤盐分含量下降的过程，没有得到盐分最终稳定的状态，且两者均为分析根区离子的变化。

本研究结果与其他文献 [11, 22~26, 110] 所得结论也有明显不同。这些文献在研究中考察的田块不具有本底值的一致性和应用滴灌的连续性，实验中所设定的灌水定额、灌水次数与大田实际操作不符，有些研究未能给出详细的灌水定额，灌水次数，有些农田甚至不在同一个灌区，仅仅将各农田之间进行盐分含量比较，并得出了农田土壤盐分含量将随着滴灌技术使用年限的延长而增加的结论，由于各研究地块的盐分本底值不同，这种比较方法所得到的结论值得怀疑。

本研究认为，长期膜下滴灌根区土壤盐分降低的主要原因在于当地的灌溉制度，特别是出苗水的大定额灌溉及灌水高峰期的超定额多次灌溉，使得根区盐分逐渐下移，并非在根区及滴灌湿润锋处累积。然而许多研究发现 [21~22, 111~113]，滴灌土壤湿润区将盐分推移到湿润锋附近，使该处的含盐量增加；长期滴灌条件下，土壤湿润锋处的盐分积累是造成土壤次生盐碱化的原因之一 [11]。有些研究则认为 [21, 111]，土壤湿润锋处的盐分积累主要是由上层土壤盐分向下迁移所致，整个观测剖面的盐分含量并没有增加，甚至观测剖面的含盐量会随着水分入渗深度的增大而减小。滴灌输入的土壤盐分会在根区积累 [29]，长期滴灌后根区盐分趋于稳定。滴灌水量和滴灌频率对土壤盐分运移的影响很大，增加灌水量或滴灌频率都可以将土壤盐分抑制到土壤深层甚至淋洗掉。本研究发现，当土壤盐分趋于稳定后，亦即滴灌应用 5 年以后，棉花吐絮期的大定额滴灌仅起到控制土壤盐分含量的作用，洗盐作用不十分显著，这部分灌水可以适当减少，从而起到节约水资源的作用。文献 [11] 指出，棉田盐分在 40~60 cm 的表层土层积累最多，60~100 cm 的底层土层积累呈减少趋势。中度盐渍化、轻度盐渍化土壤盐分 40~60 cm 土层则为明显的盐分积聚区 [111]。这些研究没有长期连续观测，大部分是基于某一次灌水前后土壤盐分的变化，得出的结论，而对其灌溉制度的调查或观测有限，使得其研究结论与本研究结论不太一致。当然本研究区如果没有类似的灌溉制度的话，在干旱区盐碱地上长期应用膜下滴灌根区土壤盐分的变化趋势将会是另外一种趋势，有可能积盐，则需另外研究关注。

另外，有些研究之所以认为，长期膜下滴灌能造成土壤次生盐碱化，是由于其在观测年份内采用的是含盐量 2g/L 的微咸水滴灌 [10]，并且指出，加大灌水量可以抑制土壤返盐。这说明造成土壤次生盐碱化的原因不是膜下滴灌技术本身，而是水质。Wan 等 [114] 的研究显示，采用一定含盐量的微咸水进行膜下滴灌并未使田间土壤含盐量明显增加；Kang 等 [115] 利用微咸水进行膜下滴灌糯玉米试验时发现，滴灌初期田间土层含盐量有所增加，而后期土壤盐分就趋于稳定。本研究的不同滴灌年限农田灌溉水质矿化度均在 0.4g/L 左右，由灌溉水带入根区的盐分含量较低，对根区土壤盐分影响并不显著，盐分随滴灌年限呈明显的降低趋势。

本书对不同滴灌应用年限的根区土壤盐分离子的变化也进行了分析，结果表明，在 7 种盐分离子中，Na^+ 含量最高，K^+ 含量最低，Na^+ 与 Cl^- 两种离子随滴灌年限降低趋势明显，其中，Cl^- 在滴灌前 4 年内降低显著，滴灌 5 年以后降低缓慢，滴灌 8~15 年相对稳定；Na^+ 则在滴灌 8 年以后降低幅度较大，在滴灌 1~8 年含量波动幅度较大，平均值不断降低；Ca^{2+} 与 SO_4^{2-} 两种离子在观测期内虽然变化幅度较大，但总体仍随滴灌年限呈缓慢降低趋势；Mg^{2+} 呈现先升高后降低的变化趋势；HCO_3^- 在滴灌 15 年以内亦无明显变化特征。文献 [109] 认为长期耕作使土壤盐分的垂直分布发生了变化，各离子从表层向下层淋洗的程度存在差异，发现阳离子的易于淋洗的顺序是：$Na^+>Mg^{2+}>Ca^{2+}$，阴离子的易于淋洗的顺序是：$Cl^->CO_3^{2-}>HCO_3^->SO_4^{2-}$。土壤由氯离子硫酸根盐土转变为硫酸根氯离子盐土，这一点与本文观测结果类似，Na^+ 和 Cl^- 随滴灌应用年限降低明显。文献 [24]

也有与本研究近似的结果，0~40cm 土层中 Cl^- 含量随滴灌种植年限增加而下降。种植 1 年后，剖面上 SO_4^{2-} 含量无明显变化，而种植 2 年后，整个剖面上 SO_4^{2-} 则明显下降。种植 1 年、2 年后，0~20cm 土层中 Ca^{2+} 含量变化不大，随着种植年限增加 0~40 cm 土层 Na^+ 平均含量逐渐降低，但其仅观测了 2 年滴灌应用年限。

本研究区地下水位埋深相对较浅，根区土壤盐分在灌水作用下总体呈趋势降低，根区下降的土壤盐分在灌水作用下不断向下迁移，研究发现随滴灌应用年限的增长，盐分逐渐迁移出观测区 140cm 以下，并极有可能进入地下水，才使得土壤盐分总量不断降低，图 4-52 可以说明这一点。而新疆平原水库众多，据新疆水资源公报数据，新疆共有大型水库 24 座，中型水库 117 座，其中，新疆兵团拥有大型水库 11 座，中型水库 31 座，新疆的大中型水库绝大部分为平原水库，新疆属于典型的内陆绿洲灌溉农业区，因此，绿洲农田相当一部分处于平原水库下游，农田地下水位相对较浅，本研究结论对于这些地区具有一定指导和借鉴价值。另外，对于地下水埋深较深的情况，研究者同期通过在新疆兵团地处沙漠腹地的莫索湾垦区 150 团连续 4 年 6 个不同滴灌年限的地块定点连续监测数据表明（结果见图 4-53），地下水位埋深较深时（150 团地下水埋深普遍在 15~25m），0~40cm 土壤盐分随滴灌应用年限增长在 2.5g/kg 以内呈震荡变化，未呈现升高或降低趋势，60~100cm 土层盐分随滴灌年限增长变化起伏，略呈缓慢降低趋势，100~140cm 土层盐分随滴灌年限增长略呈升高趋势，特别是滴灌 9 年以后升高趋势明显，但总量均未超过 3g/kg，通过对周边荒地土壤盐分监测表明，0~40cm 土层荒地盐分平均含量在 5g/kg，说明土壤盐分含量不高时，应用膜下滴灌对根区土壤盐分仍具有明显的降低作用，由于土壤亦为沙壤土，更易受灌水淋洗其中的可溶性盐分，滴灌应用 4 年以后，0~40cm 土壤盐分含量基本低于 3g/kg，深层积盐亦比较有限，说明灌溉对长期应用滴灌的农田根区土壤盐分具有重要的淋洗作用。

因此，在现行灌溉制度条件下，膜下滴灌根区土壤盐分随滴灌应用

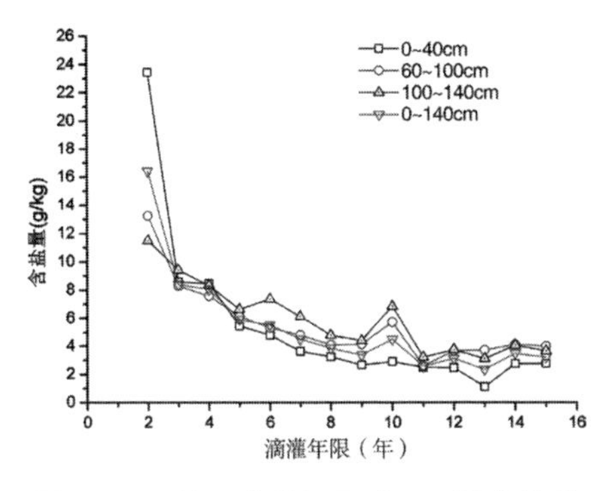

图 4-52 地下水浅埋区（121 团）盐分随滴灌年限变化

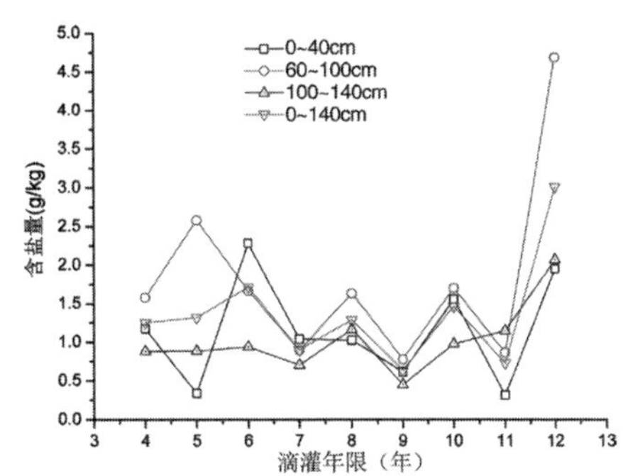

图 4-53 地下水深埋区（150 团）盐分随滴灌年限变化

年限总体呈降低趋势，在滴灌 5 年内降低幅度较大，特别是滴灌应用 1~3 年，属于快速脱盐阶段，相对荒地脱盐率可达 85% 左右，滴灌应用 3~10 年盐分降低趋势明显，相对荒地脱盐率呈线性升高，到滴灌应用 10 年时脱盐率达到最大，脱盐率达 98.54%，滴灌 10~15 年盐分含量趋于稳定，相对荒地脱盐率稳定在 95% 左右，随灌水、施肥、蒸发等影响略有波动，属于脱盐稳定阶段。在膜下滴灌应用 7~15 年根区总盐平均含量低于 5 g/kg，相对荒地脱盐率稳定在 94% 以上，盐分变化趋于稳定。膜下滴灌根区土壤盐分随滴灌应用年限符合 Allometric1 指数函数降低模型。

膜下滴灌棉田根区土壤盐分中 Na^+ 与 Cl^- 两种离子随滴灌年限降低趋势明显，其中，Cl^- 在滴灌前 4 年内降低显著，滴灌 5 年以后降低缓慢，年均含量低于 0.15 g/kg，脱盐率基本稳定在 80%~90%，滴灌 8~15 年相对稳定，总体变化趋势与根区总盐类似；Na^+ 在滴灌 3 年以上脱盐率均超过 60%。Ca^{2+} 在滴灌 3~8 年脱盐率在 50%~70% 呈震荡波动变化，滴灌 9~11 年脱盐率升高并稳定在 70%~85%，之后在滴灌 12~15 年脱盐率有所下降。认为根区盐分离子组分中主要是 Na^+ 与 Cl^- 随滴灌应用年限而降低，其次是 Ca^{2+}、SO_4^{2-}、Mg^{2+} 3 种离子，其他离子随滴灌应用年限无明显变化特征。

根区盐分降低的主要原因在于当地的灌溉制度，灌水定额及灌溉定额均偏大才使得根区土壤盐分主要受灌水发生对流脱盐，坚持现行的灌水制度虽然有利于膜下滴灌长期可持续应用，但应适当减少花铃后期及吐絮期的灌水定额以节约水资源。

第七节　本章小结

1. 膜下滴灌棉田土壤水分时空变化特征

灌水、作物耗水及蒸发对膜下滴灌棉田土壤水分变化产生重要影响，影响深度可达300cm，即可以达到地下水位置。其中，膜间主要受灌水和蒸发双重因素影响，影响深度主要在0~60cm，但60~100cm土层在棉花灌水频率较高的生长旺盛期6~8月期间及100~140cm土层的7~8月份水分含量受灌水影响明显升高；膜内窄行主要受作物根系耗水及灌水影响尤其灌水后的作物耗水相对其他两个观测位置影响最大，影响深度主要在0~60cm，60~100cm略受影响，因此，窄行间0~100cm土层范围内土壤水分相对其他两个位置波动最大；膜内毛管位置主要受灌水和作物耗水影响，主要影响深度可达300cm。膜间土壤水分含量及100cm以下土层水分含量总体偏高，认为膜下滴灌农田灌溉存在水分浪费现象。各土层水分变化在各年内具有类似特征，总体呈现以年为大周期、年内以灌水间隔时间为小周期的相对稳定波动变化规律。各年灌水对田间土壤水分变化的影响基本类似，年际间差异不大。

2. 长期膜下滴灌棉田土壤盐分演变特征

膜下滴灌棉田土壤盐分随滴灌应用年限总体呈降低趋势，相同滴灌年限不同阶段盐分均值相差不显著，盐分全部均值随滴灌年限呈幂函数前快后慢的降低趋势，滴灌7年以后盐分降至5g/kg以下，在滴灌应用7~16年盐分均值降低缓慢，滴灌应用16年时，盐分均值在3g/kg以下，说明膜下滴灌应用年限对农田0~300cm范围土壤盐分均值具有显著影响，使滴灌农田盐分不断降低，特别是在滴灌0~7年盐分降低显著，能从荒地的21.17g/kg降低到5g/kg，年均降低2.31g/kg，年均降低幅度10.91%；在滴灌应用7~16年，盐分均值从5g/kg降低至2.68g/kg，年均降低0.258g/kg，年均降低幅度5.16%，相对荒地年均降低幅度1.22%，盐分降低幅度和深度均显著下降。

膜下滴灌棉田生育期末土壤盐分均值降低到5g/kg时所对应的滴灌应用年限均不相同，在不同剖面中，0~60cm剖面土壤盐分降至5g/kg需要6.38年，0~100cm剖面土壤需要6.93年，0~140cm剖面土壤需要7.22年，剖面深度加大到0~200cm和0~300cm盐分均值降至5g/kg则分别需要5.77年和8.70年，说明不同深度剖面土壤盐分降至作物适宜的盐分阈值5g/kg需要的滴灌应用年限差别不大，平均在6~9年。随滴灌应用年限增长，盐分降幅越来越小，将处于一种动态平衡状态。

3. 长期膜下滴灌棉田根区土壤盐分及离子演变特征

现行灌溉制度下膜下滴灌根区土壤盐分随滴灌应用年限总体呈降低趋势，在滴灌5年内降低幅度较大，特别是滴灌应用1~3年，属于快速脱盐阶段，相对荒地脱盐率可达85%左右，滴灌应用3~10年盐分降低趋势明显，相对荒地脱盐率呈线性升高，到滴灌应用10年时脱盐率达到最大，脱盐率达98.54%，滴灌10~15年盐分含量趋于稳定，相对荒地脱盐率稳定在95%左右，随灌水、施肥、蒸发等影响略有波动，属于脱盐稳定阶段。在膜下滴灌应用7~15年根区总盐平均含量低于5g/kg，相对荒地脱盐率稳定在94%以上，盐分变化趋于稳定。膜下滴灌根区土壤盐分随滴灌应用年限符合Allometric1指数函数降低模型。

膜下滴灌棉田根区土壤盐分中Na^+与Cl^-两种离子随滴灌年限降低趋势明显，其中，Cl^-在滴灌前4年内降低显著，滴灌5年以后降低缓慢，年均含量低于0.15 g/kg，脱盐率基本稳定在80%~90%，滴灌8~15年相对稳定，总体变化趋势与根区总盐类似；根区盐分离子组分中主要是Na^+与Cl^-随滴灌应用年限而降低，其次是Ca^{2+}、SO_4^{2-}、Mg^{2+} 3种离子，其他离子随滴灌应用年限无明显变化特征。

根区盐分降低的主要原因在于当地的灌溉制度，灌水定额及灌溉定额均偏大才使得根区土壤盐分主要受灌水发生对流脱盐，坚持现行的灌水制度虽然有利于膜下滴灌长期可持续应用，但应适当减少苗期及花铃期的灌水定额以节约水资源。

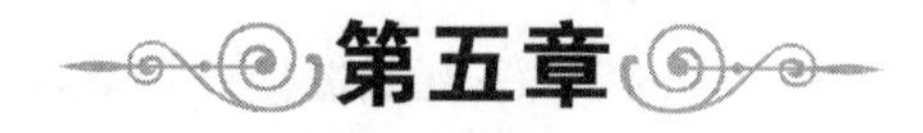

第五章 长期膜下滴灌棉田土壤盐分灌溉调控对策

第一节 单地块膜下滴灌棉田土壤水盐平衡分析

一、不考虑盐碱冲洗定额的膜下滴灌棉田土壤水量平衡分析

根据《灌溉排水工程学》（汪志农主编）[116] 中的旱作物灌溉制度制定时的土壤水量平衡方程，见式（5-1）：

$$W_t-W_0=W_T+P_0+K+M-ET \quad (5-1)$$

式中，W_0 和 W_t 分别为时段初和任一时间 t 时的土壤计划湿润层内的储水量（mm）；W_T 为由于计划湿润层增加而增加的水量（mm）；P_0 为土壤计划湿润层内保存的有效降水量（mm）；K 为 t 时段内的地下水补给量（mm），即 $K=kt$，k 为 t 时段内平均每昼夜地下水补给量；M 为时段 t 内的灌溉水量（mm）；ET 为时段 t 内的作物田间需水量（mm），即 $ET=et$，e 为 t 时段内平均每昼夜的作物田间需水量。

根据作物正常生长对农田水分状况的要求，任一时段内土壤计划湿润层内的储水量应不小于作物允许的最小储水量和不大于作物允许的最大储水量。根据棉花土壤计划湿润层深度和适宜含水率数据（表 5-1）。

表 5-1 棉花土壤计划湿润层深度和适宜含水率

生育阶段	土壤计划湿润层深度（cm）	土壤适宜含水率（%）	影响棉花生长下限指标（%）
幼苗	30~40	55~70	50~55
现蕾	40~60	60~70	55
开花	60~80	70~80	55
吐絮	60~80	55~70	50

注：该表引用《灌溉排水工程学》（汪志农主编），表中含水率数据为占田间持水量的百分比

为简化计算，本书参考表 5-1 数据，同时结合研究区膜下滴灌技术水分运动特点和农田实际土壤、气象、气候、地下水等条件，将膜下滴灌棉田的计划湿润层统一按照 60cm 考虑，即不考虑各阶段因计划湿润层变化而增加的水量，令 $W_T=0$；考虑膜下滴灌覆膜对土壤水分蒸发的抑制及降水入渗抑制的实际情况，暂时不考虑降水对膜下滴灌棉花计划湿润层土壤水分的补给影响，即令 $P_0=0$；地下水埋深在 3m 左右，虽然有些时候可以上升到 2m 左右，但对于在覆膜情况下棉田计划湿润层 0~60cm 土壤补给的地下水量仍比较有限，为简化计算，不考虑这部分水量的影响，令 $K=0$，因此，公式（5-1）可简化为：

$$W_t-W_0=M-ET \tag{5-2}$$

首先以 2008 地块观测数据为例，计算不同阶段田间土壤水量平衡情况，利用 2 种方式来判别农田实际水分状况与理论水分状况的差异，或判别灌水是否过量的问题。2008 地块土壤田间持水量为 34.08%，该地块 2009—2013 年连续 5 年的计划湿润层（0~60cm）、计划湿润层以下土层（60~300cm）、全剖面（0~300cm）土壤含水率及相应荒地在不同阶段土壤含水率的统计特征值见表 5-2。

1. 根据土壤含水率判别

由表 5-2 可以看出，2008 地块计划湿润层（0~60cm）平均含水率 27.528%，占田间持水量的 80.77%，而荒地该土层范围平均含水率为 20.098%，说明农田土壤水分由于灌溉而高于荒地自然条件下的土壤水分

含量36.97个百分点，结合表5-1数据，棉田全生育期计划湿润层适宜含水率应在田间持水量的55%~80%，而实际为80.77%，说明总体上农田计划湿润层土壤含水率略高于适宜含水率的上限，但从平均值角度分析，理论上棉田适宜含水率的范围是55%~80%，是指灌水周期内土壤含水率应介于这个范围比较适宜，换句话说，灌水周期内的适宜含水率范围的平均值应该是67.5%，而2008地块滴灌农田实际土壤含水率平均值80.77%包含了5年观测期内不同灌水周期土壤含水率的随机值，因此，农田计划湿润层平均含水率实测值应该与适宜含水率范围的平均值进行比较才更有意义，则2008地块农田时间含水率平均值80.77%就远远高于适宜含水率平均值的理论值67.5%，高出适宜含水率19.67个百分点，说明农田计划湿润层土壤水分含量超过了适宜含水率范围，农田存在灌水过量现象，农田水资源利用效率不高，存在灌溉水浪费情况。

表5-2　膜下滴灌棉田2008地块及荒地计划湿润层平均含水率特征值

深度范围	生育阶段	N	农田含水率均值（%）	占田持的比例（%）	理论适宜含水率占田持比例平均值（%）	荒地含水率（%）	荒地含水率占田持比例（%）	农田高于理论百分比（%）	农田高于荒地百分比
0~60	初期	171	26.755	78.51	62.5	20.353	59.72	25.61	31.45
	中期	264	28.833	84.60	75	19.789	58.07	12.81	45.70
	末期	90	25.168	73.85	62.5	20.361	59.74	18.16	23.61
	总计	525	27.528	80.77	67.5	20.098	58.97	19.67	36.97
60~300	初期	180	26.667	78.25		27.692	81.26		−3.70
	中期	324	28.454	83.49		28.892	84.78		−1.52
	末期	114	27.823	81.64		32.837	96.35		−15.27
	总计	618	27.817	81.62		29.315	86.02		−5.11
0~300	初期	351	26.71	78.37		24.305	71.32		9.90
	中期	588	28.624	83.99		24.551	72.04		16.59
	末期	204	26.651	78.20		27.431	80.49		−2.84
	总计	1 143	27.684	81.23		25.051	73.51		10.51

从膜下滴灌棉花不同阶段来分析，表 5-2 中棉花计划湿润层在 3 个阶段农田实际平均含水率占田间持水量的比例均高于理论上适宜含水率占田间持水量比例的平均值，高出范围在 18.16%~25.61%，最高在初期阶段，说明膜下滴灌棉田初期灌水定额相对偏高。农田相对荒地水分高出 23.61%~45.70%，在中期水分比荒地最高，荒地 0~60cm 土层含水率平均值在 4~10 月 3 个阶段占田间持水量的比例比较接近 59%，均低于棉田适宜的含水率平均值，说明自然条件下荒地土壤水分不适宜棉花作物生长，棉花生长必须依靠灌溉，这也正说明了研究区属于干旱区绿洲灌溉农业的特点，没有灌溉就没有农业。

对于计划湿润层以下的土层（60~300cm）含水率平均值 27.817%，不同阶段含水率占田间持水量的比例介于 78.25%~83.49%，平均比例为 81.62%，而荒地这部分土层平均含水率 29.315%，在不同阶段占田间持水量的比例介于 81.26%~96.35%，平均比例为 86.02%，高于农田含水率占田间持水量的比例 5.11%，在不同阶段荒地 60~300cm 土层含水率平均值高于农田 1.52%~15.27%，特别是末期最高，说明农田 60~300cm 土层水分在棉花生长期内处于消耗状态或负均衡状态，棉花作物在消耗 0~60cm 土层土壤水分的同时，也在不同程度的消耗 60~300cm 土层中的土壤水分，特别在灌溉停止后的末期（9~10 月），农田深层水分相对荒地消耗最大，在棉花生长中期（6~8 月）相对荒地消耗最小，主要是由于中期灌水较大，灌溉水对深层土壤水分的补充与作物消耗基本处于动态平衡状态。

2. 根据水量平衡判别

膜下滴灌棉田计划湿润层在不同阶段的储水量 $W=H\theta$，$H=600mm$，理论土壤含水率为表 5-2 适宜含水率范围的平均值，计划湿润层不同阶段实际土壤储水量、理论土壤储水量及实际储水量相对理论储水量和荒地储水量的增加量计算结果分别见表 5-3 的（2）、（3）、（4）、（5）列。可以看出，膜下滴灌棉田计划湿润层实际储水量相对理论储水量和荒地储水量在不同阶段均有不同程度的增加，相对理论储水量增量合计 75.58mm，相对荒地增量 121.51mm，说明灌水处于超量状态。

表 5-3　膜下滴灌棉田 2008 地块计划湿润层（0~60cm）水量平衡计算特征值

生育阶段	实际土壤储水量（mm）	理论土壤储水量（mm）	相对理论增量（mm）	相对荒地增量（mm）	作物需水量（mm）	实际灌水量（mm）	超灌水量（mm）	超灌比例（%）
（1）	（2）	（3）	（4）	（5）	（6）	（7）	（8）	（9）
初期	160.53	127.80	32.73	38.41	57.2	187.43	130.23	227.67
中期	173.00	153.36	19.64	54.26	455.5	556.11	100.61	22.09
末期	151.01	127.80	23.21	28.84	25.2	72.61	47.41	188.13
总计	484.54	408.96	75.58	121.51	537.9	816.15	278.25	51.73

作物需水量即为满足棉花生长发育和较高产量而需要消耗的理论水量（ET），根据文献（张金珠硕士论文[49]、李明思[117]、蔡焕杰[118]、李富先[119]等）研究结果，综合考虑研究区概况及文献研究区实际情况，采用文献张金珠硕士论文数据见表 5-4。

表 5-4　膜下滴灌棉花需水量及灌溉制度

生育期	苗期	蕾期	花铃期	吐絮期	全生育期
天数（d）	41	28	56	31	156
耗水量（mm）	57.2	117.5	287.6	75.6	538
灌水定额（mm）	46.4	95.2	233.1	61.3	436
灌水模数（%）	10.64	21.84	53.46	14.06	100
灌水次数	2	3	9	2	16
灌水周期（d）	—	7	5	—	—

由于棉花吐絮期一般在 8 月中下旬至 9 月上旬，因此，本研究将表 5-4 中吐絮期的需水量按照 1：2 的比例分别放到本研究划分的中期（6~8 月）和末期（9~10 月），则按照本研究棉花生长阶段划分整理后结果见表 5-3 的第（6）列，实际灌水量采用研究区 2009—2013 年连续 5 年的平均值，见表 5-5。

表 5-5 研究区典型灌溉制度

灌水时间	4月下旬	5月中旬	6月中旬	6月下旬	7月上旬	7月中旬	7月下旬	8月中旬	8月下旬	合计
灌水定额（mm）	135.69	51.74	103.68	92.86	88.70	87.38	101.88	81.62	72.61	816.15

根据本研究所划分阶段重新整理后的实际灌水量数据见表 5-3 的第（7）列，则实际灌水量与理论需水量的差额即为超灌水量，计算结果见表 5-3 第（8）列，超灌水量占作物需水量的百分比即为超灌比例，计算结果见表 5-3 第（9）列。

由表 5-3 可以看出，在不考虑洗盐、压盐情况下，膜下滴灌棉田灌水量相对作物需水量超额灌溉了 278.25mm，超出作物需水量的 51.73%，并且主要在初期（4~5 月）超额灌溉，超灌水量 130.23mm，超灌比例高达 227.67%，在棉花生长旺盛的中期阶段（6~8 月），超灌水量 100.61mm，超灌比例为 22.09%，而在棉花生长末期（9~10 月），超灌水量为 47.41mm，由于末期作物本身需水较小，因此，超灌比例显得较大，为 188.13%，说明在不考虑压盐需水量而仅考虑作物需水量情况下，膜下滴灌棉田现行灌溉制度的灌水量偏大，理论上应减少灌水 278.25mm。

二、考虑盐碱冲洗定额的膜下滴灌棉田土壤水盐平衡分析

1. 冲洗定额计算公式

考虑研究区农田滴灌种植棉花前属于典型的盐碱荒地，因此，实际灌溉制度中应考虑一部分水量进行压盐。压盐水一般定额较大，使 1m 土层中的含盐量降低到作物能正常生长的范围内，此时土壤含盐量称为冲洗脱盐标准，脱盐标准与土壤盐分组成、作物种类有关，由于作物苗期耐盐能力最弱，因此，脱盐标准一般以作物苗期为依据，根据《灌溉排水工程学》干旱区氯化物盐土的冲洗脱盐标准为含盐量 5~7g/kg，根据研究区实际土壤类型及实践经验，脱盐标准取为 5g/kg。

为了达到脱盐标准所需单位面积的洗盐水量称为洗盐定额或冲洗定

额，计算公式为：

$$M=m_1+m_2+E-P \tag{5-3}$$

$$m_1=\beta_1-\beta_2 \tag{5-4}$$

$$m_2=\frac{1000h\gamma(s_1-s_2)}{k} \tag{5-5}$$

式（5-3）中，M 为冲洗定额（mm）；m_1 为计划冲洗层的土壤含水量与田间持水量的差额（mm）；m_2 为按计划的冲洗脱盐标准冲洗盐分所需的水量（mm）；E 为冲洗期内的蒸发水量（mm）；P 为冲洗期内可利用的降水量（mm）。式（5-4）中，β_1 为计划冲洗层的田间持水量（mm）；β_2 为计划冲洗层的土壤实际含水量（mm）。式（5-5）中，h 为计划冲洗层深度（m）；γ 为计划冲洗层的土壤容重（kg/m^3）；s_1 为计划冲洗层的土壤实际含盐量（%）；s_2 为计划冲洗层的土壤允许含盐量（%）；k 为排盐系数，表示单位体积冲洗水能排走的盐量（kg/m^3），值大小与冲洗前土壤的含盐量、土壤物理性质、地下水埋深、冲洗技术以及排水间距有关，一般取 15~75kg/m^3。

由于研究区膜下滴灌棉田均采用膜下滴灌技术加大灌水定额以达到压盐的目的，因此，不考虑蒸发水量和降水量，式（5-3）可简化为：

$$M=m_1+m_2 \tag{5-6}$$

2. 排盐系数 k 值的确定

由于排盐系数的大小与冲洗前土壤的含盐量、土壤物理性质、地下水埋深、冲洗技术以及排水间距等因素有关，根据研究区实际情况，土壤属于沙壤土，地下水埋深在 3m 左右，没有排水设施，灌水全部采用膜下滴灌技术，因此，排盐系数可根据 2008 地块 2009—2013 年连续 5 年的实际灌水数据、超过作物需水和土壤需水的水量和盐分实际平均含量变化情况，由公式（5-5）反算推求，由表 5-3 可知，研究区实际灌水制度往往在作物苗期即本研究所划分的生育阶段前期（4~5 月）的灌水定额超出田间实际需水的定额较大，事实上，也正是前期超量的灌溉才使得膜下滴灌棉田土壤盐分在前期迅速降低到较低水平，前期超量灌水客观上起到了排盐冲洗水量的作用，因此，主要计算前期超量灌水所推求的排盐系数，同时计算全生育期超量灌水推求的排盐系数作为参考。

则排盐系数计算公式为：

$$k=\frac{1000h\gamma(s_1-s_2)}{m_2} \tag{5-7}$$

公式（5-7）中，土壤计算深度分别按照0~60cm、0~100cm和0~140cm三种情况计算，即h值分别为0.6m、1.0m和1.4m；由于研究区剖面土层容重差别不大，各冲洗层的土壤容重均取平均容重=1 370kg/m^3；计划冲洗层的土壤实际含盐量即值按照下面原则确定，对于2009年生育阶段初期和全生育期的平均值均用荒地相应土层深度盐分均值代替，对于2010—2013年，均分别选用上一年度计算土层初期和全生育期的平均含盐量；计划冲洗层的土壤允许含盐量值的确定，生育初期和全生育期的平均值分别取计算年份相应阶段计算土层盐分平均值，即认为经过相应的灌水和超量灌水洗盐，盐分才降到相应的含量；计划冲洗脱盐标准冲洗盐分所需的水量用各计算年份生育初期和全生育期的超灌水量代替。计算过程如下。

先计算2009—2013年连续5年不同阶段及全生育期的超灌水量，计算过程与表5-3相同，超灌水量计算结果见表5-6。

表5-6 膜下滴灌棉田2008地块超灌水量计算结果

观测年份	生育阶段	土壤含水率（%）	作物需水量（mm）	实际灌水量（mm）	超灌水量（mm）	超灌比例（%）
2009	初期	27.29	57.20	215.61	158.41	276.95
	中期	29.01	455.50	552.34	96.84	21.26
	末期	30.41	25.20	59.07	33.87	134.40
	总计	28.67	537.90	827.03	289.13	53.75
2010	初期	28.37	57.20	150.66	93.46	163.39
	中期	32.92	455.50	546.29	90.79	19.93
	末期	26.23	25.20	103.68	78.48	311.43
	总计	29.71	537.90	800.63	262.73	48.84

续表

观测年份	生育阶段	土壤含水率（%）	作物需水量（mm）	实际灌水量（mm）	超灌水量（mm）	超灌比例（%）
2011	初期	25.04	57.20	136.08	78.88	137.90
	中期	28.55	455.50	644.76	189.26	41.55
	末期	27.38	25.20	77.76	52.56	208.57
	总计	27.38	537.90	858.60	320.70	59.62
2012	初期	25.86	57.20	150.66	93.46	163.39
	中期	28.53	455.50	540.18	84.68	18.59
	末期	23.40	25.20	90.00	64.80	257.14
	总计	26.47	537.90	780.84	242.94	45.16
2013	初期	28.04	57.20	284.14	226.94	396.74
	中期	27.19	455.50	496.98	41.48	9.11
	末期	23.78	25.20	32.54	7.34	29.13
	总计	26.94	537.90	813.66	275.76	51.27
合计	初期	26.75	57.20	187.43	130.23	227.67
	中期	28.83	455.50	556.11	100.61	22.09
	末期	25.17	25.20	72.61	47.41	188.13
	总计	27.53	537.90	816.15	278.25	51.73

然后根据表 5-6 超灌水量及公式（5-7）中其他参数值计算排盐系数，2009—2013 年各年生育初期和全生育期的排盐系数计算结果见表 5-7。

表 5-7　膜下滴灌棉田 2008 地块排盐系数计算结果　　（kg/m^3）

年份	0~60cm		0~100cm		0~140cm	
	初期	平均	初期	平均	初期	平均
2009	54.18	29.48	79.50	41.04	119.74	57.43
2010	104.48	39.12	128.87	52.12	142.49	58.53
2011	20.31	4.65	36.11	8.99	48.00	12.75
2012	9.91	4.28	16.85	7.40	31.98	13.57
2013	1.02	4.66	0.73	7.00	-3.54	6.86
2009—2011 三年平均	59.66	24.42	81.49	34.05	103.41	42.90

由表5-7可以看出，不同土层、不同年份、不同阶段的排盐系数均不相同，2009年和2010年相对较大，与这两年盐分均值含量较高有关，初期排盐系数高于全生育期排盐系数，这主要是由于一方面初期盐分均值降幅较大，另一方面初期超过水量较大。2012年和2013年的排盐系数较小，甚至在2013年0~140cm剖面初期排盐系数计算结果为负值，主要是由于这两年盐分均值总体较小，各计算深度土壤盐分均值均小于5g/kg，在2013年0~140cm初期盐分均值高于2012年盐分均值，所以排盐系数才出现负值，根据表5-7中各年份及各阶段排盐系数的大小，综合考虑研究区实际情况，本研究各计算土层的排盐系数按照2009—2011年三年初期排盐系数的平均值作为采用值，即0~60cm土层排盐系数采用59.66kg/m^3，0~100cm土层排盐系数采用81.49kg/m^3，0~140cm土层排盐系数采用103.41kg/m^3。

3. 冲洗定额的计算

（1）计算深度按照计划湿润层0~60cm时　根据膜下滴灌计算特点，计划冲洗层如果按照计划湿润层60cm计算，则计划冲洗层的田间持水量β_1=34.08%×600=204.48mm；计划冲洗层的土壤实际含水量以荒地0~60cm平均含水量代替，β_2=20.098%×600=120.59mm；计划冲洗层的土壤含水量与田间持水量的差额m_2=204.48−120.59=83.89mm；式（5-5）中，计划冲洗层深度h=0.6m；计划冲洗层的土壤容重γ=1 370kg/m^3；计划冲洗层的土壤实际含盐量先按照荒地0~60cm平均盐分含量计算，s_1=3.081 1%；计划冲洗层的土壤允许含盐量s_2=0.5%；排盐系数k取59.66kg/m^3，则按计划冲洗脱盐标准冲洗盐分所需的水量m_2为：

$$m_2=\frac{1\,000h\gamma(s_1-s_2)}{k}=\frac{1\,000\times0.6\times1\,370\times(3.081\,1\%-0.5\%)}{59.66}=355.63\text{mm}$$

因此，荒地开垦时计划湿润层（0~60cm）的冲洗定额$M=m_1+m_2$=83.89+355.63=439.52mm。

如果冲洗深度分别按照1.0m和1.4m计算，荒地0~100cm和0~140cm平均含水量分别为22.295%和23.335%，计划冲洗层的土壤含水量与田间持水量的差额m_1分别为117.85mm、150.43mm；荒地0~100cm和0~140cm平均含盐量分别为2.592%和2.258%，排盐系数k值分别取81.49kg/m^{3}和103.41kg/m^3，按计划冲洗脱盐标准冲洗盐分所需的水量m_2分别为351.70mm、326.07mm；则冲洗定额M分别为469.55mm和476.50mm。

2008地块2009—2013年各阶段0~60cm土层冲洗定额计算结果及与灌水量的对比，分别见表5-8和表5-9，其中，田间持水量采用34.08%，排盐系数分别采用59.66kg/m^3、81.49kg/m^3、103.41kg/m^3，土壤容重采用1 370kg/m^3，脱盐目标含量均为5g/kg；由于缺少2008年的观测水盐数据，2009年初期和平均值计算时的水盐初始含量均按照荒地相应土层深度的水盐均值再与2009年初期水盐均值的平均值作为选用计算值，除此之外，后一个阶段计算采用的水盐初始值为上一个阶段水盐含量的平均值，每年的冲洗定额以初期为主要参考。

表5-8　研究区2008地块计划湿润层（0~60cm）冲洗定额计算表

观测年份	生育阶段	含水率（%）	含盐量（g/kg）	s_1（g/kg）	s_2（g/kg）	田间含水率（%）	m_2（mm）	m_1（mm）	冲洗定额（mm）
2009	初期	27.29	20.37	25.63	5	27.53	284.19	39.31	323.50
	中期	29.01	20.35	20.37	5	27.29	211.76	40.77	252.53
	末期	30.41	20.86	20.35	5	29.01	211.48	30.42	241.90
	合计						707.43	110.50	817.93
2010	初期	28.37	8.56	20.44	5	28.67	212.75	32.47	245.21
	中期	32.92	7.27	8.56	5	28.37	49.07	34.29	83.36
	末期	26.23	8.32	7.27	5	32.92	31.26	6.98	38.23
	合计						293.07	73.73	366.81
2011	初期	25.04	5.99	7.94	5	29.71	40.47	26.24	66.71
	中期	28.55	6.06	5.99	5	25.04	13.62	54.27	67.89
	末期	27.38	6.63	6.06	5	28.55	14.63	33.17	47.80
	合计						68.71	113.68	182.39

续表

观测年份	生育阶段	含水率（%）	含盐量（g/kg）	s_1（g/kg）	s_2（g/kg）	田间含水率（%）	m_2（mm）	m_1（mm）	冲洗定额（mm）
2012	初期	25.86	5.00	6.12	5	27.38	15.47	40.20	55.67
	中期	28.53	4.64	5.00	5	25.86	-0.06	49.32	49.26
	末期	23.40	5.16	4.64	5	28.53	-4.93	33.28	28.34
	合计						10.48	122.80	133.27
2013	初期	28.04	4.58	4.86	5	26.47	-1.97	45.67	43.70
	中期	27.19	2.86	4.58	5	28.04	-5.84	36.25	30.41
	末期	23.78	2.48	2.86	5	27.19	-29.49	41.35	11.87
	合计						-37.30	123.27	85.97
总计	初期	26.75	7.57	3.30	5	26.94	-23.49	42.81	19.32
	中期	28.83	6.91	7.57	5	26.75	35.40	43.95	79.35
	末期	25.17	7.94	6.91	5	28.83	26.37	31.48	57.86
	合计						38.29	118.25	156.54

由表 5-8 可知，2008 地块从 2009—2013 年随着土壤盐分含量的逐渐降低，冲洗定额也逐渐降低，反过来说，正是由于膜下滴灌棉田灌水量相对理论需水量平均每年超额灌溉了 278.25mm（表 5-3），并且主要是在初期（4~5 月）超额灌溉，超灌水量 130.23mm，中期阶段（6~8 月）超灌水量 100.61mm，才使得棉田土壤水分在满足作物生长需要之外多余的部分进行压盐，由公式（5-5）可以反算，当冲洗定额分别为 278.25mm、130.23mm、100.61mm 时，可以降低的盐分含量分别为 20.20g/kg、9.45g/kg、7.30g/kg，因此，2009 年灌溉结束时盐分平均含量由荒地 0~60cm 平均含盐量 30.81g/kg 降至末期的 20.86g/kg，平均降低 9.95g/kg；2010 年灌溉结束时由 2009 年末期含盐量 20.86g/kg 降至 8.32g/kg，平均降低 12.54g/kg，均比较接近初期超额灌水 130.23mm 相应冲洗的盐分含量 9.45g/kg，但在 2009 年不同阶段以及 2011 年以后盐分降至较低含量时盐分的变化量与超额灌水所冲洗的盐分理论值差别较大，这可能是由于 2009 年盐分含量过高、2011 年以后盐分含量较小对于冲洗系数的影响及深层土壤盐分的影响造成的。

表 5-9 研究区 2008 地块计划湿润层（0~60cm）灌水量与总需水量的对比

观测年份	生育阶段	作物需水量（mm）	超 ET 灌水量（mm）	冲洗定额（mm）	总需水量（mm）	实际灌水量（mm）	灌水 - 总需水（mm）	（灌水 - 总需水）占冲洗比例（%）
2009	初期	57.2	158.41	323.5	380.7	215.61	−165.09	−51.03
	中期	455.5	96.84	252.53	708.03	552.34	−155.69	−61.65
	末期	25.2	33.87	241.9	267.1	59.07	−208.03	−86.00
	总计	537.9	289.13	817.93	1 355.83	827.03	−528.8	−64.65
2010	初期	57.2	93.46	245.21	302.41	150.66	−151.75	−61.89
	中期	455.5	90.79	83.36	538.86	546.29	7.43	8.91
	末期	25.2	78.48	38.23	63.43	103.68	40.25	105.28
	总计	537.9	262.73	366.81	904.71	800.63	−104.08	−28.37
2011	初期	57.2	78.88	66.71	123.91	136.08	12.17	18.24
	中期	455.5	189.26	67.89	523.39	644.76	121.37	178.77
	末期	25.2	52.56	47.8	73	77.76	4.76	9.96
	总计	537.9	320.70	182.39	720.29	858.6	138.31	75.83
2012	初期	57.2	93.46	55.67	112.87	150.66	37.79	67.88
	中期	455.5	84.68	49.26	504.76	540.18	35.42	71.90
	末期	25.2	64.80	28.34	53.54	90	36.46	128.65
	总计	537.9	242.94	133.27	671.17	780.84	109.67	82.29
2013	初期	57.2	226.94	43.7	100.9	284.14	183.24	419.31
	中期	455.5	41.48	30.41	485.91	496.98	11.07	36.40
	末期	25.2	7.34	11.87	37.07	32.54	−4.53	−38.16
	总计	537.9	275.76	85.97	623.87	813.66	189.79	220.76
2009–2013 平均	初期	57.2	130.23	19.32	76.52	187.43	110.91	574.07
	中期	455.5	100.61	79.35	534.85	556.11	21.26	26.79
	末期	25.2	47.41	57.86	83.06	72.61	−10.45	−18.06
	总计	537.9	278.25	156.54	694.44	816.15	121.71	77.75
2013*	初期	57.2	226.94	43.7	100.9	187.43	86.53	198.01
	中期	455.5	41.48	30.41	485.91	556.11	70.2	230.85
	末期	25.2	7.34	11.87	37.07	72.61	35.54	299.41
	总计	537.9	275.76	85.97	623.87	816.15	192.28	223.66

注：表中最后 2013* 所在的 4 行中的灌水数据采用 2009—2013 年连续 5 年的平均灌水数据

表 5-8 和表 5-9 反映另一个问题，典型灌溉制度平均每年在初期超过理论需水量 130.23mm，对于棉田压盐起到了重要作用。全生育期超额 278.25mm 对于棉田土壤持续的压盐也具有非常重要的意义。这些重要作用仅限于棉田土壤盐分较高时才最有意义，如在 2009 年和 2010 年，在盐分含量持续降低的情况下，继续采用这样的灌溉制度，继续较大水量的超额灌溉，对土壤盐分的抑制和降低作用越来越小，反而浪费了宝贵的水资源。如 2011 年以后，理论上棉花初期的冲洗定额均比较小，而实际灌溉超额的水量却不小，在 2011 年初期和中期分别超灌 12.17mm 和 121.37mm，分别超出理论冲洗定额的 18.24% 和 178.77%；在 2012 年初期和中期分别超过了理论冲洗定额 37.79mm 和 35.42mm，超出比例分别为 67.88% 和 71.9%；2013 年初期和中期分别超过了理论冲洗定额 183.24mm 和 11.07mm，超出比例分别为 419.31% 和 36.40%。2011 年、2012 年和 2013 年总的灌溉定额分别超出全生育期总需水量 138.31mm、109.67mm 和 189.79mm，充分说明现行灌溉制度灌水定额特别是初期和中期灌水定额在棉田盐分降至 10g/kg 以下时，存在一定程度浪费现象。在盐分降至 5g/kg 以下时，灌水浪费比较严重，如以 2013 年的盐分数据用平均灌水量来计算的话，苗期灌水定额可适当减少水量约 86.53mm，即 4~5 月的灌水定额合计可降至 100.9mm 左右，中期灌水量可减少 70.2mm，末期灌水量可减少 35.54mm，全生育期灌溉定额可降低约 192.28mm，即中期灌水量可降至 485.91mm，末期灌水量可降至 37.07mm，全生育期灌溉定额可降至 623.87mm 左右。

（2）计算深度按照计划湿润层 0~100cm 时　2008 地块 2009—2013 年各阶段 0~100cm 土层冲洗定额计算结果及与灌水量的对比，分别见表 5-10 和表 5-11。

表 5-10　研究区 2008 地块 1m 土层（0~100cm）冲洗定额计算表

观测年份	生育阶段	含水率（%）	含盐量（g/kg）	s_1（g/kg）	s_2（g/kg）	田间含水率（%）	m_2（mm）	m_1（mm）	冲洗定额（mm）
2009	初期	27.50	17.52	26.71	5	27.14	364.97	69.36	434.33
	中期	28.05	18.25	17.52	5	27.50	210.42	65.84	276.25
	末期	29.15	18.50	18.25	5	28.05	222.77	60.30	283.07
	合计						798.15	195.50	993.65
2010	初期	28.66	9.26	18.05	5	28.05	219.35	60.31	279.66
	中期	30.55	7.36	9.26	5	28.66	71.56	54.16	125.72
	末期	25.50	7.89	7.36	5	30.55	39.64	35.34	74.97
	合计						330.55	149.81	480.36
2011	初期	24.74	5.97	8.05	5	28.57	51.33	55.15	106.48
	中期	28.55	6.06	5.97	5	24.74	16.38	93.37	109.74
	末期	27.28	5.47	6.06	5	28.55	17.77	55.30	73.06
	合计						85.47	203.81	289.29
2012	初期	25.61	4.80	5.95	5	27.28	15.97	67.99	83.96
	中期	28.70	4.38	4.80	5	25.61	−3.35	84.68	81.33
	末期	23.91	5.06	4.38	5	28.70	−10.37	53.77	43.40
	合计						2.25	206.44	208.69
2013	初期	27.31	4.52	4.64	5	26.62	−6.10	74.57	68.47
	中期	26.41	2.80	4.52	5	27.31	−8.13	67.72	59.59
	末期	22.63	2.35	2.80	5	26.41	−36.92	76.72	39.79
	合计						−51.15	219.01	167.86
总计	初期	26.57	7.37	3.23	5	26.12	−29.79	79.55	49.76
	中期	28.26	6.71	7.37	5	26.57	39.80	75.07	114.86
	末期	24.87	7.45	6.71	5	28.26	28.70	58.19	86.88
	合计						38.70	212.81	251.51

表 5-11 研究区 2008 地块计划湿润层（0~100cm）灌水量与总需水量的对比

观测年份	生育阶段	作物需水量（mm）	超 ET 灌水量（mm）	冲洗定额（mm）	总需水量（mm）	实际灌水量（mm）	灌水－总需水（mm）	（灌水－总需水）占冲洗比例（%）
2009	初期	57.2	158.41	434.33	491.53	215.61	−275.92	−63.53
	中期	455.5	96.84	276.25	731.75	552.34	−179.41	−64.94
	末期	25.2	33.87	283.07	308.27	59.07	−249.2	−88.03
	总计	537.9	289.13	993.65	1 531.55	827.03	−704.52	−70.90
2010	初期	57.2	93.46	279.66	336.86	150.66	−186.2	−66.58
	中期	455.5	90.79	125.72	581.22	546.29	−34.93	−27.78
	末期	25.2	78.48	74.97	100.17	103.68	3.51	4.68
	总计	537.9	262.73	480.36	1 018.26	800.63	−217.63	−45.31
2011	初期	57.2	78.88	106.48	163.68	136.08	−27.6	−25.92
	中期	455.5	189.26	109.74	565.24	644.76	79.52	72.46
	末期	25.2	52.56	73.06	98.26	77.76	−20.5	−28.06
	总计	537.9	320.70	289.29	827.19	858.6	31.41	10.86
2012	初期	57.2	93.46	83.96	141.16	150.66	9.5	11.31
	中期	455.5	84.68	81.33	536.83	540.18	3.35	4.12
	末期	25.2	64.80	43.40	68.6	90	21.4	49.31
	总计	537.9	242.94	208.69	746.59	780.84	34.25	16.41
2013	初期	57.2	226.94	68.47	125.67	284.14	158.47	231.44
	中期	455.5	41.48	59.59	515.09	496.98	−18.11	−30.39
	末期	25.2	7.34	39.79	64.99	32.54	−32.45	−81.55
	总计	537.9	275.76	167.86	705.76	813.66	107.9	64.28
2009—2013 平均	初期	57.2	130.23	49.76	106.96	187.43	80.47	161.72
	中期	455.5	100.61	114.86	570.36	556.11	−14.25	−12.41
	末期	25.2	47.41	86.88	112.08	72.61	−39.47	−45.43
	总计	537.9	278.25	251.51	789.41	816.15	26.74	10.63
2013*	初期	57.2	226.94	68.47	125.67	187.43	61.76	90.20
	中期	455.5	41.48	59.59	515.09	556.11	41.02	68.84
	末期	25.2	7.34	39.79	64.99	72.61	7.62	19.15
	总计	537.9	275.76	167.86	705.76	816.15	110.39	65.76

注：表中最后 2013* 所在的 4 行中的灌水数据采用 2009—2013 年连续 5 年的平均灌水数据

由表 5-10 和表 5-11 可知，脱盐深度加大到 100cm 时，相应的冲洗定额也不断加大。现行灌溉制度灌水定额特别是初期和中期灌水定额在棉田盐分降至 10g/kg 以下时，也存在一定程度的浪费现象，在盐分降至 5g/kg 以下时，灌水浪费仍比较严重，但均小于 0~60cm 深度的相应数据。如以 2013 年的盐分数据用平均灌水量来计算的话，苗期灌水定额可适当减少水量约 61.76mm，即 4~5 月的灌水定额合计可降至 125.67mm 左右，中期灌水量可减少 41.02mm，末期灌水量可减少 7.62mm，全生育期灌溉定额可降低约 110.39mm，即中期灌水量可降至 515.09mm，末期灌水量可降至 64.99mm，全生育期灌溉定额可降至 705.76mm 左右。

第二节　长期膜下滴灌棉田土壤水盐平衡分析

一、长期膜下滴灌棉田根区土壤水盐平衡分析及调控对策

将研究区 2008 地块、2006 地块、2004 地块、2002 地块和 1998 地块 2009—2013 年连续 5 年的监测数据按照滴灌应用年限统一考虑。

为便于分析，按以下方法进行个别参数拟定，作物需水按照表 5-4 整理 3 个阶段的数据，灌水数据按照 2009—2013 年的平均灌水量及典型灌溉制度表 5-5 的数据进行整理，计划冲洗层土壤允许含盐量均按照 5g/kg 计算，计划冲洗层实际土壤含盐量以上一滴灌年限平均含盐量计算。土壤容重均按照平均容重 1 370kg/m^3 计算，计算深度为 0.6m，田间持水量按照 34.08% 计算，计划冲洗层土壤实际含水量按照荒地相应深度范围含水率平均值计算（理论上应该按照上一滴灌年限平均含水率计算，但为简化计算，同时也是为了使冲洗定额计算结果偏于安全而适当偏大一点，而取荒地含水率平均值），0~60cm 荒地平均含水率为 20.10%，则计划冲洗层的土壤含水量与田间持水量的差额 m_1 均为 83.90mm，因此，不同滴灌年限的冲洗定额仅与滴灌年限相应的平均盐分含量有关，则不同滴灌年限计划湿润层深度 0~60cm 土壤的冲洗定额可以根据公式（5-6）写为：

$$M_n=m_1+m_2=83.90+\frac{1000\times0.6\times1370\times(s_{n-1}-0.5\%)}{59.66}=13.778s_{n-1}+15.01$$

（5–8）

式（5–8）中，M_n 为膜下滴灌应用第 n 年的是需要的冲洗定额，mm；s_{n-1} 为膜下滴灌应用第 $n-1$ 年 0~60cm 土层平均盐分含量，g/kg。

若分别计算膜下滴灌棉花生育初期、中期和末期的冲洗定额，根据相应阶段的荒地平均含水率（20.35%、19.79%、20.36%），分别计算计划冲洗层的土壤含水量与田间持水量的差额 m_1，分别为 82.36mm、85.74mm、82.31mm，其冲洗定额计算公式分别为：

$$M_{n初}=m_1+m_2=82.36+\frac{1\,000\times0.6\times1370\times(s_{n-1}-0.5\%)}{59.66}=13.778s_{n初-1}+13.47$$

（5–9）

$$M_{n中}=m_1+m_2=85.74+\frac{1\,000\times0.6\times1370\times(s_{n-1}-0.5\%)}{59.66}=13.778s_{n中-1}+16.85$$

（5–10）

$$M_{n末}=m_1+m_2=82.31+\frac{1\,000\times0.6\times1370\times(s_{n-1}-0.5\%)}{59.66}=13.778s_{n末-1}+13.42$$

（5–11）

由于滴灌观测的最早年限为滴灌 2 年，因此，计算滴灌 2 年时其初始盐分均值以取荒地盐分均值与滴灌 2 年盐分均值的平均值。分别根据公式（5–8）、（5–9）、（5–10）、（5–11）及不同滴灌年限在各阶段盐分均值及全生育期盐分均值计算相应阶段的冲洗定额，计算结果见表 5–12。

表 5–12 不同滴灌年限计划湿润层（0~60cm）冲洗定额

滴灌年限	初期		中期		末期		平均	
	盐分均值（g/kg）	$M_{n初}$（mm）	盐分均值（g/kg）	$M_{n中}$（mm）	盐分均值（g/kg）	$M_{n末}$（mm）	盐分均值（g/kg）	M_n（mm）
1	24.07		24.87		29.75		25.63	
2	20.37	345.13	20.35	359.44	20.86	423.33	20.44	368.08

续表

滴灌年限	初期		中期		末期		平均	
	盐分均值（g/kg）	$M_{n初}$（mm）	盐分均值（g/kg）	$M_{n中}$（mm）	盐分均值（g/kg）	$M_{n末}$（mm）	盐分均值（g/kg）	M_n（mm）
3	8.56	294.12	7.27	297.22	8.32	300.81	7.94	296.64
4	6.57	131.43	7.93	117.00	12.07	128.00	8.15	124.37
5	5.16	103.99	5.52	126.15	6.36	179.78	5.52	127.31
6	5.65	84.53	4.45	92.84	4.40	101.10	4.82	91.07
7	4.25	91.32	3.06	78.18	3.87	73.99	3.73	81.36
8	4.55	71.98	2.56	59.07	3.32	66.77	3.37	66.46
9	2.90	76.17	2.10	52.06	3.02	59.11	2.66	61.40
10	2.76	53.47	3.56	45.80	2.79	55.10	3.10	51.70
11	1.88	51.43	1.96	65.95	3.41	51.92	2.34	57.79
12	3.23	39.39	2.30	43.86	2.51	60.47	2.65	47.28
13	1.25	57.95	1.58	48.59	0.88	47.95	1.28	51.46
14	3.60	30.67	1.57	38.57	2.74	25.58	2.88	32.71
15	2.45	63.01	3.05	38.50	2.99	51.21	2.77	54.64
16	3.04	47.21	2.44	58.84	1.84	54.57	2.53	53.23
17		55.30		50.50		38.74		49.81

注：表中滴灌 1 年的盐分均值为荒地盐分均值与滴灌 2 年盐分均值的平均值

根据表 5-12 不同滴灌年限各个阶段计算的冲洗定额，加上相应阶段作物需水量 57.2mm、455.5mm、25.2mm 以及全生育期总需水量 537.9mm 可分别计算不同滴灌年限各阶段及全生育期总的需水量，计算结果见表 5-13。

表 5-13　不同滴灌年限计划湿润层（0~60cm）总需水量

滴灌年限（年）	初期		中期		末期		全生育期	
	冲洗定额（mm）	总需水量（mm）	冲洗定额（mm）	总需水量（mm）	冲洗定额（mm）	总需水量（mm）	冲洗定额（mm）	总需水量（mm）
2	345.13	402.33	359.44	814.94	423.33	448.53	1 127.90	1 665.80
3	294.12	351.32	297.22	752.72	300.81	326.01	892.15	1 430.05
4	131.43	188.63	117.00	572.50	128.00	153.20	376.42	914.32

续表

滴灌年限（年）	初期		中期		末期		全生育期	
	冲洗定额（mm）	总需水量（mm）	冲洗定额（mm）	总需水量（mm）	冲洗定额（mm）	总需水量（mm）	冲洗定额（mm）	总需水量（mm）
5	103.99	161.19	126.15	581.65	179.78	204.98	409.91	947.81
6	84.53	141.73	92.84	548.34	101.10	126.30	278.47	816.37
7	91.32	148.52	78.18	533.68	73.99	99.19	243.48	781.38
8	71.98	129.18	59.07	514.57	66.77	91.97	197.82	735.72
9	76.17	133.37	52.06	507.56	59.11	84.31	187.35	725.25
10	53.47	110.67	45.80	501.30	55.10	80.30	154.37	692.27
11	51.43	108.63	65.95	521.45	51.92	77.12	169.30	707.20
12	39.39	96.59	43.86	499.36	60.47	85.67	143.72	681.62
13	57.95	115.15	48.59	504.09	47.95	73.15	154.48	692.38
14	30.67	87.87	38.57	494.07	25.58	50.78	94.83	632.73
15	63.01	120.21	38.50	494.00	51.21	76.41	152.72	690.62
16	47.21	104.41	58.84	514.34	54.57	79.77	160.63	698.53

根据表 5-12 和表 5-13 计算的不同滴灌年限时各阶段平均盐分含量、冲洗定额和总需水量的数据，分别作出可以直观判断滴灌年限与盐分含量、冲洗定额和总需水量的关系曲线，并拟合其相关函数方程，分别见图 5-1、图 5-2 和图 5-3。

由图 5-1 可以看出，在膜下滴灌棉花初期、中期、末期及全生育期的盐分均值随滴灌应用年限具有相似的变化规律，均随滴灌年限呈现前快后慢降低并逐渐趋于稳定的变化趋势，根据研究区棉花耐盐能力，如果以含盐量 5g/kg 作为对作物是否具有盐分胁迫的临界值，则由图 5-1 显示，在棉花初期（4~5 月）大约滴灌应用 6 年（根据拟合方程计算为 5.85 年）时，0~60cm 剖面土壤盐分均值可降至 5g/kg 以下，亦即在膜下滴灌应用 0~6 年，棉花生长的前期（4~5 月）土壤盐分平均含量高于 5g/kg，会对作物生长及产量产生比较大的胁迫影响，尤其是对棉花苗期生长具有不同程度的抑制和危害作用，需要加大灌水定额以减轻或降低盐分含量及对作物生长的胁迫影响，即在滴灌应用0~6年需要压盐，而滴灌应用6年以上，由于盐分平均含量已降至5g/kg以下，理论上对作物生长影响越来越小，但也不排除由于灌水减少、蒸发强烈等因素引起的返盐可能，因此，滴灌应用6年以上的棉田需要进行控盐，维持盐分含量不超过5g/kg，或不超过影响棉花生长及产量的范围。这个范围与全生育期期盐分的平均含量所计算的滴灌应用年限（5.69年）非常接近。而在棉花生长的中期和末期，盐分平均含量降至5g/kg时分别需要5.31年和6.22年，也均在6年前后，同时由于棉花生长中期和末期盐分含量对于棉花生长的胁迫影响后果相对于苗期而言小得多，因此认为，计划湿润层0~60cm深度时膜下滴灌棉花应在滴灌应用6年以内进行灌水压盐，而在滴灌应用6年以上时，应注意进行灌水控盐。

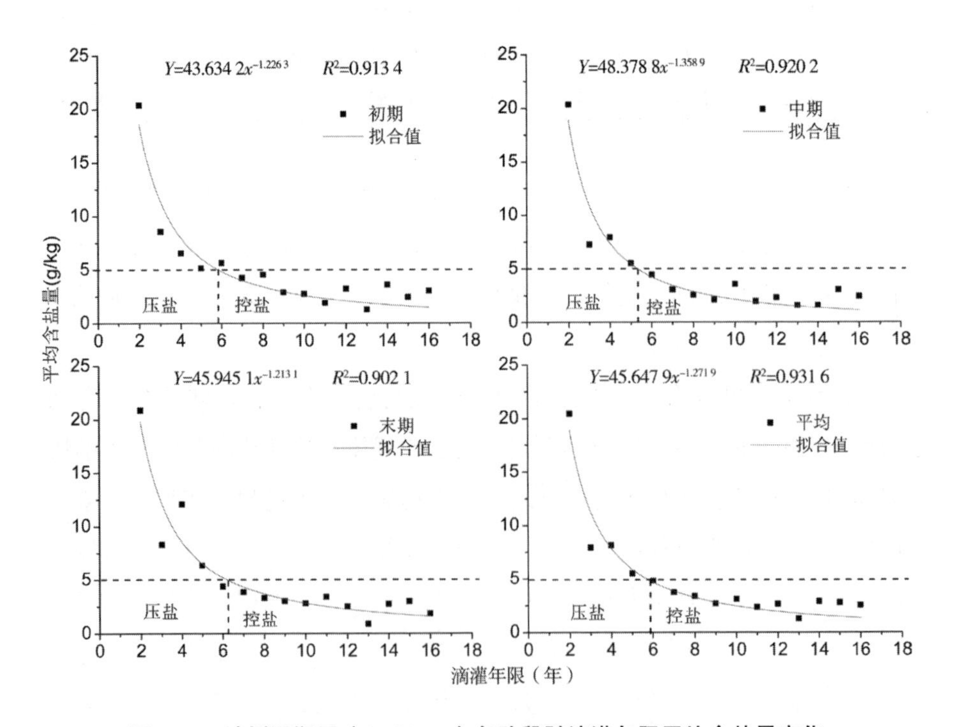

图5-1　计划湿润层（0~60cm）各阶段随滴灌年限平均含盐量变化

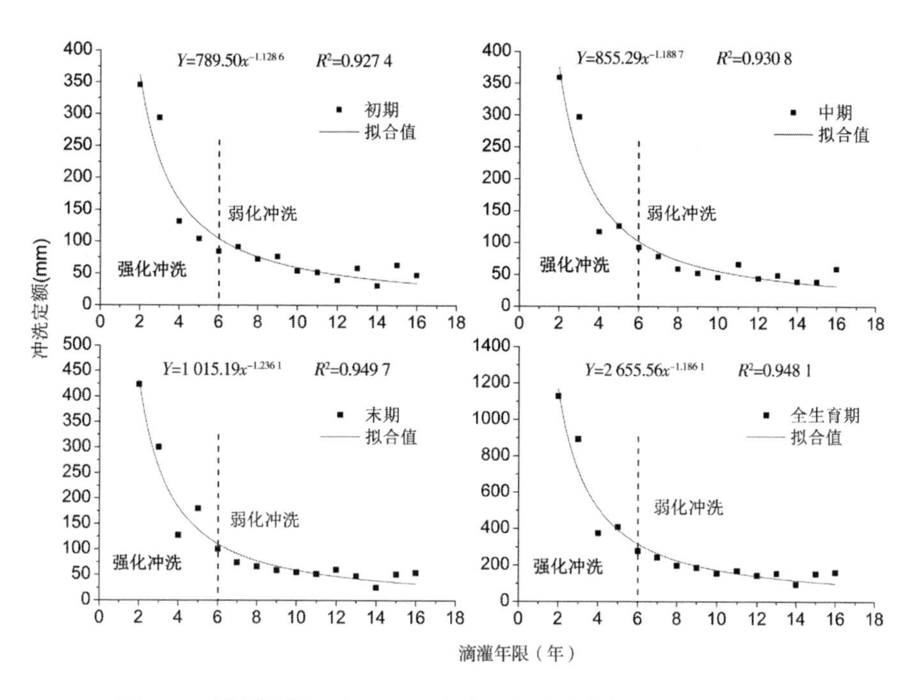

图 5-2 计划湿润层（0~60cm）各阶段随滴灌年限冲洗定额变化

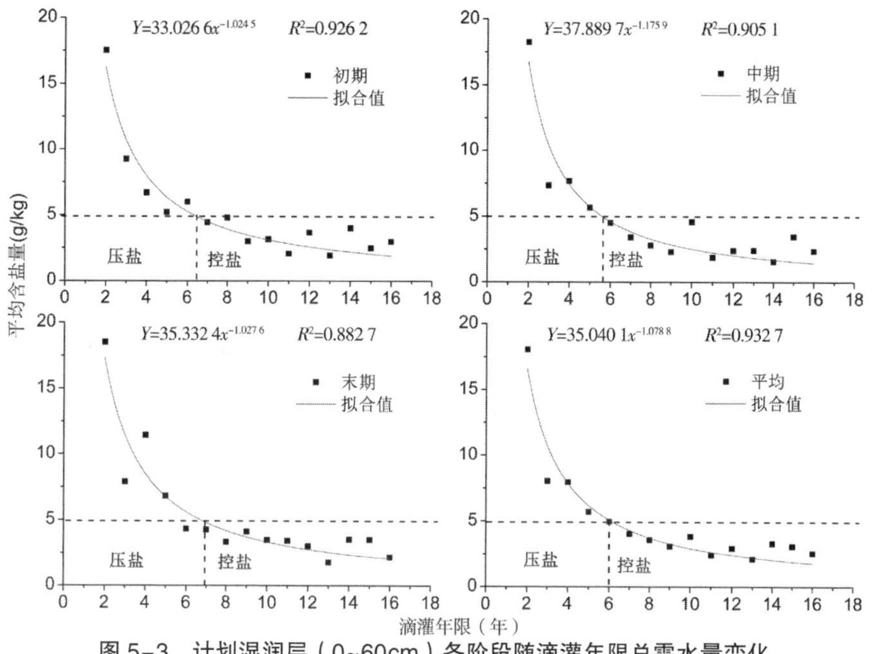

图 5-3 计划湿润层（0~60cm）各阶段随滴灌年限总需水量变化

根据图 5-1 得出的结论，计划湿润层 0~60cm 深度时应以滴灌应用 6 年为分界点，在图 5-2 中即反映为膜下滴灌应用 0~6 年应强化冲洗压盐，在滴灌应用 6 年以上，应适当弱化冲洗控盐。不同阶段及全生育期的冲洗定额与滴灌应用年限的关系均符合幂函数，所拟合的相关方程的决定系数均在 0.92 以上，具有较好的参考价值。根据初期滴灌年限与冲洗定额的拟合方程，可以计算当滴灌应用 6 年时初期所需要的冲洗定额为 104.5mm，中期和末期所需的冲洗定额分别为 101.65mm 和 110.83mm，全生育期所需要的冲洗定额为 317.10mm。根据棉花苗期需水量 57.2mm 和全生育期需水量 537.9mm，可分别计算棉花苗期和全生育期的灌水量分别为 161.7mm 和 855.0mm。在膜下滴灌应用不同年限所需要的冲洗定额可根据相应方程进行计算。滴灌应用 9 年时，可计算出来冲洗定额为 66.13mm，全生育期冲洗定额为 196.03mm，相应苗期和全生育期的灌水量分别为 123.33mm 和 733.93mm，滴灌应用 16 年时，可计算出来苗期冲洗定额为 34.54mm，全生育期冲洗定额为 99.07mm，相应苗期和全生育期的灌水量分别为 91.74mm 和 636.97mm。

由图 5-3 可以看出，不同滴灌年限所需要的总需水量随滴灌年限增长，呈现总体降低并逐渐稳定的变化趋势，根据现行膜下滴灌灌溉制度的实际灌水量与总需水量的关系，可以判断计划湿润层（0~60cm）是否存在过量灌溉或灌水不足的现象，图 5-3 显示，在棉花生长初期目前平均灌水量为 187.43mm，而实际需水量是一个随着土壤盐分的变化而变化的数值，虽然假定作物需水量不变（57.2mm），实际上作物需水量也会随着气温、蒸发等因素而变化，本研究主要考虑由于土壤盐分变化而引起的冲洗定额变化对总需水量的影响，可以看出，在棉花初期在滴灌应用 0~4 年，考虑冲洗定额后的总需水量高于实际灌水量，而在滴灌应用 4 年以上，实际灌水量高于总需水量，说明滴灌应用 4 年以内，虽然实际灌水量远高于作物需水量，但由于土壤盐分较高，所需压盐的冲洗定额较大，实际灌水量并没有满足考虑冲洗定额在内的总需水量，因此，土壤盐分并没有在某一年或某一次灌水后降低至适宜含盐量 5g/kg，而是一个渐进的变化过程，同时也说明滴灌应用 4 年以内理论上属于灌水不足阶段，或者说灌水相对总需水是亏缺的，即亏水阶段。而在滴灌应用 4 年以上，由于土壤盐分不断降低，相应所需的冲洗定额不断减小，逐渐出现实际灌水量大于总需水量的情况，即实际灌水量存在浪费现象，亦即在滴灌应用 4 年以上，棉花前期灌水可适当减少以节约水资源。在不同的滴灌年限适当减少的灌水量不同，可分阶段计算。棉花生长中期在滴灌应用约 6 年以后存在灌水浪费现象，棉花生长末期基本不存在灌水浪费现象，说明末期灌水偏少，这对于棉花末期吐絮具有积极意义，而全生育期总灌水量与需水量的关系可以看出，全生育期实际总灌水量 816.15mm 在滴灌应用 6 年以上存在不同程度的浪费现象。同时图 5–3 的滴灌是否浪费水的滴灌年限临界值与图 5–1 是否需要控盐的滴灌年限临界值基本吻合。

从不同滴灌年限计划湿润层（0~60cm）现行灌水量与总需水量的差额（表 5–14）可以看出，在棉花生长初期，在滴灌应用 2~4 年，灌水亏缺，滴灌应用 4~7 年，灌水浪费 50mm 以内，滴灌应用 8 年以上，灌水浪费均在 50~100mm，因此实际灌水量在苗期滴灌应用 8 年以上可减少 50~100mm，至少应减少 50mm。在棉花生长中期，滴灌应用 6 年以内，存在亏水现象，滴灌应用 6~9 年，存在一定的灌水浪费情况，浪费水量小于 50mm，滴灌应用 9 年以上，浪费水量基本在 50~65mm，因此，现行膜下滴灌灌溉制度在棉花生长中期（6~8 月）滴灌应用 9 年以上应适当减少 50~65mm 的灌水量，全生育期灌溉定额在滴灌应用 6 年以内存在亏水现象，滴灌应用 6 年以上存在不同程度的灌水浪费现象，其中滴灌应用 6~9 年浪费灌溉水量在 100mm 以内，滴灌应用 9 年以上，灌溉定额浪费 100~200mm，即滴灌应用 9 年以上，目前的灌溉定额至少应减少 100mm 的水量，平均应减少约 126.08mm 的灌水量。

表 5-14　不同滴灌年限计划湿润层（0~60cm）现行灌水量与总需水量的差额

滴灌年限（年）	初期（mm）	中期（mm）	末期（mm）	全生育期（mm）
2	−214.90	−258.83	−375.92	−849.65
3	−163.89	−196.61	−253.40	−613.90
4	−1.20	−16.39	−80.59	−98.17
5	26.24	−25.54	−132.37	−131.66
6	45.70	7.77	−53.69	−0.22
7	38.91	22.43	−26.58	34.77
8	58.25	41.54	−19.36	80.43
9	54.06	48.55	−11.70	90.90
10	76.76	54.81	−7.69	123.88
11	78.80	34.66	−4.51	108.95
12	90.84	56.75	−13.06	134.53
13	72.28	52.02	−0.54	123.77
14	99.56	62.04	21.83	183.42
15	67.22	62.11	−3.80	125.53
16	83.02	41.77	−7.16	117.62

综上，计划湿润层（0~60cm）时，滴灌 6 年以内，根区盐分含量较高，均值在 5~24g/kg，应强化冲洗进行压盐，苗期冲洗定额宜在 104.5~350mm，苗期灌水量亦在 161.7~400mm，灌溉定额宜在 855.0~1 660mm；滴灌 6~9 年，根区盐分均值 3~5g/kg，应适当减少灌水量，弱化冲洗保持控盐，苗期冲洗定额宜在 66.13~104.5mm，苗期灌水量亦在 123.3~161.7mm，灌溉定额宜在 733.9~855.0mm；滴灌 9~16 年盐分根区均值低于 3g/kg，苗期冲洗定额宜在 34.5~66.13mm 以保持控盐，苗期灌水量亦在 91.74~123.3mm，灌溉定额宜在 636.97~733.9mm。

二、长期膜下滴灌棉田 1m 深度（0~100cm）土壤水盐平衡分析

类似计划湿润层（0~60cm）冲洗定额计算方法及过程，计划冲洗层（0~100cm）土壤允许含盐量均按照 5g/kg 计算，计划冲洗层实际土壤含盐量以上一滴灌年限平均含盐量计算。土壤容重均按照平

均容重 1 370kg/m^3 计算，计算深度为 1.0m，排盐系数为 81.49kg/m^3，田间持水量按照 34.08% 计算，计划冲洗层土壤实际含水量按照荒地相应深度范围含水率平均值计算，0~100cm 荒地平均含水率在对应棉花初期、中期、末期和全生育期的平均值分别为 22.14%、22.08%、23.12%、22.30%，则根据公式（5-4）分别计算可得膜下滴灌棉花生育初期、中期、末期和全生育期计划冲洗层（0~100cm）土壤含水量与田间持水量的差额 m_1，分别为 119.37mm、120.03mm、109.63mm、117.85mm。

结合公式（5-6），则计划湿润层（0~100cm）不同阶段冲洗定额的计算公式分别为：

$$M_{n初}=m_1+m_2=119.37+\frac{1\,000\times1.0\times1\,370\times(s_{n-1}-0.5\%)}{81.49}=16.81s_{n初-1}+35.31 \quad (5\text{-}12)$$

$$M_{n中}=m_1+m_2=120.03+\frac{1\,000\times1.0\times1\,370\times(s_{n-1}-0.5\%)}{81.49}=16.81s_{n中-1}+35.97 \quad (5\text{-}13)$$

$$M_{n末}=m_1+m_2=109.63+\frac{1\,000\times1.0\times1\,370\times(s_{n-1}-0.5\%)}{81.49}=16.81s_{n末-1}+25.57 \quad (5\text{-}14)$$

$$M_{n均}=m_1+m_2=117.85+\frac{1\,000\times1.0\times1\,370\times(s_{n-1}-0.5\%)}{81.49}=16.81s_{n均-1}+33.79 \quad (5\text{-}15)$$

上面几个公式中，M_n 为膜下滴灌应用第 n 年时需要的冲洗定额，mm；为膜下滴灌应用第 $n-1$ 年 0~100cm 土层平均盐分含量，g/kg。

由于滴灌观测的最早年限为滴灌 2 年，因此计算滴灌 2 年时其初始盐分均值以取荒地盐分均值与滴灌 2 年盐分均值的平均值。分别根据公式（5-12）、（5-13）、（5-14）、（5-15）及不同滴灌年限在各阶段盐分均值及全生育期盐分均值计算相应阶段的冲洗定额，计算结果见表 5-15。

表 5-15　不同滴灌年限计划湿润层（0~100cm）冲洗定额

滴灌年限（年）	初期		中期		末期		平均	
	盐分均值（g/kg）	$M_{n初}$（mm）	盐分均值（g/kg）	$M_{n中}$（mm）	盐分均值（g/kg）	$M_{n末}$（mm）	盐分均值（g/kg）	M_n（mm）
1	20.81		21.34		25.06		21.98	
2	17.52	385.07	18.25	394.64	18.50	446.89	18.05	403.35
3	9.26	329.75	7.36	342.76	7.89	336.57	8.05	337.17
4	6.69	190.91	7.69	159.65	11.43	158.26	7.96	169.17
5	5.22	147.79	5.67	165.24	6.82	217.71	5.70	167.57
6	6.00	123.12	4.53	131.36	4.32	140.24	4.96	129.63
7	4.45	136.16	3.42	112.09	4.25	98.14	4.03	117.08
8	4.79	110.07	2.80	93.40	3.33	97.09	3.58	101.61
9	3.02	115.91	2.31	82.97	4.11	81.56	3.08	93.93
10	3.17	86.04	4.60	74.73	3.48	94.65	3.83	85.61
11	2.07	88.68	1.89	113.25	3.42	84.07	2.40	98.12
12	3.68	70.16	2.41	67.69	3.01	83.03	2.93	74.21
13	1.94	97.22	2.43	76.45	1.75	76.20	2.09	83.10
14	4.02	67.89	1.57	76.84	3.53	54.93	3.29	69.00
15	2.52	102.94	3.48	62.44	3.51	84.83	3.08	89.04
16	3.01	77.66	2.37	94.51	2.18	84.63	2.53	85.54
17		85.95		75.88		62.14		76.29

注：表中滴灌 1 年的盐分均值为荒地盐分均值与滴灌 2 年盐分均值的平均值

根据表 5-15 不同滴灌年限各个阶段计算的冲洗定额，加上相应阶段作物需水量 57.2mm、455.5mm、25.2mm 以及全生育期总需水量 537.9mm 可分别计算不同滴灌年限各阶段及全生育期总的需水量，计算结果见表 5-16。

表 5-16 不同滴灌年限计划湿润层（0~100cm）总需水量

滴灌年限（年）	初期		中期		末期		全生育期	
	冲洗定额（mm）	总需水量（mm）	冲洗定额（mm）	总需水量（mm）	冲洗定额（mm）	总需水量（mm）	冲洗定额（mm）	总需水量（mm）
2	385.07	442.27	394.64	850.14	446.89	472.09	1 226.60	1 764.50
3	329.75	386.95	342.76	798.26	336.57	361.77	1 009.09	1 546.99
4	190.91	248.11	159.65	615.15	158.26	183.46	508.83	1 046.73
5	147.79	204.99	165.24	620.74	217.71	242.91	530.74	1 068.64
6	123.12	180.32	131.36	586.86	140.24	165.44	394.72	932.62
7	136.16	193.36	112.09	567.59	98.14	123.34	346.39	884.29
8	110.07	167.27	93.40	548.90	97.09	122.29	300.56	838.46
9	115.91	173.11	82.97	538.47	81.56	106.76	280.44	818.34
10	86.04	143.24	74.73	530.23	94.65	119.85	255.41	793.31
11	88.68	145.88	113.25	568.75	84.07	109.27	285.99	823.89
12	70.16	127.36	67.69	523.19	83.03	108.23	220.89	758.79
13	97.22	154.42	76.45	531.95	76.20	101.40	249.87	787.77
14	67.89	125.09	76.84	532.34	54.93	80.13	199.66	737.56
15	102.94	160.14	62.44	517.94	84.83	110.03	250.21	788.11
16	77.66	134.86	94.51	550.01	84.63	109.83	256.80	794.70

根据表 5-15 和表 5-16 计算的不同滴灌年限时各阶段平均盐分含量、冲洗定额和总需水量的数据，分别作出可以直观判断滴灌年限与盐分含量、冲洗定额和总需水量的关系曲线，并拟合其相关函数方程，分别见图 5-4、图 5-5 和图 5-6。

由图 5-4 可以看出，计划湿润层扩大到 0~100cm 以后，在膜下滴灌棉花初期、中期、末期及全生育期的盐分均值随滴灌应用年限具有相似的变化规律，均随滴灌年限呈现前快后慢降低并逐渐趋于稳定的变化趋势，根据研究区棉花耐盐能力，如果仍以含盐量 5g/kg 作为对作物是否具有盐分胁迫的临界值，则由图 5-4 显示，在棉花初期（4~5 月）大约滴灌应用 6 年（根据拟合方程计算为 6.31 年）时，0~60cm 剖面土壤盐分均值可降至 5g/kg 以下，亦即在膜下滴灌应用 0~6 年内，棉花生长的

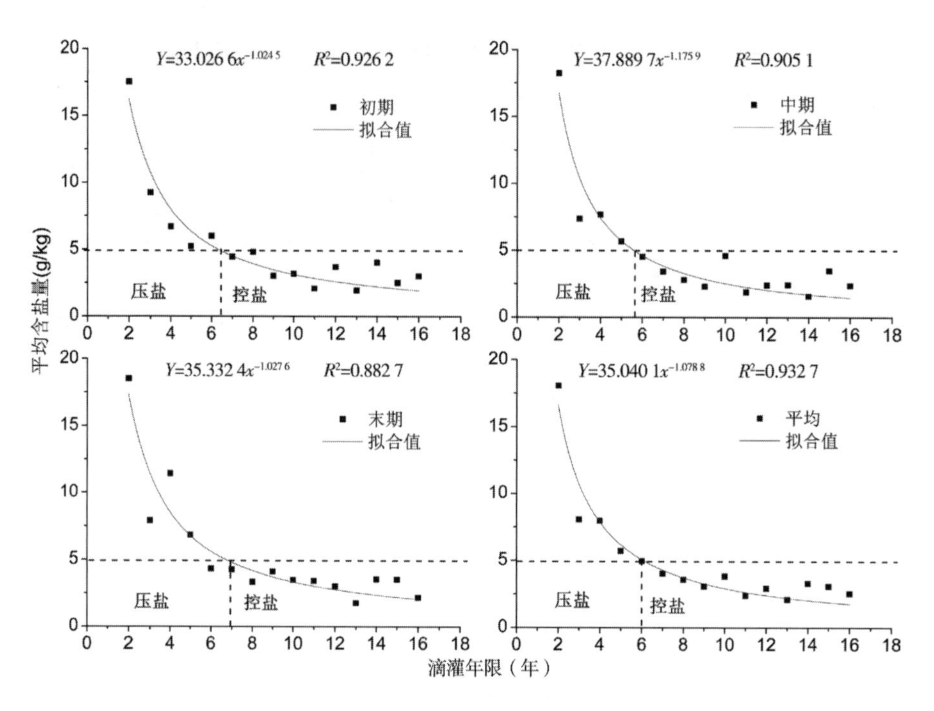

图 5-4 计划湿润层（0~100cm）各阶段随滴灌年限平均含盐量变化

前期（4~5 月）土壤盐分平均含量高于 5g/kg，会对作物生长及产量产生比较大的胁迫影响，尤其是对棉花苗期生长具有不同程度的抑制和危害作用，需要加大灌水定额以减轻或降低盐分含量及对作物生长的胁迫影响，即在滴灌应用 0~6 年内需要压盐，而滴灌应用 6 年以上，由于盐分平均含量已降至 5g/kg 以下，理论上对作物生长影响越来越小，但也不排除由于灌水减少、蒸发强烈等因素引起的返盐可能，因此滴灌应用 6 年以上的棉田需要进行控盐，维持盐分含量不超过 5g/kg，或不超过影响棉花生长及产量的范围。这个范围与全生育期期盐分的平均含量所计算的滴灌应用年限（6.08 年）非常接近。而在棉花生长的中期和末期，盐分平均含量降至 5g/kg 时分别需要 5.60 年和 6.70 年，也均在 6 年前后，同时由于棉花生长中期和末期盐分含量对于棉花生长的胁迫影响后果相对于苗期而言小得多，因此认为计划湿润层 0~100cm 深度时膜下滴灌棉花应在滴灌应用 6 年以内进行灌水压盐，而在滴灌应用 6 年以上时，应注意进行灌水控盐。相对计划湿润层 0~60cm 得出的滴灌年限临界值稍微推后 0.5 年左右，其中，在棉花末期接近 7 年，这是由于计划湿润层深度增大后，在 60~100cm 的土壤盐分在一定滴灌年限内含量较高的缘故。

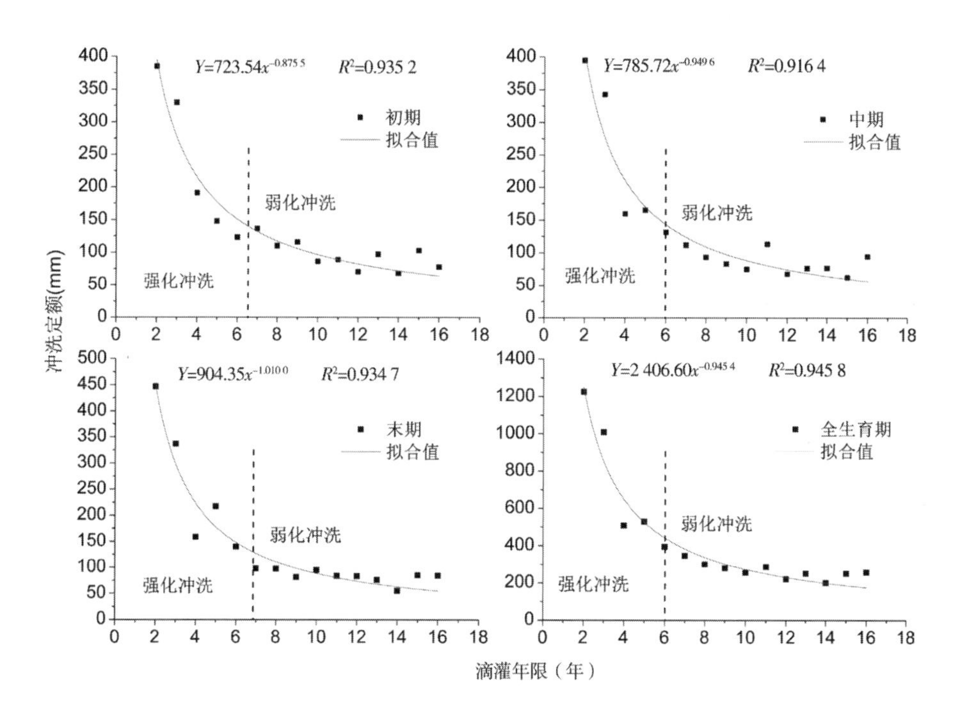

图 5-5 计划湿润层（0~100cm）各阶段随滴灌年限冲洗定额变化

根据图 5-4 得出的结论，计划湿润层 0~100cm 深度时应以滴灌应用 6 年为分界点，在图 5-5 中即反映为膜下滴灌应用 0~6 年应强化冲洗压盐，在滴灌应用 6 年以上，应适当弱化冲洗控盐。不同阶段及全生育期的冲洗定额与滴灌应用年限的关系均符合幂函数，所拟合的相关方程的决定系数均在 0.91 以上，具有较好的参考价值。根据初期滴灌年限与冲洗定额的拟合方程，可以计算当滴灌应用 6 年时初期所需要的冲洗定额为 150.73mm，中期和末期所需的冲洗定额分别为 143.33mm 和 148.05mm，全生育期所需要的冲洗定额为 442.32mm。根据棉花苗期需水量 57.2mm 和全生育期需水量 537.9mm，可分别计算棉花苗期和全生育期的灌水量分别为 207.93mm 和 980.22mm。在膜下滴灌应用不同年限所需要的冲洗定额可根据相应方程进行计算。滴灌应用 9 年时，可计算出来冲洗定额为 105.69mm，全生育期冲洗定额为 301.48mm，相应苗期和全生育期的灌水量分别为 162.89mm 和 839.38mm，滴灌应用 16 年时，可计算出来冲洗定额为 63.86mm，全生育期冲洗定额为 175.0mm，相应苗期和全生育期的灌水量分别为 121.06mm 和 712.9mm。

显然由于计划湿润层扩大到 0~100cm 以后，由于盐分均值的相应滴灌年限的升高，使得冲洗定额相对计划湿润层 0~60cm 略高 45mm 左右。

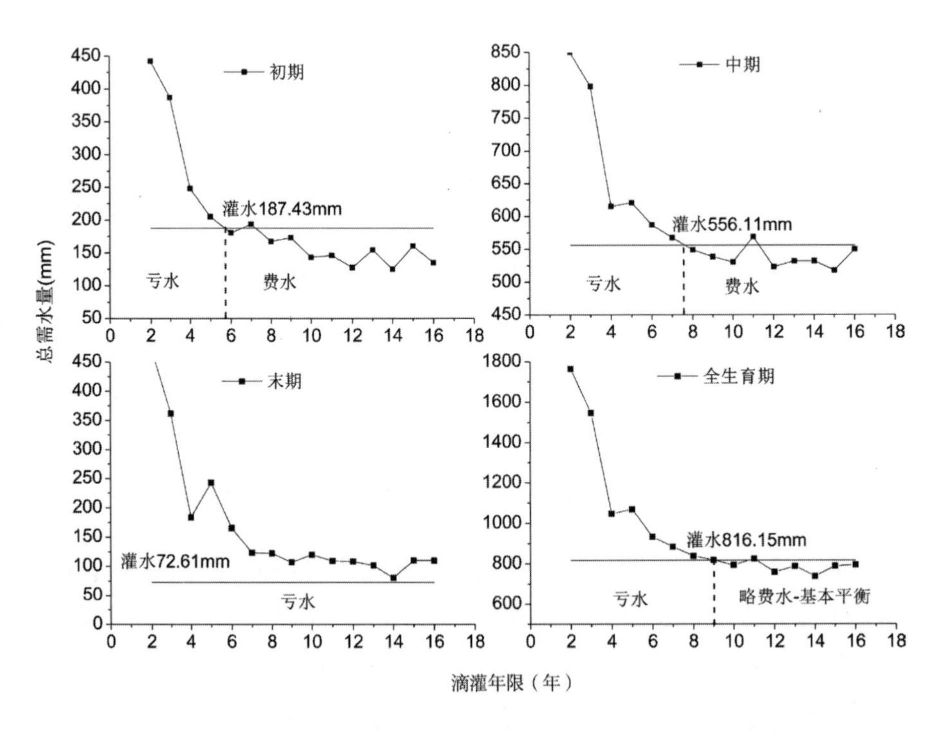

图 5-6 计划湿润层（0~100cm）各阶段随滴灌年限总需水量变化

由图 5-6 可以看出，计划湿润层在 0~100cm 时，与计划湿润层 0~60cm 各阶段需水量随滴灌年限的变化特征类似，均表现为不同滴灌年限所需要的总需水量随滴灌年限增长，呈现总体降低并逐渐稳定的变化趋势，根据现行膜下滴灌灌溉制度的实际灌水量与总需水量的关系，可以判断计划湿润层（0~100cm）是否存在过量灌溉或灌水不足的现象，图5-6显示，在棉花生长初期目前平均灌水量为187.43mm，而实际需水量是一个随着土壤盐分的变化而变化的数值，虽然假定作物需水量不变（57.2mm），实际上作物需水量也会随着气温、蒸发等因素而变化，本研究主要考虑由于土壤盐分变化而引起的冲洗定额变化对总需水量的影响，可以看出，在棉花初期在滴灌应用0~6年，考虑冲洗定额后的总需水量高于实际灌水量，而在滴灌应用6年以上，实际灌水量高于总需水量，说明滴灌应用6年以内，虽然实际灌水量远高于作物需水量，但由于土壤盐分较高，所需压盐的冲洗定额较大，实际灌水量并没有满足考虑冲洗定额在内的总需水量，因此，土壤盐分并没有在某一年或某一次灌水后降低至适宜含盐量5g/kg，而是一个渐进的变化过程，同时也说明滴灌应用6年以内理论上属于灌水不足阶段，或者说灌水相对总需水是亏缺的，即亏水阶段。而在滴灌应用6年以上，由于土壤盐分不断降低，相应所需的冲洗定额不断减小，逐渐出现实际灌水量大于总需水量的情况，即实际灌水量存在浪费现象，亦即在滴灌应用6年以上，棉花前期灌水可适当减少以节约水资源。在不同的滴灌年限适当减少的灌水量不同，可分阶段计算。棉花生长中期在滴灌应用约8年以后存在灌水浪费现象，棉花生长末期不存在灌水浪费现象，而是一直亏水，说明末期灌水偏少，这对于棉花末期吐絮具有积极意义，而全生育期总灌水量与需水量的关系可以看出，全生育期实际总灌水量816.15mm在滴灌应用9年以上灌水与需水基本持平并略有浪费。

说明按照现行灌溉制度对于计划湿润层0~100cm计算土层而言，在棉花前期滴灌应用6年以内处于亏水阶段，滴灌应用6年以上存在不同程度的浪费现象，就全生育期而言膜下滴灌棉花在滴灌应用9年以内总体有些亏水，滴灌应用9年以上灌水与考虑冲洗定额的需水基本平衡，并略有浪费。

表 5-17　不同滴灌年限计划湿润层（0~100cm）现行灌水量与总需水量的差额

滴灌年限（年）	初期（mm）	中期（mm）	末期（mm）	全生育期（mm）
2	−254.84	−294.03	−399.48	−948.35
3	−199.52	−242.15	−289.16	−730.84
4	−60.68	−59.04	−110.85	−230.58
5	−17.56	−64.63	−170.30	−252.49
6	7.11	−30.75	−92.83	−116.47
7	−5.93	−11.48	−50.73	−68.14
8	20.16	7.21	−49.68	−22.31
9	14.32	17.64	−34.15	−2.19
10	44.19	25.88	−47.24	22.84
11	41.55	−12.64	−36.66	−7.74
12	60.07	32.92	−35.62	57.36
13	33.01	24.16	−28.79	28.38
14	62.34	23.77	−7.52	78.59
15	27.29	38.17	−37.42	28.04
16	52.57	6.10	−37.22	21.45

从不同滴灌年限计划湿润层（0~100cm）现行灌水量与总需水量的差额（表 5-17）可以看出，在棉花生长初期，在滴灌应用 2~6 年，灌水亏缺，滴灌应用 6~7 年，灌水与需水基本平衡，滴灌应用 8 年以上，存在不同程度的灌水浪费现象，灌水浪费 60mm 以内，因此，实际灌水量在苗期滴灌应用 8 年以上可减少 50mm。在棉花生长中期，滴灌应用 8 年以内，存在亏水现象，滴灌应用 8a 以上，灌水与需水基本持平，并略有浪费；全生育期灌溉定额在滴灌应用 9 年以内存在亏水现象，滴灌应用 9 年以上灌水与需水总体平衡并存在不同程度的灌水少量浪费现象。

综上，计划湿润层（0~100cm）时，滴灌 6 年以内，盐分含量较高，均值在 6~21g/kg，应强化冲洗进行压盐，苗期冲洗定额宜在 150.73~385.1mm，苗期灌水量亦在 207.93~442.27mm，灌溉定额宜在 980.22~1764.5mm；滴灌 6~9 年，盐分均值 3.5~6g/kg，应适当减少灌水量，弱化冲洗保持控盐，苗期冲洗定额宜在 105.69~150.73mm，苗期灌水量亦在 162.89~207.93mm，灌溉定额宜在 839.38~980.22mm；滴灌 9~16 年盐分均值低于 3.5g/kg，苗期冲洗定额宜在 63.86~105.69mm 以保持控盐，苗期灌水量亦在 121.06~162.89mm，灌溉定额宜在 712.9~839.38mm。

对计划湿润层 0~60cm、0~100cm 各阶段盐分均值与冲洗定额随滴灌应用年限演变方程进行整理，分别见表 5-18 和表 5-19。

表 5-18 不同计划湿润层各阶段盐分均值随滴灌应用年限演变方程

剖面	阶段	随滴灌应用年限演变方程	盐分含量 5g/kg 时滴灌年限（年）	盐分含量 3g/kg 时滴灌年限（年）
0~60cm	初期	$Y=43.634\,2x^{-1.226\,3}$ $R^2=0.913\,4$	5.85	8.87
	中期	$Y=48.378\,8x^{-1.358\,9}$ $R^2=0.920\,2$	5.31	7.74
	末期	$Y=45.945\,1x^{-1.213\,1}$ $R^2=0.902\,1$	6.22	9.48
	全生育期	$Y=45.647\,9x^{-1.271\,9}$ $R^2=0.931\,6$	5.69	8.50
0~100cm	初期	$Y=33.026\,6x^{-1.024\,5}$ $R^2=0.926\,2$	6.31	10.40
	中期	$Y=37.889\,7x^{-1.175\,9}$ $R^2=0.905\,1$	5.60	8.64
	末期	$Y=35.332\,4x^{-1.027\,6}$ $R^2=0.882\,7$	6.70	11.02
	全生育期	$Y=35.040\,1x^{-1.078\,8}$ $R^2=0.932\,7$	6.08	9.76

注：Y 代表盐分含量均值，x 代表滴灌应用年限，且 $1<x<17$

表 5-19 不同计划湿润层各阶段冲洗定额随滴灌应用年限演变方程

剖面	阶段	随滴灌应用年限演变方程	盐分含量 5g/kg 时滴灌年限所计算的冲洗定额（mm）	滴灌年限 6 年所计算的冲洗定额（mm）
0~60cm	初期	$Y=789.50x^{-1.128\,6}$ $R^2=0.927\,4$	107.51	104.50
	中期	$Y=855.29x^{-1.188\,7}$ $R^2=0.930\,8$	117.46	101.65
	末期	$Y=1\,015.19x^{-1.236\,1}$ $R^2=0.949\,7$	105.93	110.83
	全生育期	$Y=2\,655.56x^{-1.186\,1}$ $R^2=0.948\,1$	337.67	317.10
0~100cm	初期	$Y=723.54x^{-0.875\,5}$ $R^2=0.935\,2$	144.22	150.73
	中期	$Y=785.72x^{-0.949\,6}$ $R^2=0.916\,4$	153.03	143.33
	末期	$Y=904.35x^{-1.010\,0}$ $R^2=0.934\,7$	132.43	148.05
	全生育期	$Y=2\,406.60x^{-0.945\,4}$ $R^2=0.945\,8$	436.82	442.32

注：Y 代表冲洗定额，x 代表滴灌应用年限，且 $1<x<17$

第三节　典型灌区膜下滴灌棉田水盐调控对策

一、膜下滴灌棉田控制盐度的淋洗需水量

1. 关于淋洗需水量的定义

根据《美国国家灌溉工程手册》[120]相关理论及内容，认为作物根区盐分含量达到一定程度，就会影响作物生长及产量，灌溉的目的就是使土壤含水量及盐度水平保持在适宜作物生长的范围。盐分在土壤中的积聚程度取决于灌溉水的数量及质量、灌溉管理措施及排水情况。

在盐度达到危害程度的地方，控制盐度唯一经济的方法就是确保一个时期内有净向下水流通过根区。这种情况下，通常定义的净灌溉需水量必须加大，使其包含淋洗所需增加的水量。淋洗需水量是指农田补充并入渗的总水量中必须流经作物根区以防止盐分过量积累而引起产量下降的那部分水量的最小比例（美国农业部，1954，美国土木工程师学会，1990）。

在给定的条件下，一旦盐分积累到作物最大耐盐限度后，往后再随灌溉所补充的任何盐分都必须通过淋洗或盐分沉淀作用来脱除等量的盐分而达到盐量平衡才能防止减产。确定淋洗需水量时通常需要使用两个数值，农田补充水量的盐分浓度和作物的耐盐度。

农田补充水量的平均盐分浓度可以根据灌水量和降水量用体积加权法计算，干旱区可不考虑降水对农田的补充。作物的耐盐度一般难以估计，传统上以相对值表示，即通过在较高的淋洗水量比（通常达到0.5）之下用不同盐分浓度的水灌溉作物所获得的产量数据进行估算。在某些地方，灌溉水的电导率在整个灌溉生长季都在变化，应当使用加权平均值计算这些地方用以控制盐度的灌溉需水量。

2. 淋洗需水量的计算公式

最通用的估算淋洗需水量的方法采用的是稳定状态盐量平衡模型。霍夫曼等人（Hoffman，1990）以及罗兹和洛弗得（Rhoades 和 Loveday，1990）将稳定状态条件下的淋洗水量比（L_f）定义为：

$$L_f = \frac{D_d}{D_a} = \frac{EC_{aw}}{EC_d} \tag{5-16}$$

式中，D_d 表示单位土地面积的排水深度，mm；D_a 表示入渗水的深度，mm；EC_{aw} 表示农田灌溉水的电导率，mmho/cm；EC_d 表示排水的电导率，mmho/cm。

通过改变灌溉用水中通过根区的渗漏水量的比例，可以使排水的盐分浓度及作物根区中土壤水的平均（或最大）盐度（饱和土壤浸提液）保持在适宜的水平以下。淋洗需水量（L_r）定义为避免产量下降所需的最小淋洗水量比，可以表示为：

$$L_r = \frac{EC_{aw}}{EC_d^*} \tag{5-17}$$

式中，EC_d^* 表示不引起作物产量下降的排水的电导率最大值，mmho/cm。

公式（5-16）和公式（5-17）本身包含一个假定，即作物不沉底、溶解或脱除任何盐分。此外，还假定农田补充水的入渗和蒸散在整个区域内是均匀的。因为水的电导率通常是总盐分浓度的一个可靠指标，所以，常用于估计淋洗需水量。已有几个经验模型用于关联 EC_d^* 与一些已知的土壤盐度值，见表 5-20。

表 5-20 确定淋洗需水量时排水电导率的估算方法

序号	参考文献方法	用于估算公式（5~21）中的 EC_d^*	备注
1	Bernstein，1964	EC_d^*= 产量下降 50% 时的 EC_e	
2	Van Schilfgaarde，1974	EC_d^*= 根系不能吸水时的 EC_e	EC_e 表示饱和土壤浸提液的电导率
3	Rhoades，1974	$EC_d^*=5EC_t-EC_i$	EC_t 表示作物耐盐度阈值的电导率，EC_i 表示灌溉水电导率
4	Hoffman，Van Genuchten，1983	见《美国国家灌溉工程手册》P152 图 2-33	
5	Rhoades，Loverday，1990	见《美国国家灌溉工程手册》P152 图 2-33	

流入和流出作物根区的水量很少达到真正的稳定状态，因而根区储水中的盐分数量也在不断变化。灌溉水管理的目标是将盐度保持在一定限度内，做到既不过量排水，也不降低作物产量。不过，利用稳定状态分析可以估算土壤中保持理想的盐量平衡状态所需的额外灌水量。

每年需要的灌水深度用土壤水量平衡法确定。整个生长季节中，如果每次灌水都将作物根区灌至饱和，那么最初和最末的土壤水量平衡通常是一致的。根据这一假定以及在需要淋洗盐分的地方不能有净上升水流补给（亦即应有充分的排水）的限定，即可估算额外需要的灌水量。干旱区，可采用以下方法估算淋洗所需的额外水量。净灌溉需水量与淋洗需水量的函数关系可表示为：

$$F_n=\frac{ET_c}{1-L_r} \tag{5-18}$$

式中，F_n 表示净灌溉需水量，mm；ET_c 表示生长季作物蒸散量，mm；L_r 表示淋洗需水量。

3. 膜下滴灌棉田淋洗需水量计算

研究区采用地表水灌溉，灌溉水矿化度一般在 0.3~0.7g/L，相应电导率在 262~665$\mu S/m$，平均矿化度 0.4g/L，对应电导率为 350$\mu S/m$，根据单位换算，灌溉水平均电导率为 0.35dS/m，亦即 0.35mmho/cm。

（1）第一种算法　按照表 5-20 中 Bernstein（1964）模型确定 EC_d^*，即可用棉花产量下降 50% 时饱和土壤的电导率表示。研究区膜下滴灌应用 8 年以后棉花产量比较稳定，与非盐碱土棉花产量基本无差异，膜下滴灌应用 8 年以上，棉花产量稳定在 6 775~7 327kg/hm^2，平均为 7 012.7 kg/hm^2，由于滴灌 8 年以上棉花产量数据相对稳定，而滴灌应用 8 年以内棉花产量随膜下滴灌应用年限变化较大，因此，将滴灌应用 2~9 年的棉花产量数据与滴灌年限进行处理，见图 5-7。

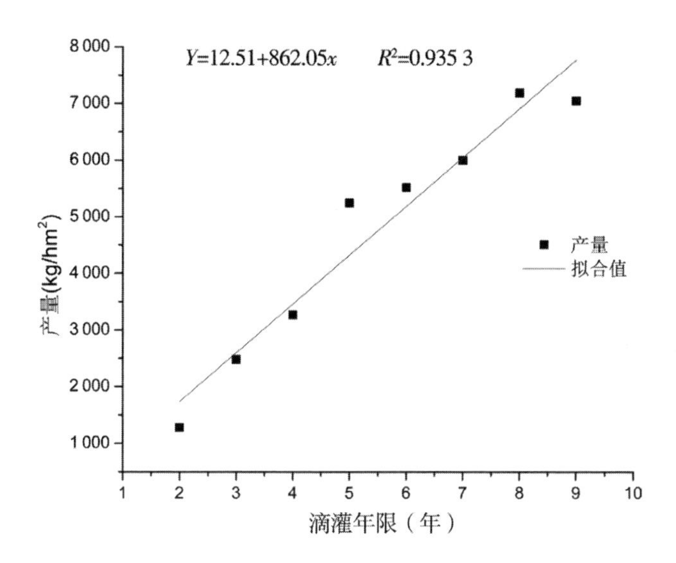

图 5-7 膜下滴灌应用 2~9 年棉花产量与滴灌年限的相关关系

根据图 5-7 数据建立膜下滴灌应用年限与产量的关系，数据表明，其相关关系用线性函数拟合相关系数较高，其相关关系见公式（5-19）。

$$Y=12.51+862.05x \quad R^2=0.935\,3 \tag{5-19}$$

式中，Y 表示棉花产量，kg/hm^2；x 表示膜下滴灌应用年限，年，$2 \leqslant x \leqslant 9$。

当棉花产量相对正常产量降低 50% 时，即棉花产量为 3 506.3 kg/hm^2，根据公式（5-19）可以计算出此时的滴灌应用年限为 4.05 年。

根据第四章膜下滴灌棉田不同土层盐分均值与滴灌应用年限的相关关系表 4-55 中的棉花根区 0~60cm 对应的盐分与滴灌年限的相关方程：

$$Y_s=12.51+862.05x^{-1.2719} \quad R^2=0.931\,5 \tag{5-20}$$

式中，Y_s 表示根区盐分均值，g/kg；x 表示膜下滴灌应用年限，年，$2 \leqslant x \leqslant 16$。

根据公式（5-20）可以计算当膜下滴灌应用年限 4.05 年时，根区盐分均值为 5.92g/kg，对应的土壤溶液电导率为 1 265$\mu S/m$，即 1.265mmho/cm。

根据表5-20中Bernstein（1964）模型研究区不引起膜下滴灌棉花产量下降的排水电导率最大值EC_d^*为1.265 mmho/cm。

根据公式（5-17）可计算出此时的膜下滴灌棉田淋洗需水量（L_r）为：

$$L_r = \frac{EC_{aw}}{EC_d^*} = \frac{0.35}{1.265} = 0.276$$

研究区膜下滴灌棉花需水量仍按照537.9mm计算，则根据公式（5-18）可计算出相应的净灌溉需水量为742.95mm，也就是考虑淋洗盐分之后的灌溉定额为742.95mm。

由于棉花是耐盐作物，理论上只要苗期灌水能将根区盐分控制在适宜盐度以下，就能保证棉花正常出苗，在棉花以后的生长阶段，棉花耐盐性越来越高，加上滴灌灌水频率相对较大，可以认为，膜下滴灌棉田盐分淋洗水量应主要在苗期灌水进行，这样应按照苗期需水量来计算相应的淋洗水量，苗期需水量为57.2mm，则相应的苗期考虑淋洗需水量之后的灌水量为：

$$F_n = \frac{ET_c}{1-L_r} = \frac{57.2}{1-0.276} = \frac{57.2}{0.724} = 79.0$$

如果其余阶段不考虑盐分淋洗水量，则相应的灌溉定额为79+455.5+25.2=559.7mm。考虑全生育期淋洗盐分的总灌溉定额为742.95mm，计算的灌溉定额相对现行灌溉制度下的灌溉定额816.15mm仅减少了73.2mm。

（2）第二种算法　根据稳定状态盐量平衡模型计算，按照霍夫曼等人（Hoffman，1990）以及罗兹和洛弗得（Rhoades和Loveday，1990）等人给出的稳定状态条件下的淋洗水量比计算公式（5-16）计算。如果将排水电导率EC_d用棉花的耐盐度阈值来考虑，由《美国国家灌溉工程手册》中的表2-34查得棉花作物耐盐度阈值为7.7 mmho/cm，再由灌溉水电导率0.35mmho/cm，可以按照公式（5-16）计算出此时的淋洗水量比为：

$$L_f=\frac{D_d}{D_a}=\frac{EC_{aw}}{EC_d}=\frac{0.35}{7.7}=79.0$$

再由公式（5-18）可以计算出此时的灌水量为：

$$F_n=\frac{ET_c}{1-L_r}=\frac{537.9}{1-0.045}=\frac{537.9}{0.955}=563.25$$

可以看出这样计算的淋洗水量显然偏小，如果按照表5-20中Hoffman和Van Genuchten（1983）模型确定 EC_d^*。可以计算出Hoffman和Van Genuchten（1983）模型中的参数：$\frac{EC_t}{EC_{aw}}=\frac{7.7}{0.35}=22$，这个参数超过了Hoffman和Van Genuchten（1983）模型参数最大4.0的范围。因此，无法计算相应的淋洗需水量，这可能是Hoffman和Van Genuchten（1983）模型主要针对微咸水或咸水灌溉设计的。

《美国国家灌溉手册》所计算出来的淋洗水量及考虑淋洗水量之后的灌溉定额，主要考虑灌溉水电导率及根区排水溶液的电导率，而作物根区排水溶液的电导率往往是与作物种类密切相关，可由作物的耐盐度及减产时的耐盐度推算，而没有考虑根据土壤实际盐分含量进行变化，虽然上面计算的淋洗水量运用到不同滴灌年限对应棉花产量降低50%时所推算出的棉花根区盐分含量，这也仅仅是为了计算其中一个参数而已，其盐分淋洗水量计算相对是一个定值，当然这个计算结果与膜下滴灌应用一定年限范围的值比较接近，如果灌溉水电导率、作物种类确定后，因此，这种淋洗水量的计算方法可能并不适合土壤盐分始终在变化的土地上，也不适合本研究长期膜下滴灌棉田盐分控制策略中。

二、关于冲洗定额的讨论

理论上，冲洗定额是针对漫灌条件下土壤盐分整体向下迁移并经排水系统排出的一种灌水方式，本研究借鉴了这种方式下冲洗定额的计算公式针对田间膜下滴灌技术，计算了不同滴灌年限的冲洗定额，由于滴灌条件下土壤水分运动的特点与漫灌方式具有显著差异，理论上滴灌在田间是一种局部湿润灌溉方式，无论是水平方向还是垂直方向在常规灌水定额情况下土壤湿润范围均集中在滴灌带周边有限的范围，并且呈现类似半圆柱的湿润形状，因此，盐分向下迁移并非整体均匀变化的，在滴灌带正下方盐分迁移的速度和深度以及脱盐淋洗的程度均最为显著，远离滴灌带的湿润区域土壤盐分垂直迁移越来越小越来越弱，因此，本研究所假定的滴灌盐分均值变化与实际田间水分运动和盐分迁移具有一定的差异，在这种情况下，本研究所计算的田间冲洗定额可能会比实际值偏小些。经分析由于灌水定额偏大，实际上膜下滴灌棉田的土壤水分分布和运动类似整体入渗，因此这一点可能在一定程度上又使得计算的冲洗定额与理论值比较接近。

第二种情况，滴灌土壤水分运动相对漫灌更加缓慢，本研究考虑是膜内毛管下、膜内窄行间和膜间三个位置盐分的平均含量，事实上只需考虑膜内盐分均值即可，由于膜间盐分高于膜内盐分，因此，本研究所采用的田间盐分均值实际上高于膜内的盐分均值，也意味着仅对作物盐分影响而言，理论上应按照膜内盐分均值计算不同滴灌年限的冲洗定额，所以本研究计算的冲洗定额要比实际值偏高。

第三种情况，盐分冲洗或淋洗时应主要考虑棉花苗期阶段的灌水即可，因为棉花是耐盐作物，在棉花蕾期以后耐盐度明显提高，这时再按照苗期的耐盐度（如 5g/kg）计算的冲洗定额显然偏大。

综合以上 3 种因素的分析，认为本研究计算的冲洗定额应该比实际需要的冲洗定额偏高。因此，实际上在滴灌年限超过一定值时，实际的灌水可能会有更多的浪费。

三、关于膜下滴灌棉花作物需水量的讨论

不同计划湿润层不同滴灌年限是否存在灌水浪费现象，或灌水量的亏缺与浪费程度计算结果，是基于两个方面而言的，一方面是冲洗定额按照 5g/kg 的盐分降低目标值计算的，另一方面棉花需水数据是参考文献张金珠硕士论文，棉花初期、中期和末期需水量 57.2mm、455.5mm、25.2mm 以及全生育期总需水量 537.9mm 分别计算作物需水量的。

事实上，文献张金珠硕士论文作物需水量的理论值考虑了作物对有效降水量的利用（平均 85.85mm），因此，本章第二节计算的不同滴灌年限考虑冲洗定额后的作物总需水量相对理论值有点偏高，偏高值约85~100mm。如根据文献蔡焕杰、邵光成等在研究区新疆石河子 121 团计算的膜下滴灌棉花适宜需水量 345~380mm，则本研究所计算的总需水量偏高 157.9~192.9mm，若将上述总需水量偏高数据的平均值计算，为121.45~146.45mm，再次将其平均为 133.95mm，即可认为本文所计算的总需水量数据约偏高 134mm，相应的灌水浪费数据及所对应的滴灌年限均有一定的变化，即实际灌水浪费数据应再增加约 134mm。

四、关于膜下滴灌棉花计划湿润层的讨论

根据膜下滴灌水分运动的特点，理论上膜下滴灌条件下适宜小定额、高频率的灌水，土壤水分垂直方向运动一般在 0~60cm，但根据研究区实

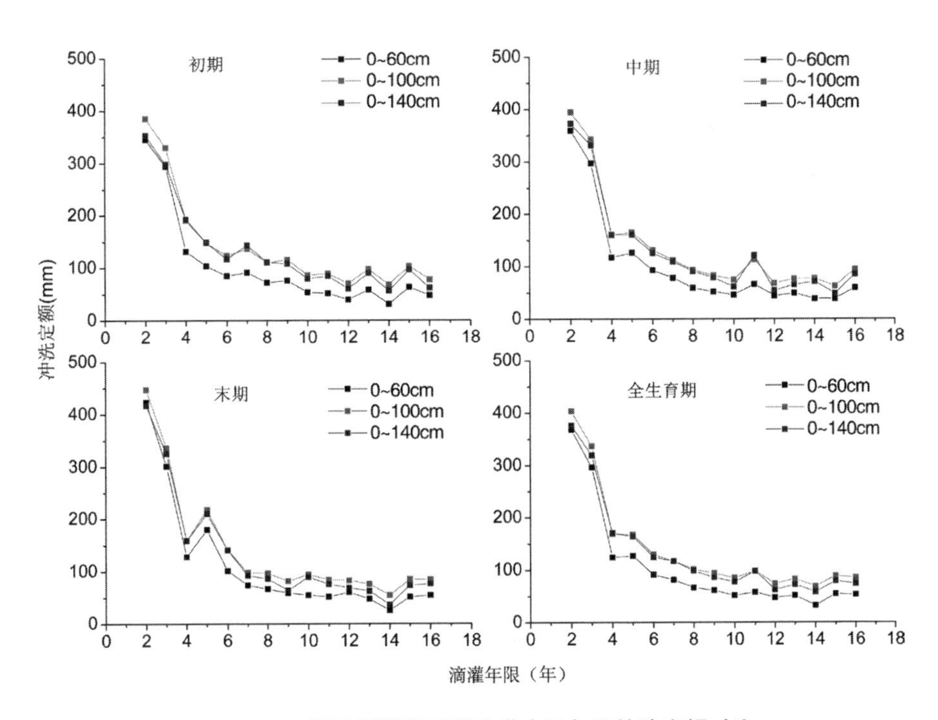

图 5-8　不同计划湿润层随滴灌应用年限的洗定额对比

际观测水分数据，说明由于实际灌水定额偏大，水分垂直运动深度一般在80~100cm，最深可到300cm左右，说明现行膜下滴灌棉花灌水存在灌水定额偏大，灌水浪费的现象，不同计划湿润层随滴灌应用年限的洗定额对比见图5-8，可以看出计划湿润层取到0~100cm所计算的冲洗定额在不同阶段随滴灌应用年限总体比较接近，相应均高于0~60cm计算深度的冲洗定额。同时根据棉花主要根系层也分布在0~60cm范围以内，因此认为，计划湿润层深度取0~60cm是可以的。

五、膜下滴灌应用年限对棉花的影响

根区盐分含量及离子组分对作物生长环境至关重要，对于作物而言，一般认为毒害最为严重的是Cl^-，膜下滴灌应用年限直接影响了根区盐分及离子的含量，相应必然引起棉花生长及产量的变化，不同滴灌年限棉苗平均存活率及产量见图5-9与图5-10。

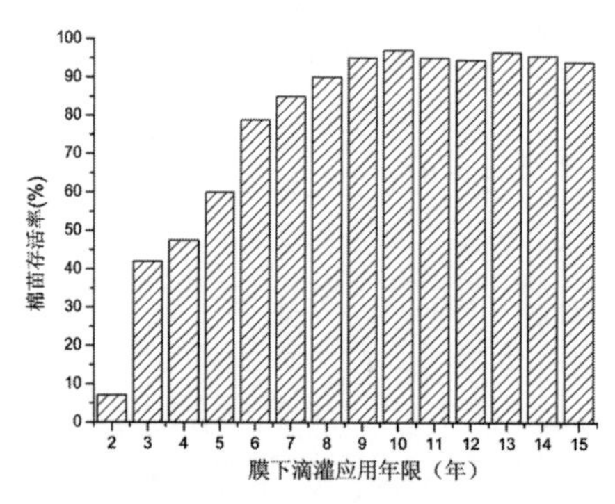

图5-9　不同滴灌年限棉花平均棉苗存活率

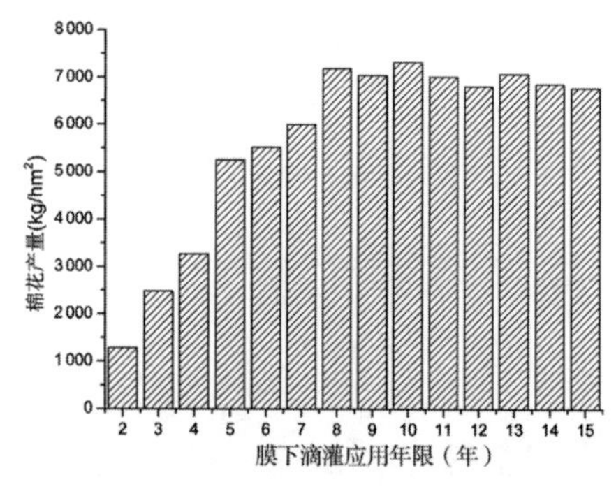

图5-10　不同滴灌年限棉花产量

根据《新疆盐碱地》对于氯化物-硫酸盐类型的盐碱地，棉花苗期耐盐能力，生长正常时，0~20 cm土层盐分含量小于8.7 g/kg，且Cl^-含量小于0.12 g/kg，SO_4^{2-}含量小于5.05 g/kg，否则棉苗生长受抑制，棉花产量受影响，本研究区棉田认为总盐含量以5 g/kg为划分标准，SO_4^{2-}含量均低于5.05 g/kg，不作考虑，Cl^-含量则在滴灌5年以上基本不超过0.12 g/kg，在滴灌4年以内Cl^-含量超过0.12 g/kg的2倍以上，棉花生长及产量受到严重影响。事实上，研究区滴灌 5 年以上棉花成活率和产量逐渐升高，特别是在滴灌 8 年以上，成活率处于稳定状态，与非盐碱地几乎没有差别，棉花产量也达到较高水平，此时总盐在 3 g/kg 以下，Cl^- 含量在 0.12 g/kg 以下，因此认为随滴灌年限根区盐分及 Cl^- 均呈降低趋势，棉花成活率及产量逐渐升高，当盐分含量低于 3 g/kg 且 Cl^- 含量低于 0.12 g/kg 时，棉花生长基本正常，此时滴灌应用年限已在 8 年以上。

滴灌年限不同，由于对土壤盐分环境影响程度不同，特别是在苗期土壤盐分含量不同对棉花成活影响较大，观测数据表明（图 5-9），滴灌 2 年土地棉花成活率仅为 7.1%，滴灌 5 年农田成活率达到 60%，滴灌 6 年以上，成活率基本在 80% 以上，滴灌 8 年以上，成活率稳定在 90% 以上。说明随着滴灌年限增加，由于土壤盐碱含量特别是耕作层盐碱含量降低，使得作物苗期受盐害致死程度降低，作物成活率提高，特别是开始滴灌的几年内变化显著，到滴灌 8 年以上，土壤盐分环境变化缓慢，适合作物生长，成活率较高且比较稳定。

滴灌年限不同相应对棉花产量的影响也很明显（图 5-10），但影响程度略低于出苗率。原因是棉花在萌发出苗和幼苗阶段是耐盐能力最弱的时期；且滴灌 5 年内，极低的成活率减小了棉花间竞争，使得棉花能够利用足够养分、光照进行生长。滴灌 2 年最低，仅为 1 279.2 kg/hm^2，滴灌 5 年以上棉花产量均在 5 250 kg/hm^2 以上，滴灌 8 年以上棉田产量稳定在 6 500 kg/hm^2 以上。这和根区土壤平均含盐量的变化规律基本一致。盐分分布和变化明显影响着作物生长和产量的大小，在研究区地下水动态、气象、土质、作物品种和种植方式基本相同情况下，滴灌 5 年以内需加大水盐调控力度，滴灌 8 年以上也要重视对盐分的综合调控。

由于滴灌技术理论上具有“浅灌、勤灌、湿润范围小”的特点，被认为不能够排除田间土壤盐分，长期应用膜下滴灌可能会积盐或产生土壤盐碱化，因此，近年来关于长期膜下滴灌条件下田间土壤盐分演变问题才受到关注。但通过长时间田间走访调查、实验分析发现现行的轮灌制度及灌溉定额与大部分专家学者所制定的膜下滴灌棉花轮灌制度 5~7 年或者全生育期 12 次左右及灌溉定额 345~390 mm 不大相符；从文献[10, 14, 21, 121]上看到的众多研究者在新疆研究给出的灌溉制度和本研究中所列示的灌溉制度有出入，相对来说本研究的灌溉制度特别是灌水定额和灌溉定额相对众多研究者给出的建议值均偏高，这是因为，众多研究者是基于土壤或作物和产量在内通过灌溉试验研究得出的理论灌溉制度，灌溉定额一般在 345~390 mm，最多也不过 525 mm，这一点和本研究作者进行的多年试验研究的结果差别不大，但是这些均是基于试验或理论研究得出的灌溉制度数据，而本研究采用的是生产实践中实际发生的正在使用的灌溉制度，这和理论值确实有不一样的地方，因为，生产者考虑的是方便快捷，便于管理和操作，并且是根据实际情况（现有的水库调度和渠系配水制度）所修正后的灌水制度，新疆现有水库来水及渠系配水并未完全适应滴灌技术的理论特点（勤灌、少灌），农民同时也是考虑了新疆土壤的盐碱化现状，在灌水次数有限的情况下，适当加大灌水定额，但灌溉定额相对滴灌以前已经大大降低，这种制度在生产实践中普遍应用，特别是在新疆兵团的团场中还是有较高的代表性的。也有文献指出，提高膜下滴灌灌水频率[122]或适当提高灌水定额[123]对于棉花增产及节水控盐亦有现实意义。

六、不同计划湿润层深度灌水调控对策

本书研究了不同计算深度下膜下滴灌棉田土壤盐分演变的灌溉调控对策，对于影响作物生长及产量最重要的根区计算深度（0~60cm）而言，膜下滴灌棉田根区土壤盐分含量及变化显著棉花生长及产量，现行膜下滴灌灌溉制度对于盐分淋洗具有重要意义。随着根区（0~60cm 深度）盐分降低，应调整苗期灌水定额及灌溉定额。滴灌 6 年以内，根区盐分含量较高，均值在 5~24g/kg，应强化冲洗进行压盐，苗期冲洗定额宜在 104.5~350mm，苗期灌水量亦在 161.7~400mm，灌溉定额宜在 855.0~1 660mm；滴灌 6~9 年，根区盐分均值 3~5g/kg，基本满足耕种条件，棉花产量在 5 250kg/hm^2 以上，应适当减少灌水量，弱化冲洗保持控盐，苗期冲洗定额宜在 66.1~104.5mm，苗期灌水量亦在

123.3~161.7mm，灌溉定额宜在733.9~855.0mm；滴灌9~16年盐分根区均值低于3g/kg，且Cl^-含量低于0.12 g/kg，棉花产量在6 000kg/hm^{2}以上，苗期冲洗定额宜在34.5~66.1mm以保持控盐，苗期灌水量亦在91.7~123.3mm，灌溉定额宜在637.0~733.9mm，并宜适当提高灌水次数，以发挥膜下滴灌技术少量多次的灌水优点。研究结果可为干旱区膜下滴灌长期可持续应用和膜下滴灌棉田盐分调控及灌水管理提供理论依据。

计划湿润层（0~100cm）时，滴灌6年以内，盐分含量较高，均值在6~21g/kg，应强化冲洗进行压盐，苗期冲洗定额宜在150.73~385.1mm，苗期灌水量亦在207.93~442.27mm，灌溉定额宜在980.22~1 764.5mm；滴灌6~9年，盐分均值3.5~6g/kg，应适当减少灌水量，弱化冲洗保持控盐，苗期冲洗定额宜在105.69~150.73mm，苗期灌水量亦在162.89~207.93mm，灌溉定额宜在839.38~980.22mm；滴灌9~16年盐分均值低于3.5g/kg，苗期冲洗定额宜在63.86~105.69mm以保持控盐，苗期灌水量亦在121.06~162.89mm，灌溉定额宜在712.9~839.38mm。

第四节 本章小结

1. 不考虑盐碱冲洗定额的膜下滴灌棉田土壤水量平衡

自然条件下荒地土壤水分不适宜棉花作物生长，棉花生长必须依靠灌溉。膜下滴灌棉田计划湿润层（0~60cm）实际储水量相对理论储水量和荒地储水量在不同阶段均有不同程度的增加，土壤水分含量超过了适宜含水率范围，农田存在灌水过量现象。膜下滴灌棉田初期灌水定额相对最为偏高。在不考虑洗盐压盐情况下，膜下滴灌棉田灌水量相对作物需水量超额灌溉了278.25mm，超出作物需水量的51.73%，并且主要在初期（4~5月）超额灌溉，超灌水量130.23mm，超灌比例高达227.67%，在棉花生长旺盛的中期阶段（6~8月），超灌水量100.61mm，而在棉花生长末期（9~10月），超灌水量为47.41mm，在不考虑压盐需水量而仅考虑作物需水量情况下，膜下滴灌棉田现行灌溉制度的灌水量偏大，理论上应减少灌水 278.25mm。

2. **膜下滴灌应用年限对棉花的影响**

在现行灌溉制度条件下，新疆干旱区绿洲盐碱地膜下滴灌棉田 0~60 cm 膜内根区盐分随滴灌年限呈降低趋势，在滴灌 1~4 年根区总盐变化幅度及降低幅度均较大，滴灌 5~7 年盐分继续小幅降低，根区平均含盐量均低于 5 g/kg，棉花根系生境合适，基本满足耕种条件，对于膜下滴灌棉花影响随滴灌年限越来越小，棉苗存活率在 60% 以上，产量在 5 250 kg/hm^2 以上；滴灌 8~15 年盐分趋于稳定，根区平均含盐量均低于 3 g/kg，且 Cl^- 含量低于 0.12 g/kg 时，棉花生长及产量与非盐碱地没有差别，棉花成活率及产量较高且稳定，棉苗存活率在 90% 以上，产量在 6 000 kg/hm^2 以上。

3. **不同计划湿润层深度灌水调控对策**

膜下滴灌棉田根区土壤盐分含量及变化显著棉花生长及产量，现行膜下滴灌灌溉制度对于盐分淋洗具有重要意义。随着根区（0~60cm 深度）盐分降低，应调整苗期灌水定额及灌溉定额。滴灌 6 年以内，根区盐分含量较高，均值在 5~24g/kg，应强化冲洗进行压盐，苗期冲洗定额宜在 104.5~350mm，苗期灌水量亦在 161.7~400mm，灌溉定额宜在 855.0~1 660mm；滴灌 6~9 年，根区盐分均值 3~5g/kg，基本满足耕种条件，棉花产量在 5 250kg/hm^2 以上，应适当减少灌水量，弱化冲洗保持控盐，苗期冲洗定额宜在 66.1~104.5mm，苗期灌水量亦在 123.3~161.7mm，灌溉定额宜在 733.9~855.0mm；滴灌 9~16 年盐分根区均值低于 3g/kg，且 Cl^- 含量低于 0.12 g/kg，棉花产量在 6 000kg/hm^2 以上，苗期冲洗定额宜在 34.5~66.1mm 以保持控盐，苗期灌水量亦在 91.7~123.3mm，灌溉定额宜在 637.0~733.9mm，并宜适当提高灌水次数，以发挥膜下滴灌技术少量多次的灌水优点。研究结果可为干旱区膜下滴灌长期可持续应用和膜下滴灌棉田盐分调控及灌水管理提供理论依据。

计划湿润层（0~100cm）时，滴灌 6 年以内，盐分含量较高，均值在 6~21g/kg，应强化冲洗进行压盐，苗期冲洗定额宜在 150.73~385.1mm，苗期灌水量亦在 207.93~442.27mm，灌溉定额宜在 980.22~1 764.5mm；滴灌 6~9 年，盐分均值 3.5~6g/kg，应适当减少灌水量，弱化冲洗保持控盐，苗期冲洗定额宜在 105.69~150.73mm，苗期灌水量亦在 162.89~207.93mm，灌溉定额宜在 839.38~980.22mm；滴灌 9~16 年盐分均值低于 3.5g/kg，苗期冲洗定额宜在 63.86~105.69mm 以保持控盐，苗期灌水量亦在 121.06~162.89mm，灌溉定额宜在 712.9~839.38mm。

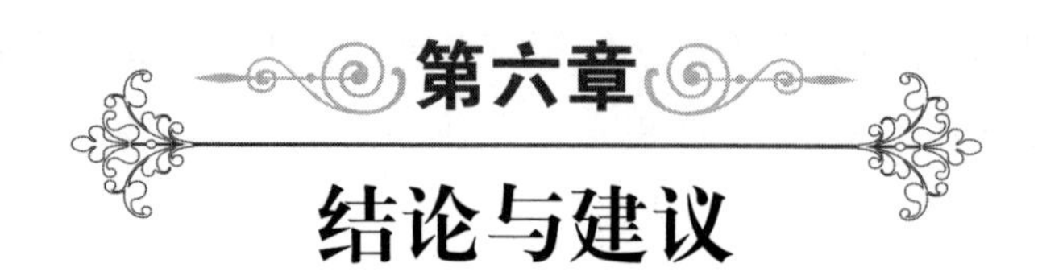

第六章 结论与建议

第一节 结论

膜下滴灌在我国西北干旱区特别是新疆盐碱土地上得到了广泛应用，本书2009—2013年连续5年在典型绿洲区新疆石河子121团定点监测5块膜下滴灌应用年限2~16年的农田盐分变化，研究区荒地0~40cm土层平均含盐量25~70g/kg，地下水埋深2~4m，土壤以不同程度盐化砂壤土为主，棉田平均灌溉定额816.15mm，灌溉水矿化度0.4 g/L左右。在该条件下系统研究了当前灌溉制度条件下长期膜下滴灌农田土壤盐分演变规律及灌溉调控对策，主要研究结论有以下3点。

1. 长期膜下滴灌棉田土壤水盐分布及变化特征

绿洲区农田土壤盐分主要来源于地下水中的溶质，膜下滴灌灌水显著影响并改变了农田土壤自然状态下的水盐分布格局。现行灌溉制度条件下，在观测深度范围（0~140cm）内，长期膜下滴灌农田土壤水分含量整体偏高，灌水后农田近似整体湿润分布，膜内、膜间及棉花不同生育阶段土壤水分含量均较高且无显著差异，且年际间差异不大。灌水、作物耗水及蒸发综合影响膜下滴灌棉田土壤水盐分布及变化，垂直影响深度可达300cm，即可以达地下水位置。土壤盐分含量及分布随膜下滴灌应用年限发生较大的时空变异，总体上，水平方向膜间盐分含量较高且变异较大，膜内盐分含量较低，特别是在 0~100cm 深度范围总体较低，比较适宜棉花生长；垂直方向表层盐分变异较大，越往深层盐分变异程度越小，不同水平位置之间盐分差异也越来越小，整体不断降低；土壤盐分在年内棉花生长期整体呈降低趋势，特别是在 4 月苗期灌水后，降低趋势最为显著；随膜下滴灌应用年限增加，年际间盐分变异系数及差异性亦逐渐降低。

2. 长期膜下滴灌棉田土壤盐分演变规律

研究区现行膜下滴灌灌溉制度是棉田盐分演变的主要原因。现行灌溉制度下膜下滴灌应用年限对农田 0~300cm 深度范围土壤盐分均具有显著影响，单次灌水后膜下滴灌棉田土壤盐分在水平及垂直方向均发生显著迁移，灌水是棉田盐分迁移的主要因素，盐分运动对流作用显著；多次灌水，棉田盐分则呈整体向下迁移变化，近似一维垂直运动。总体上盐分均值随滴灌年限呈幂函数前快后慢的降低趋势，滴灌应用前 3 年农田盐分相对周边荒地土壤盐分迅速降低，属于快速脱盐阶段；滴灌应用 3~8 年脱盐率呈线性增加，属于稳速脱盐阶段，其中，滴灌 7 年以后盐分降至 5g/kg 以下；滴灌应用 8~16 年，脱盐率稳定在 80%~90%，盐分随滴灌应用年限降低缓慢，滴灌应用 16 年时，盐分均值在 3g/kg 以下。根据现行灌溉制度下不同深度土壤盐分与滴灌应用年限的相关关系，要使农田盐分均值降至 5g/kg 以下，0~60cm、0~100cm、0~140cm 不同剖面需要的滴灌应用年限分别为 5.69 年、6.08 年、6.53 年。膜下滴灌应用年限越长，田间盐分相对越低，盐分降幅也越来越小，并将处于一种动态平衡状态。

3. 长期膜下滴灌棉田土壤盐分灌溉调控对策

本文研究了不同计算深度下膜下滴灌棉田土壤盐分演变的灌溉调控对策，对于影响作物生长及产量最重要的根区计算深度（0~60cm）而言，膜下滴灌棉田根区土壤盐分含量及变化显著影响棉花生长及产量，现行膜下滴灌灌溉制度对于盐分淋洗具有重要意义。随着根区（0~60cm 深度）盐分降低，应调整苗期灌水定额及灌溉定额。滴灌 6 年以内，根区盐分含量较高，均值在 5~24g/kg，应强化冲洗进行压盐，苗期冲洗定额宜在 104.5~350mm，苗期灌水量宜在 161.7~400mm，灌溉定额宜在 855.0~1660mm；滴灌 6~9 年，根区盐分均值 3~5g/kg，基本满足耕种条件，棉花产量在 5 250kg/hm² 以上，应适当减少灌水量，弱化冲洗保持控盐，苗期冲洗定额宜在 66.1~104.5mm，苗期灌水量宜在 123.3~161.7mm，灌溉定额宜在 733.9~855.0mm；滴灌 9~16 年盐分根区均值低于 3g/kg，且 Cl^- 含量低于 0.12 g/kg，棉花产量在 6 000kg/hm² 以上，苗期冲洗定额宜在 34.5~66.1mm 以保持控盐，苗期灌水量宜在 91.7~123.3mm，灌溉定额宜在 637.0~733.9mm，并宜适当提高灌水次数，以发挥膜下滴灌技术少量多次的灌水优点。研究结果可为干旱区膜下滴灌长期可持续应用和膜下滴灌棉田盐分调控及灌水管理提供理论依据。

计划湿润层（0~100cm）时，滴灌 6 年以内，盐分含量较高，均值在 6~21g/kg，应强化冲洗进行压盐，苗期冲洗定额宜在 150.73~385.1mm，苗期灌水量宜在 207.93~442.27mm，灌溉定额宜在 980.22~1 764.5mm；滴灌 6~9 年，盐分均值 3.5~6g/kg，应适当减少灌水量，弱化冲洗保持控盐，苗期冲洗定额宜在 105.69~150.73mm，苗期灌水量宜在 162.89~207.93mm，灌溉定额宜在 839.38~980.22mm；滴灌 9~16 年盐分均值低于 3.5g/kg，苗期冲洗定额宜在 63.86~105.69mm 以保持控盐，苗期灌水量宜在 121.06~162.89mm，灌溉定额宜在 712.9~839.38mm。

第二节 研究建议

本研究就典型绿洲区长期膜下滴灌土壤盐分演变进行了深入研究，由于膜下滴灌棉田土壤盐分的空间变异性及由不同类型盐分离子组分变化带来盐分运移及演变的不同特点，今后对相关问题的研究，建议从以下几个方面深入开展。

（1）应关注不同土壤类型区、不同气候类型区、不同盐分离子组分及在不同灌溉制度下的长期膜下滴灌盐分演变问题。

（2）对于因长期膜下滴灌耕作、灌水、施肥等应用带来的土壤物理性质的变化及盐分离子的变化而发生盐分迁移改变的问题也应引起重视。

（3）对于不同地下水埋深及盐分成因不同的膜下滴灌农田盐分演变问题也应给予充分关注。

（4）在研究手段上可以考虑结合先进的定点连续观测仪器设备及在更大尺度农田、灌区和流域上进行研究；数据处理上，可以考虑时空因素在内的盐分演变模型的构建及定量模拟。

参考文献

[1] 李宝富，熊黑钢，张建兵，等 . 不同耕种时间下土壤剖面盐分动态变化规律及其影响因素研究 [J]. 土壤学报，2010，47（3）：429-438.

[2] 姜凌，李配成，胡安炎，等 . 干旱区绿洲土壤盐渍化分析评价 [J]. 干旱区地理，2009，32（2）：234-239.

[3] Amezketa, E. An integrated methodology for assessing soil salinization,a pre-condition for land desertification[J]. Journal of Arid Environments，2006，67（4）：594-606.

[4] 姚德良，朱进生，谢正桐，等 . 土壤水盐运动模式研究及其在干旱区农田的应用 [J]. 中国沙漠，2001，21（3）：286-290.

[5] 杨劲松 . 中国盐渍土研究的发展历程与展望 [J]. 土壤学报，2008，45（5）：837-845.

[6] 罗格平，许文强，陈曦 . 天山北坡绿洲不同土地利用对土壤特性的影响 [J]. 地理学报，2005，60（5）：779-790.

[7] 赵成义，闫映宇，李菊艳，等 . 塔里木灌区膜下滴灌的棉田土壤水盐分布特征 [J]. 干旱区地理，2009，32（6）：892-898.

[8] 顾烈烽. 新疆生产建设兵团棉花膜下滴灌技术的形成与发展 [J]. 节水灌溉，2003，（1）:27-29.

[9] 李明思，郑旭荣，贾宏伟，等. 棉花膜下滴灌灌溉制度试验研究 [J]. 中国农村水利水电，2001（11）:13-15.

[10] 刘新永，田长彦 . 棉花膜下滴灌盐分动态及平衡研究 [J]. 水土保持学报，2005，19（6）：82-85.

[11] 张伟，吕新，李鲁华，等 . 新疆棉田膜下滴灌盐分运移规律 [J]. 农业工程学报，2008，24（8）：15-19.

[12] 李明思，康绍忠，孙海燕. 点源滴灌滴头流量与湿润体关系研究 [J]. 农业工程学报，2006，22（4）:32-36.

[13] 吕殿青，王全九，王文焰，等. 膜下滴灌水盐运移影响因素研究 [J]. 土壤学报，2002，39（6）:794-801.

[14] 张琼，李光永，柴付军．棉花膜下滴灌条件下灌水频率对土壤水盐分布和棉花生长的影响[J]. 水利学报，2004，(9)：123-126.

[15] 田长彦，周宏飞，刘国庆. 21世纪新疆土壤盐渍化调控与农业持续发展研究建议[J]. 干旱区地理，2000，23(2):177-181.

[16] 王鹤亭. 新疆的水利土壤改良工作及对防治盐碱化的几个问题的探讨[J]. 水利与电力，1963(1)：29-33

[17] 罗廷彬，任崴，谢春虹．新疆盐碱地生物改良的必要性与可行性[J]. 干旱区研究．2001，18(1):46-48.

[18] 王全九，王文焰，吕殿青，等．膜下滴灌盐碱地水盐运移特征研究[J]. 农业工程学报，2000，16(4)：54-57.

[19] 周宏飞，马金玲. 塔里木灌区棉田的水盐动态和水盐平衡问题探讨[J]. 灌溉排水学报，2005，24(6):10-14.

[20] 王海江，王开勇，刘玉国，膜下滴灌棉田不同土层盐分变化及其对棉花生长的影响[J]. 生态环境学报，2010，19(10)：2 381-2 385.

[21] 杨鹏年，董新光，刘磊，等．干旱区大田膜下滴灌土壤盐分运移与调控[J]. 农业工程学报，2011，27(12)：90-95.

[22] 牟洪臣，虎胆・吐马尔白，苏里坦，等．干旱地区棉田膜下滴灌盐分运移规律[J]. 农业工程学报，2011，27(7)：18-22.

[23] 李玉义，张凤华，潘旭东，等．新疆玛纳斯河流域不同地貌类型土壤盐分累积变化[J]. 农业工程学报，2007，23(2):60-64.

[24] 谭军利，康跃虎，焦艳萍，等．不同种植年限覆膜滴灌盐碱地土壤盐分离子分布特征[J]. 农业工程学报，2008，24(6)：59-63.

[25] 谭军利，康跃虎，焦艳萍，等．滴灌条件下种植年限对大田土壤盐分及pH值的影响[J]. 农业工程学报，2009，25(9)：43-50.

[26] 殷波，柳延涛. 膜下长期滴灌土壤盐分的空间分布特征与累积效应[J]. 干旱地区农业研究，2009，2(6)：228-231.

[27] 王振华，郑旭荣，李朝阳. 不同滴灌年限土壤盐分分布及对棉花的影响初步研究[J]. 中国农村水利水电，2011(6)：63-66.

[28] 李明思，刘洪光，郑旭荣．长期膜下滴灌农田土壤盐分时空变化[J]. 农业工程学报，2012，28(22)：82-87.

[29] 孙林，罗毅．长期滴灌棉田土壤盐分演变趋势预测研究[J]. 水土保持研究，2013，20(1):186-192.

[30] Khumoetsile M, Dani O. Root zone solute dynamics under drip irrigation :a review[J]. Plant and Soil, 2000, 222（1/2）:163-190.

[31] 傅琳 . 微灌工程技术指南 [M]. 北京：水利电力出版社，1988.

[32] 山仑 . 借鉴以色列节水经验发展我国节水农业 [J]. 水土保持研究，1999，6（1）：117-120.

[33] 张学军 . 现代节水灌溉工程技术及特点 [J]. 农村实用工程技术，2000（1）：15.

[34] 马富裕，严以绥 . 棉花膜下滴灌技术理论与实践 [M]. 乌鲁木齐 : 新疆大学出版社，2002.

[35] 赵聚宝 . 干旱与农业 [M]. 北京 : 中国农业出版社，1995.

[36] 许越先 . 农业用水有效性研究 [M]. 北京：科学出版社，1992.

[37] 山仑，康绍忠，吴普特 . 中国节水农业 [M]. 北京：中国农业出版社，2004.

[38] 科技部农村与社会发展司，中国农村技术开发中心．中国节水农业科技发展论坛文集 [C]. 北京：中国农业技术科学出版社，2006.

[39] 汪志荣，王文焰，王全九，等．点源入渗土壤水分运动规律实验研究 [J]．水利学报，2000（6）：39-44.

[40] 吕殿青，王全九，王文焰．滴灌条件下土壤水盐运移特性的研究现状 [J]．水科学进展，2001，12（1）：107-112.

[41] Yaron D. Estimation procedures for response functions of corps to soil water content and salinity[J]. Journal of Water Resource Research, 1972（5）: 78-86.

[42] Yaron B, Shalhevet J, Shimshi D.Pattern of salt distribution under trickle irrigation[M]. Ecological Studies.Berlin Heidelberg: New York, 1973（5）: 389-394.

[43] BenAsher J.Solute transfer and extration from triekle irrigation source:the effective hemisphere model[J].Water Resource Research, 1987, 23（11）: 301-323.

[44] Khan AA ,Yitayew M ,Warrick AW.Field Evaluation of water and solute distribution of point source[J]. Journal of Irrigation and Drainage Engineering,1996,122（4）:221-227.

[45] 吕殿青，王全九，王文焰，等．膜下滴灌土壤盐分特性及影响因素的初步研究 [J]. 灌溉排水，2001，20（1）：28-31.

[46] 吕殿青，王全九．王文焰，等．膜下滴灌水盐运移影响因素研究 [J]．土壤学报，2002，39（6）：794-801.

[47] 王全九，王文焰，王志荣．盐碱地膜下滴灌技术参数的确定 [J]. 农业工程学报，2001，17（2）：47-50.

[48] 孟杰. 膜下滴灌条件下土壤水盐运移田间试验研究 [D]. 乌鲁木齐：新疆农业大学，2008.

[49] 张金珠. 北疆膜下滴灌棉花土壤水盐运移特征及耗水规律试验研究 [D]. 乌鲁木齐：新疆农业大学，2010.

[50] 余美，杨劲松，刘梅先，等. 膜下滴灌灌水频率对土壤水盐运移及棉花产量的影响 [J]. 干旱地区农业研究，2011，29（3）:18–23

[51] 孙海燕，王全九，彭立新. 滴灌施钙时间对盐碱土水盐运移特征研究 [J]. 农业工程学报，2008，24（3）：53–57.

[52] 胡宏昌，田富强，胡和平. 新疆膜下滴灌土壤粒径分布及与水盐含量的关系 [J]. 中国科学 : 技术科学，2011，41（8）:1 035–1 042.

[53] 王春霞，王全九，庄亮，等. 干旱区膜下滴灌条件下膜孔蒸发特征研究 [J]. 干旱地区农业研究，2011，29（1）:14–21.

[54] 李邦，杨岩，王绍明，等. 干旱区滴灌棉田冻融季土壤水热盐分布规律研究 [J]. 新疆农业科学，2011，48（ 3 ）: 528– 532.

[55] 焦艳平，康跃虎，万书勤，等 . 干旱区盐碱地滴灌土壤基质势对土壤盐分分布的影响 [J]. 农业工程学报，2008，24（6）:53–58.

[56] 王振华，温新明，吕德生，等. 膜下滴灌条件下温度影响盐分离子运移的试验研究 [J]. 节水灌溉，2004（3）：5–7.

[57] 郑德明，姜益娟，柳维扬，等. 膜下滴灌磁化水对棉田土壤的脱抑盐效果研究 [J]. 土壤通报，2008，39（3）:494–497.

[58] 张江辉. 干旱区土壤水盐分布特征与调控方法研究 [D]. 西安：西安理工大学，2010.

[59] 马东豪，王全九，来剑斌. 膜下滴灌条件下灌水水质和流量对土壤盐分分布影响的田间试验研究 [J]. 农业工程学报，2005，21（3）:42–46.

[60] 阮明艳，张富仓，侯振安. 咸水膜下滴灌对棉花生长和产量的影响 [J]. 节水灌溉，2007（5）：14–16.

[61] 王艳娜，侯振安，龚江等 . 咸水滴灌对棉花生长和离子吸收的影响 [J]. 棉花学报，2007，19（6）：472–476.

[62] 王国栋. 微咸地下水滴灌对土壤次生盐渍化及棉花生理特性及产量的影响研究 [D]. 石河子：石河子大学，2008.

[63] 李莎，何新林，王振华，等. 微咸水滴灌对土壤盐分及棉花产量影响的试验研究 [J]. 中国农村水利水电，2011（7）:16–20.

[64] 李明思. 膜下滴灌灌水技术参数对土壤水热盐动态和作物水分利用的影响 [D]. 杨

凌：西北农林科技大学，2006.

[65] 苏里坦，阿不都·沙拉木，宋郁东．膜下滴灌水量对土壤水盐运移及再分布的影响[J]. 干旱区研究，2011，28（1）：79-84.

[66] 李晓明，杨劲松，刘梅先，等. 南疆膜下滴灌棉花花铃期土壤盐分分布研究[J]. 土壤，2011，43(2)：289-292.

[67] 高龙，田富强，倪广恒，等. 膜下滴灌棉田土壤水盐分布特征及灌溉制度试验研究[J]. 水利学报，2010，41（12）:1 483-1 490.

[68] 张金珠，虎胆·吐马尔白，王一民，等. 不同灌溉定额对膜下滴灌棉花土壤盐分分布的影响研究[J]. 灌溉排水学报，2010，29（1）:44-46.

[69] 刘洪亮，褚贵新，赵风梅，等. 北疆棉区长期膜下滴灌棉田土壤盐分时空变化与次生盐渍化趋势分析[J]. 中国土壤与肥料，2010（4）:12-17.

[70] 王新英. 荒漠土地开发利用中土壤盐分变化研究[D]. 乌鲁木齐：新疆农业大学，2007.

[71] 窦超银，康跃虎. 地下水浅埋区重度盐碱地不同滴灌种植年限土壤盐分分布特征[J]. 土壤，2010，42(4)：630-638.

[72] 闫映宇. 膜下滴灌棉田水盐平衡及淋盐需水量研究[D]. 乌鲁木齐：新疆农业大学，2009.

[73] 王振华，杨培岭，郑旭荣，等. 膜下滴灌系统不同应用年限棉田根区盐分变化及适耕性[J]. 农业工程学报，2014，30（4）：90-99.

[74] Nielsen D R，Biggar J W. Miscible displacement in soils:Experimental information[J]. Soil Science Society of America Proceedings，1961，25（1）: 1-5.

[75] Nielsen D R，Biggar J W. Miscible displacement is soil: Ⅲ:Theoretical consideration[J]. Soil Science Society of America Proceedings，1962，26（3）: 216-221.

[76] Nielsen D R，Biggar J W. Miscible displacement: Ⅳ:Mixing in glass beads[J]. Soil Science Society of America Proceedings，1963，27（1）: 10-13.

[77] Biggar J W，Nielsen D R. Miscible displacement: Ⅱ:Behavior of tracers[J]. Soil Science Society of America Proceedings，1962，26(2) :125-128.

[78] Biggar J W，Nielsen D R. Miscible displacement: Ⅴ:Exchange processes[J]. Soil Science Society of America Proceedings，1963，27(6) :623-627.

[79] 张蔚榛．地下水非稳定流计算方法和地下水资源评价[M]. 北京：科学出版社，1983.

[80] 李韵珠，陆锦文，黄坚．蒸发条件下黏土层与土壤水盐运移（国际盐渍土改良学术讨论会论文集）[M]. 北京：北京农业大学出版社，1985.

[81] 左强．排水条件下饱和－非饱和水盐运动规律的研究 [D]. 武汉：武汉水利电力学院，1991.

[82] 石元春，李韵珠，陆锦文，等．盐渍土的水盐运动 [M]. 北京：北京农业大学出版社，1986.

[83] 石元春，李保国，李韵珠，等．区域水盐运动监测预报 [M]. 石家庄：河北科学技术出版社，1991.

[84] 段建南，李保国，石元春，等．干旱地区土壤碳酸钙淀积过程模拟 [J]．土壤学报，1999，36（3）：318-326.

[85] 史海滨，陈亚新．饱和－非饱和流溶质传输的数学模型与数值方法评价 [J]. 水利学报，1993（8）:49-58.

[86] 杨金忠，蔡树英，黄冠华，等．多孔介质中水分及溶质运移的随机理论 [M]. 北京：科学出版社，2000.

[87] 任理，秦耀东，王济．非均质饱和土壤盐分优先运移的随机模拟 [J]. 土壤学报，2001，38(1)：104-113.

[88] 李保国，李韵珠，石元春．水盐运动研究 30 年（1973-2003）[J]. 中国农业大学学报，2003，8（增刊）：5-19.

[89] Clothier B. E. Solute travel times during trickle irrigation[J].Water Resources Research, 1984, 20(12) :1 848-1 852.

[90] Tscheschke P, Alfaro J F, Keller J, et al. Trickle irrigation soil water potential as influenced by management of highly saline water[J].Soil Science, 1974, 117 (4) : 226-231.

[91] Hairston J E, Schepers J S, Colville W L. A trickle irrigation system for frequent application of nitrogen to experimental plots[J]. Soil Science Society of American Journal, 1981, 45 (5) :880-882.

[92] Sharmasarkar F C, Sharmasarkar S, Miller S D, et al. Assessment of drip and flood irrigation on water and fertilizer use efficiencies for sugar beets[J]. Agricultural Water Management, 2001, 46 (3) : 241-251.

[93] Bingham F T, Glaubig B A, Shade E. Water salinity and nitrate relations of a citrus watershed under drip furrow and sprinkler irrigation[J]. Soil Science, 1984, 138 (4) : 306-313.

[94] Ward A L, Kachanoski R G, Elrick D E. Analysis of water and solute transport away from a surface point source[J]. Soil Science Society of American Journal, 1995, 59

(3) :699–706.

[95] Khan A A, Yitayew M, Warrick A W. Field evaluation of water and solute distribution from a point source[J]. Journal of Irrigation and Drainage Engineering, 1996, 122(4) :221–227.

[96] Leib B G, Jarrett A R, Orzolek M D, et al. Drip chemigation of imidacloprid under plastic mulch increased yield and decreased leaching caused by rainfall[J]. Transactions of the ASAE, 2000, 43 (3) :615–622.

[97] Omary M, Ligon J T. Three–dimensional movement of water and pesticide from trickle irrigation: finite element model[J]. Transactions of the ASAE, 1992, 35 (3) : 811–821.

[98] Bresler, E. Two–dimensional transport of solutes during non–steady infiltration from a tricklesource[J]. Soil Science Society of America Proceedings, 1975, 39: 604–612.

[99] Zhang R. Modeling flood and drip irrigations[J].ICID Journal, 1996, 45(2) : 81–92.

[100] West D W, Merrigan I F, Taylor J A, et al. Soil salinity gradients and growth of tomato plants under drip irrigation[J]. Soil Science, 1979, 127 (5) : 281–291.

[101] Alemi M H. Distribution of water and salt in soil under trickle and pot irrigation regimes[J]. Agricultural Water Management, 1981, 3: 195–203.

[102] Nightingale H I, Hoffman G J, Rolston D E, et al. Trickle irrigation rates and soil salinity distribution in an almond (Amygdalus) orchard[J]. Agricultural Water Management, 1991, 19 (3) : 271–283.

[103] Russo D. Statistical analysis of crop yield–soil water relationships in heterogeneous soil under trickle irrigation[J]. Soil Science Society of American Journal, 1984, 48 (6) :1 402–1 410.

[104] Mmolawa K, Or D. Root zone solute dynamics under drip irrigation: a review[J]. Plant and Soil, 2000, 222 (1&2) : 163–190.

[105] Mmolawa K, Or D. Water and solute dynamics under a drip–irrigated crop: experiments and analytical model[J]. Transactions of the ASAE, 2000, 43 (6) :1 597–1 608.

[106] 陈小兵，杨劲松，杨朝晖，等. 基于水盐平衡的绿洲灌区次生盐碱化防治研究[J]. 水土保持学报，2007，21 (3) :32–37.

[107] 李韵珠，李保国. 土壤溶质运移 [M]. 北京：科学出版社，1998.

[108] 雷志栋，杨诗秀，谢森传 . 土壤水动力学 [M]. 北京：清华大学出版社，1988.

[109] 周丽，王玉刚，李彦，等．盐碱荒地开垦年限对表层土壤盐分的影响 [J]. 干旱区地理，2013，36（2）：285-290.

[110] 戈鹏飞，虎胆·吐马尔白，吴争光，等. 棉田膜下滴灌年限对土壤盐分累积的影响研究 [J]. 水土保持研究，2010，17（5）：118-122.

[111] 王海江，崔静，王开勇，等. 绿洲滴灌棉田土壤水盐动态变化研究 [J]. 灌溉排水学报，2010，29（1）：136-138.

[112] Roberts T L, White S, Warrick A W, et al. Tape depth and germination method influence patterns of salt accumulation with subsurface drip irrigation[J].Agricultural Water Management, 2008, 95 (6) : 669-677.

[113] Ross P J. Modeling soil water and soulute transportfast, simplified numerical solutions[J]. Agronomic Journal, 2003, 95 (6) : 1 352-1 361.

[114] Wan S, Kang Y, Wang D, et al. Effect of drip irrigation with saline water on tomato (Lycopersicon esculentum Mill) yield and water use in semihumid area[J]. Agricultural Water Management, 2007, 90 (1/2) : 63-74.

[115] Kang Y, Chen M, Wan S. Effects of drip irrigation with saline water on waxy maize (Zea mays L. var. ceratina Kulesh) in North China Plain[J]. Agricultural Water Management, 2010, 97 (9) : 1 303-1 309.

[116] 汪志农. 灌溉排水工程学 [M]. 北京：中国农业出版社，2010.

[117] 李明思，马富裕，郑旭荣，等. 膜下滴灌棉花田间需水规律研究 [J]. 灌溉排水，2002，21（1）:58-60

[118] 蔡焕杰，邵光成，张振华. 荒漠气候区膜下滴灌棉花需水量和灌溉制度的试验研究 [J]. 水利学报，2002（11）:119-123.

[119] 李富先，杨举芳，张玲，等. 棉花膜下滴灌需水规律和最大耗水时段及耗水量的研究 [J]. 新疆农业大学学报，2002，25（3）: 43-47.

[120] 水利部国际合作司. 美国国家灌溉工程手册 [M]. 北京：中国水利水电出版社，1998.

[121] 李明思，郑旭荣，贾宏伟，等．棉花膜下滴灌灌溉制度试验研究 [J]. 中国农村水利水电，2001（11）：13-15.

[122] Kang Y, Wang R, Wan S, et al. Effects of different water levels on cotton growth and water use through drip irrigation in an arid region with saline ground water of Northwest China[J].Agricultural Water Management, 2012, 109 :117-126.

[123] 王峰，孙景生，刘祖贵，等. 不同灌溉制度对棉田盐分分布与脱盐效果的影响 [J]. 农业机械学报，2013，44（12）：120-127.